コンピュータ時代の

実用制御工学

片柳亮二 著

技報堂出版

はじめに

筆者は，長年航空機の飛行制御設計に携わってきた．もう45年以上にもなる．飛行制御システムとは，航空機がいかなる飛行条件の下でも，安定した飛行を実現しなくてはならない．しかもパイロットが操縦しやすいことが要求される．地上の乗り物のように調子が悪ければ一時停止することも許されない過酷なシステムである．筆者が最初に本格的な設計担当になったのは30歳代前半である．日本初の不安定な機体をコンピュータ制御によって安定に飛行するフライ・バイ・ワイヤ（FBW）システムを搭載したT-2CCV研究機の飛行制御則の設計担当になった．CCVとは，コントロール・コンフィギャード・ビークルの略で，制御システムが航空機の形状を決めるという意味である．従来の航空機は，空力（くうりき）グループが空気力学的な観点から最適な機体形状を設計していたが，制御システムにより安定な飛行が実現できるようになり，空力だけでは形状を決めることができなくなった．それ以降，制御を考慮した最適な機体形状設計が行われるようになった．当時，日本にはFBWの技術はなく，米国よりも10年以上遅れており，まさに手探りの開発であった．それから5年，多くの困難の末にT-2CCV研究機が完成した．そのときの喜びはひとしおであったが，一番の成果は多くの技術者が自信を得たことであった．このときに獲得した技術は，後にF-2の開発に生かされることになる．

筆者は，T-2CCV研究機の開発で制御設計について多くのことを学んだが，その最も大きなことは，「制御の威力はすばらしい」ことと，「制御は使い方を誤ると不安定になり致命傷になりかねない」ということであった．まさに，飛行制御システムはクリティカルシステム（故障すると飛行不能となるシステム）であり，絶対に安全なシステムにする必要がある．長年このようなシステムを設計してきた経験が，少しでも将来制御システム技術者をめざす若い人たちの参考になればと考えたのが，本書をまとめる動機になっている．

従来，制御工学というと一部の専門家が扱うものと考えられてきた分野であるが，近年では制御工学なくして多くのシステム製品は動かなくなるという重要な分野となっている．まさに，技術者にとっては制御工学の知識なくして設計はできない時代である．このような状況において，筆者が懸念していることを少し述べてみたいと思う．制御工学の教科書についてである．現在多くの制御工学の教科書が出版されている．しかし，その教科書の内容が実際の設計現場では使われないような解析方法や手計算レベルの例題であるため，実際の設計に応用するには向いていないという問題点がある．制御系の安定性は固有値（極）によって確認するのが最も確実であるが，制御系の特性方程式を高次方程式で表してその係数からなる式の正負から安定かどうかを判断するラウス，フルビッツの安定判別法などをいまだに詳しく説明している教科書も多い．現在では，固有値などは各自のパソコンで簡単に計算ができるようになっている．

一方，現在では時間領域において，状態方程式といわれる行列微分方程式を直接扱っていく“現代制御”といわれる分野が主流となっている．最適制御などによってフィードバックゲインを得ることができ，応答なども良好な結果が得られるようになった．しかし，その半面，従来からの制御系解析の重要な確認項目である，根軌跡，極・零点配置の確認，安定余裕の確保などは，“古典制御”というレッテルが貼られて軽視され，実際の現場でも制御系としての安全確認作業を怠ったことによる不具合発生の要因になることが危惧されている．現在では，根軌跡などもパソコンで簡単に描くことができるので，確認しようと思えば難しい作業ではない．現代制御理論は，制御工学に新しい設計法の利用を可能にしたが，設計する際に厳しい制約があることに注意する必要がある．例えば，最適制御では制御系の状態変数のすべてをフィードバックする（これは状態フィードバックといわれる）必要がある．この場合，操作するためのアクチュエータは除いて設計する必要が生じる．また，すべての状態変数が利用できない場合に，オブザーバを利用して状態を推定することが行われるが，システムが複雑になってしまう．現代制御理論は，H∞制御や線形行列不等式 LMI（Linear Matrix Inequality）制御など次第に難しい制御理論が展開されるようになり，一般のエンジニアには手が届かない手法になりつつあることも問題点の１つである．制御工学は，実際の設計現場で利用されることで発達してきた側面があり，あまりにも難しい制御理論は，逆に“制御離れ”の一因にならないか危惧される．

このような背景から，本書は，『コンピュータ時代の実用制御工学』と題して，簡単で実際の設計現場で役に立つ“実用的”な制御工学を学べる内容となっている．具体的には，制御系において重要な確認項目である，根軌跡，極・零点配置，安定余裕の確保などもしっかり確認したうえで，状態方程式など現代制御理論の良い面も取り入れ，コンピュータを利用して複雑な問題も簡単に解を得ることができる設計解析手法を，演習を通して学べるようになっている．これまで昔ながらの手計算時代の制御工学では実際の問題には役に立たなかったが，コンピュータによって手計算から解放されて，簡単に解けるようになる．本書がこれから制御設計に携わるエンジニアの方の参考になれば望外の喜びである．

最後に，本書の執筆に際しまして，特段のご尽力をいただいた技報堂出版の石井洋平氏にお礼申し上げます．

2019 年 11 月

片柳亮二

目　次

第1章　制御とはどういうものなのか …… 1
1.1　運動を止める力は一種のフィードバック …… 1
1.2　制御とは運動方程式の行列 A を変化させること …… 6

第2章　ラプラス変換 …… 7
2.1　複素数 …… 7
2.2　ラプラス変換 …… 8

第3章　伝達関数 …… 9
3.1　伝達関数とは …… 9
(1) 連立微分方程式から連立1次方程式への変換 …… 9
(2) 連立1次方程式から伝達関数へ …… 10
(3) 伝達関数から直接性能を評価（ラプラス逆変換はしない） …… 11
3.2　安定かどうかは極で判断するのが確実 …… 12
(1) 特性方程式と極・零点 …… 12
(2) 時間空間とラプラス空間との関係 …… 14
3.3　周波数特性 …… 15
(1) 周波数伝達関数 …… 15
(2) ボード線図を描くのはコンピュータの仕事 …… 15
3.4　時間応答は運動方程式を直接時間積分する（解析解は不要） …… 20
3.5　制御系の基本構造について …… 21
(1) システムの特性は極・零点配置によって決まる …… 21
(2) 伝達関数は基本要素の掛け算で表すことができる …… 21
(3) ブロック図の結合・等価変換はコンピュータの仕事 …… 22
3.6　（演習）伝達関数による制御系解析 …… 27
【演習 3.6-1】1質点ばね振動系 …… 27
【演習 3.6-2】サーボアクチュエータ …… 30

【演習 3.6-3】容器からの流出 …… 32
【演習 3.6-4】管路からの流出 …… 36
【演習 3.6-5】てこの力による 1 質点ばね振動系 …… 40
【演習 3.6-6】R（2 個），C（1 個）の電気回路 …… 43
【演習 3.6-7】R（2 個），C（2 個）の電気回路 …… 45
【演習 3.6-8】DC（直流）サーボモータ …… 48
【演習 3.6-9】炉内の水を熱した場合の温度変化 …… 52

第 4 章　状態方程式 …… 57
4.1　1 階の連立微分方程式を状態方程式で表す …… 57
4.2　状態方程式による制御系解析 …… 59
（1）2 階以上の微分方程式を状態方程式で表す …… 59
（2）多入力系の伝達関数 …… 60
4.3　（演習）状態方程式による制御対象表現 …… 61
【演習 4.3-1】連結容器の管路からの流出 …… 61
【演習 4.3-2】2 質点ばね振動系 …… 66
【演習 4.3-3】自動車のサスペンション …… 69
【演習 4.3-4】振動台車と単振り子の連成 …… 74
【演習 4.3-5】不釣り合い質量を持つモータ …… 79
【演習 4.3-6】3 質点ばね振動系 …… 82
【演習 4.3-7】周波数の変化する外力による振動 …… 87
【演習 4.3-8】R（2 個），C（2 個），L（1 個）の電気回路 …… 89
【演習 4.3-9】飛行機の縦系の運動 …… 94
【演習 4.3-10】自動車のハンドル操作時の運動 …… 98
【演習 4.3-11】船の水平面内の操舵による運動 …… 103

第 5 章　線形フィードバック制御 …… 109
5.1　フィードバック制御は必ず不安定になる …… 109
（1）フィードバック制御系の伝達関数 …… 109
（2）極・零点と根軌跡は安全設計の基本中の基本 …… 111
（3）ゲイン余裕と位相余裕の設計基準値の設定は重要 …… 114

5.2　フィードバック制御系設計法 …… 117
5.2.1　従来の設計法 …… 117
(1) 安定判別法 …… 117
(2) 直列補償による性能改善 …… 119
1) 位相遅れ補償 …… 120
2) 位相進み補償 …… 123
(3) 定常偏差について …… 125
1) 定常位置偏差 …… 125
2) 定常速度偏差 …… 126
3) 定常加速度偏差 …… 127
5.2.2　現代制御理論による設計法 …… 128
(1) 最適レギュレータ (LQR) …… 128
1) 最適レギュレータの設計法 …… 129
2) 最適レギュレータによる設計例 …… 131
(2) 積分型最適制御 (LQI) …… 137
1) 積分型最適制御の設計法 …… 137
2) 積分型最適制御による設計例 …… 138
(3) オブザーバ …… 140
1) オブザーバの設計法 …… 140
2) オブザーバを用いた設計例 …… 143
3) オブザーバはシステム変動に弱いので注意 …… 147
5.2.3　モンテカルロ法によるゲイン最適化設計法 …… 148
(1) 制御系の構成 …… 149
(2) 最適ゲインの導出 …… 149
(3) モンテカルロ法によるゲイン最適化設計法の特徴 …… 151
(4) 現代制御理論とゲイン最適化法の比較 …… 152
5.3　(演習) 制御対象が伝達関数のフィードバック制御 …… 153
【演習 5.3-1】1 質点ばね振動系の制御 (1) …… 153
【演習 5.3-2】1 質点ばね振動系の制御 (2) …… 156
5.4　(演習) 制御対象が状態方程式のフィードバック制御 …… 165
【演習 5.4-1】2 質点ばね振動系の制御 …… 165
【演習 5.4-2】自動車のサスペンション制御 …… 168

【演習 5.4-3】振動台車と単振り子の連成問題の制御 …… 172
【演習 5.4-4】3 質点ばね振動系の制御 …… 177
【演習 5.4-5】自動車の横風時のドライバーによる走行制御 …… 180
【演習 5.4-6】船のオートパイロット制御 …… 185

付録　解析ツールについて（参考） …… 189

参考文献 …… 191

索　引 …… 196

第1章　制御とはどういうものなのか

以前筆者が大学で制御工学を教えていたとき，“制御”というと難しいと考えている学生が多かった．恐らく，制御系の解析方法を理解する過程で難しいと敬遠してしまうのではないかと考えられる．一方，制御は万能で何でもできると考えているエンジニアも多く見受けられる．これは，制御設計の結果，特性が非常に良好になるとの論文などを見て制御は魔法のように何でもできると誤解してしまうことが考えられる．そこで本章では，制御とはどういうものなのかを少し掘り下げて考えてみる．

1.1　運動を止める力は一種のフィードバック

システムの特性を理解するために，具体的に図 **1.1-1** に示すシステムを考えてみよう．

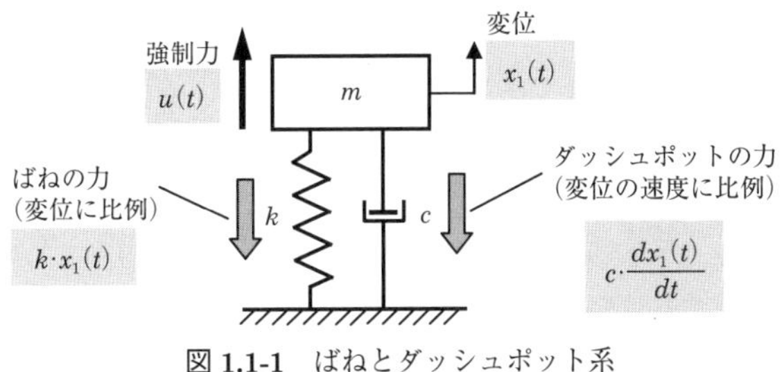

図 **1.1-1**　ばねとダッシュポット系

図 **1.1-1** から，このシステムの運動方程式は次のように表される．

$$m\cdot\frac{d^2x_1(t)}{dt^2}=-k\cdot x_1(t)\ -c\cdot\frac{dx_1(t)}{dt}\ +u(t) \qquad (1.1\text{-}1)$$

ここで，m は質量，k はばね定数，c は速度に比例した力の係数，x_1 は質量の変位，u は質量に働く強制力である．（1.1-1）式から，変位に比例した力および変位の速度に比例した力は，質量 m の動きを止める力となっており，一種のフィードバックとなっていることがわかる．

（1.1-1）式は２階（２回微分したもの）の微分方程式であるので，これを１階の微分方程式に変形すると

$$\begin{cases} \dfrac{dx_1(t)}{dt} = x_2(t) \\ \dfrac{dx_2(t)}{dt} = -\dfrac{k}{m}x_1(t) - \dfrac{c}{m}x_2(t) + \dfrac{1}{m}u(t) \end{cases} \tag{1.1-2}$$

この式は，行列方程式で表すと次のようである．

$$\begin{bmatrix} \dfrac{dx_1(t)}{dt} \\ \dfrac{dx_2(t)}{dt} \end{bmatrix} = \begin{bmatrix} 0 & 1 \\ -\dfrac{k}{m} & -\dfrac{c}{m} \end{bmatrix} \cdot \begin{bmatrix} x_1(t) \\ x_2(t) \end{bmatrix} + \begin{bmatrix} 0 \\ \dfrac{1}{m} \end{bmatrix} u(t) \tag{1.1-3}$$

ここで，

$$x(t) = \begin{bmatrix} x_1(t) \\ x_2(t) \end{bmatrix}, \quad \frac{dx(t)}{dt} = \begin{bmatrix} \dfrac{dx_1(t)}{dt} \\ \dfrac{dx_2(t)}{dt} \end{bmatrix} \tag{1.1-4}$$

とおくと，（1.1-3）式は次のように表される．

$$\frac{dx(t)}{dt} = A_p x(t) + B_2 u(t) \tag{1.1-5}$$

ただし，

$$A_p = \begin{bmatrix} 0 & 1 \\ -\dfrac{k}{m} & -\dfrac{c}{m} \end{bmatrix}, \quad B_2 = \begin{bmatrix} 0 \\ \dfrac{1}{m} \end{bmatrix} \tag{1.1-6}$$

（1.1-5）式をブロック図で表すと，**図 1.1-2** のように運動方程式は一種のフィードバック制御系と考えることができる．

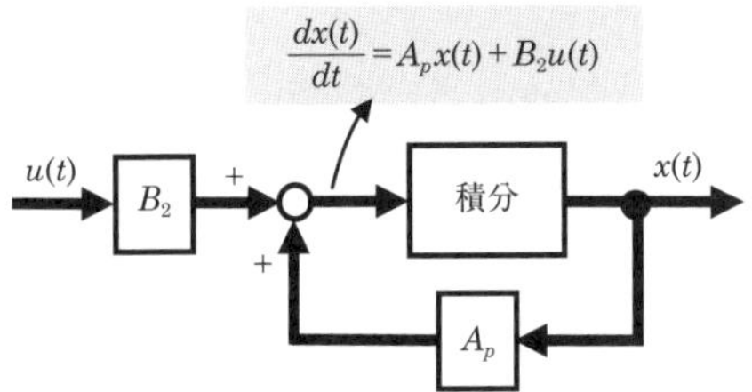

図 **1.1-2**　運動方程式は一種のフィードバック制御系

いま，図 1.1-1 のばねとダッシュポット系のデータを

$$m = 1 \ (\mathrm{kg}),\ k = 1 \ (\mathrm{N/m}),\ c = 1 \ (\mathrm{N \cdot s/m}) \tag{1.1-7}$$

とすると，(1.1-6) 式は次のようになる．

$$A_p = \begin{bmatrix} 0 & 1 \\ -1 & -1 \end{bmatrix},\quad B_2 = \begin{bmatrix} 0 \\ 1 \end{bmatrix} \tag{1.1-8}$$

ここで，強制力 $u(t)$ を 10 秒間 1.0 とし，次の 10 秒間を 0 とすると，応答 $x(t)$ は図 **1.1-3** のようになる．

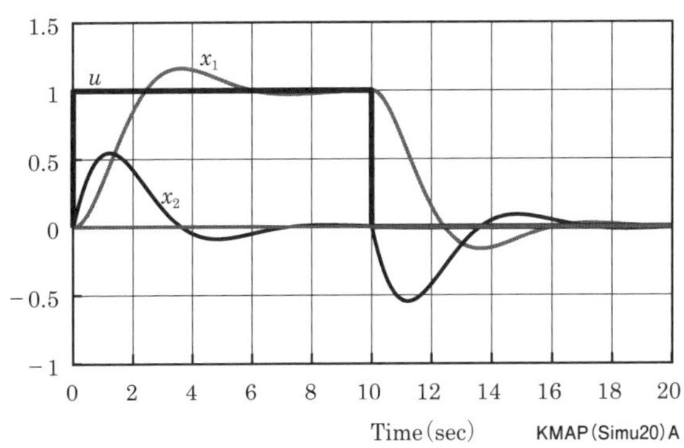

図 **1.1-3**　ばねとダッシュポット系（固有値が複素数）
(EIGE. ばねとダッシュポット系 1.Y181102.DAT)

次に，(1.1-5) 式のシステムの**固有値**を求める．固有値とは，システムの固有の特性を表すもので**特性根**または**極**といわれる．固有値は行列 に対して次式で求められる．

$$\lambda I - A_p = 0, \quad \therefore \begin{vmatrix} \lambda & -1 \\ \dfrac{k}{m} & \lambda + \dfrac{c}{m} \end{vmatrix} = 0 \qquad (1.1\text{-}9)$$

(1.1-9) 式から固有値 が次のように得られる.

$$\lambda = -0.5 \pm j0.866 \qquad (1.1\text{-}10)$$

固有値とシステムの応答とは次のような関係にある.

固有値（極）が実数λ_1, λ_2の場合

⇨ 応答x_1, $x_2 = K_1 e^{\lambda_1 t} + K_2 e^{\lambda_2 t}$ (1.1-11)

これから, 固有値が実数の場合, システムが安定であるためには固有値λ_1, λ_2が負である必要があることがわかる.

固有値（極）が複素数$\lambda = \sigma \pm j\omega$の場合

⇨ 応答x_1, $x_2 = K(e^{(\sigma + j\omega)t} + e^{(\sigma - j\omega)t}) = 2Ke^{\sigma t}\cos\omega t$ (1.1-12)

これから, 固有値が複素数の場合には応答が振動的になることがわかる. 固有値の虚数部ωは振動の角振動数を表す. また固有値の実部σが負であれば, 振動応答の振幅は減少していく（安定である）. **図 1.1-3** は, 固有値が複素数の場合で応答が振動していることがわかる.

次に, データの内cの値を2にした次のケースを考えてみる.

$$m = 1 \ (\mathrm{kg}), \ k = 1 \ (\mathrm{N/m}), \ c = 2 \ (\mathrm{N \cdot s/m}) \qquad (1.1\text{-}13)$$

この場合, 固有値λが-1.0の**重根**（実数）となる. このときは, **図 1.1-4** に示すように応答は振動しなくなる.

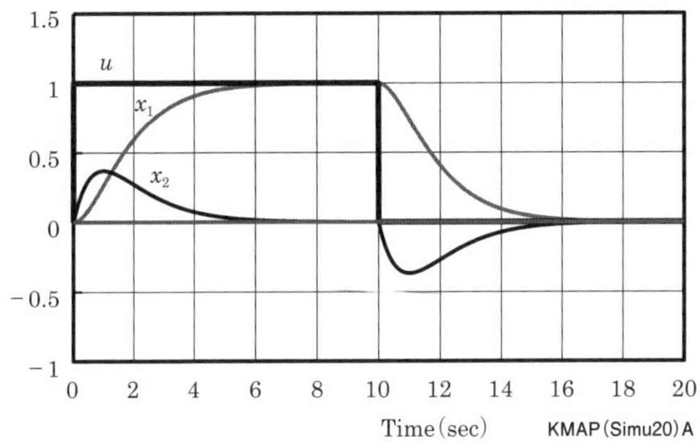

図 1.1-4　ばねとダッシュポット系（固有値が実数の重根）
(EIGE. ばねとダッシュポット系 2.Y181102.DAT)

さらに，データの内 c の値を 3 にした次のケースを考えてみる．

$$m=1\ (\mathrm{kg}),\ k=1\ (\mathrm{N/m}),\ c=3\ (\mathrm{N\cdot s/m}) \tag{1.1-14}$$

この場合，固有値 λ は -2.62 と -0.382 の 2 つの実根となる．このときは，**図 1.1-5** に示すように応答はさらに減衰の強い応答となる．

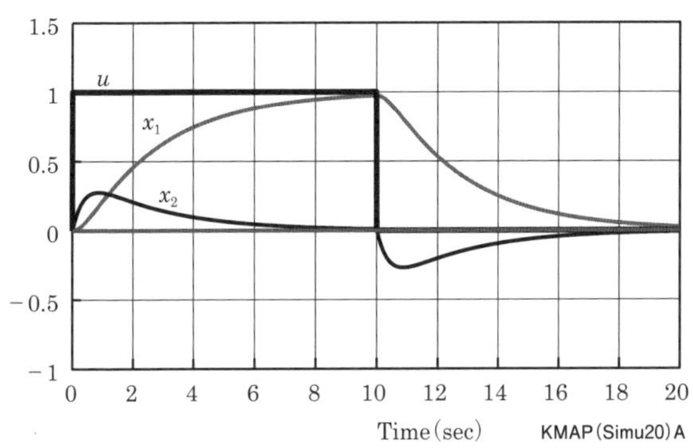

図 1.1-5　ばねとダッシュポット系（2 つの実根）
(EIGE. ばねとダッシュポット系 3.Y181102.DAT)

以上のように，強制力 $u(t)$ によって動かされたシステムは，**図 1.1-2** に示した行列 A のフィードバックにより引き戻されるが，その応答特性はシステムの固有値によって変化することがわかる．

1.2　制御とは運動方程式の行列 A を変化させること

1.1節では，システムの応答特性は運動方程式の固有値によって決まることを述べた．その固有値は運動方程式の行列 A から求められる．従って，システムの応答特性をよりよい特性にするには，固有値を適正な値に設定すること，すなわち，**図 1.2-1** のように，フィードバック K により行列 $A(=A_p+B_2K)$ を適正なものに設定することである．

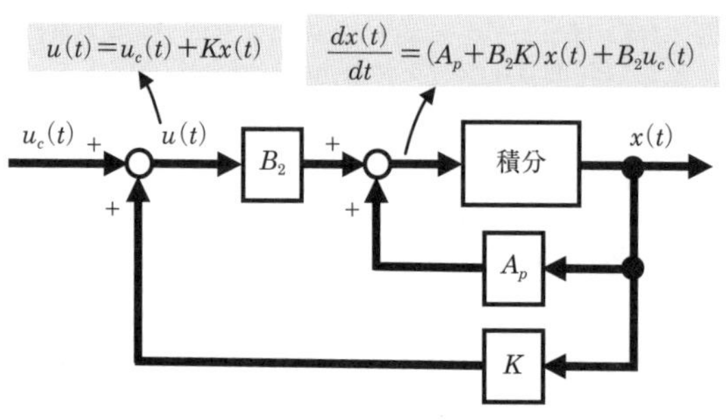

図 1.2-1　ゲイン K のフィードバックを追加

状態変数 $x(t)$ にゲイン K を掛けて $u(t)$ に**フィードバック**すると，運動方程式は次のように変化する．

$$\dot{x}=A_p x+B_2 u,\quad u(t)=u_c(t)+K\,x(t) \tag{1.2-1}$$

$$\dot{x}=(A_p+B_2K)\,x+B_2 u_c \tag{1.2-2}$$

すなわち，**フィードバック制御とはシステムの固有値を変化させること．**

次章では，制御の特性を見通しよく解析するための強力なツールであるラプラス変換について学ぶ．

第2章　ラプラス変換

前章では，運動を止める力は一種のフィードバックであること，応答特性は運動方程式の固有値と深く関係していることなどを述べた．それらの結果は，時間領域において解析したものである．本章では，制御系の特性について，より見通しよく解析する方法として，ラプラス変換という手法を学ぶ．

2.1　複素数

複素数を z とすると，二つの実数 x，y を用いて

$$z = x + jy, \quad j = \sqrt{-1}, \quad j^2 = -1 \tag{2.1-1}$$

と表わされる．(2.1-1) 式で，x は**実数部**，jy は**虚数部**といわれる．複素数が解析において重要な役割を果たすのは，次の公式のおかげである．

$$e^{j\theta} = \cos\theta + j\sin\theta \quad \text{［オイラー（Euler）の公式］} \tag{2.1-2}$$

この公式を用いると，複素数 z は次式の**極形式**で表すことができる．

$$z = r\,e^{j\theta} = r(\cos\theta + j\sin\theta) \tag{2.1-3}$$

ここで，r は**絶対値**，θ は**偏角**といわれる．

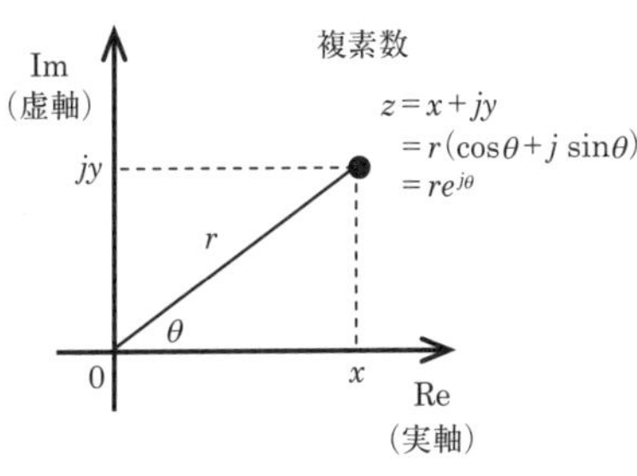

図 2.1-1　複素数

2.2　ラプラス変換

$t \geqq 0$ で定義される時間関数 $f(t)$ に対して，次式

$$F(s) = \int_0^\infty f(t)e^{-st}dt \tag{2.2-1}$$

で定義される複素数 s の関数 $F(s)$ を**ラプラス変換**という．ラプラス変換は，時間空間上の関数 $f(t)$ に，関数 e^{-st} を掛けて現在から将来までの情報を積分して，時間空間ではない新しいラプラス空間上の s の関数に変換したものである．時間空間においては簡単でない運動方程式（微分方程式）の解析が，ラプラス空間に変換するとその取り扱いが非常に簡単になる．

(2.2-1) 式の変換式は，単なる時間積分であるので簡単に求めることができる．例えば，$f(t) = e^{-at}$ の場合には次のようになる．

$$F(s) = \int_0^\infty e^{-at} \cdot e^{-st}dt \quad = \int_0^\infty e^{-(a+s)t}dt \quad = \left[\frac{1}{-(a+s)}e^{-(a+s)t}\right]_0^\infty = \frac{1}{s+a} \tag{2.2-2}$$

実際に，本書の制御系設計に利用するラプラス変換は，運動方程式を変換するだけであるので，**表 2.2-1** に示す変換公式で十分である．

表 2.2-1　本書で用いるラプラス変換表

時間関数 $f(t)$	ラプラス変換 $F(s)$
時間微分　$\dfrac{df(t)}{dt}$	$sF(s)$，ただし $f(0)=0$
時間積分　$\int_0^t f(\tau)d\tau$	$\dfrac{1}{s}F(s)$
初期値の定理　$\lim_{t\to 0} f(t)$	$\lim_{s\to\infty} sF(s)$
最終値の定理　$\lim_{t\to\infty} f(t)$	$\lim_{s\to 0} sF(s)$（極が左半面）注)

注）$f(t) = \sin\omega t$ のラプラス変換は $F(s) = \omega/(s^2+\omega^2)$ であるが，極は虚軸上にあるため，$\lim_{t\to\infty}\sin\omega t$ は確定しないので適用できない．

第３章　伝達関数

制御系の解析に利用される重要な要素の１つに**伝達関数**がある．伝達関数は，解析対象のシステムにある入力を与えたときに，システムから出力される応答との関係をラプラス空間の s の関数として表したものである．本章では，微分方程式で表されるシステムから伝達関数を求め，その伝達関数からシステムの特性を評価する方法を学ぶ．

3.1　伝達関数とは

（1）連立微分方程式から連立１次方程式への変換

制御系が次のような時間領域における１階の連立微分方程式で表される場合を考える．簡単のため状態変数が２個（x_1，x_2），入力が１個（u）とすると，次式のように表される．

$$\begin{cases} \dot{x}_1(t) = a_{11}x_1(t) + a_{12}x_2(t) + b_1u(t) \\ \dot{x}_2(t) = a_{21}x_1(t) + a_{22}x_2(t) + b_2u(t) \end{cases} \tag{3.1-1}$$

ここで，簡単のため $\dot{x} = dx/dt$ と略記している．(3.1-1) 式は線形の微分方程式であるので解析的に解を得ることは可能であるが，時間領域での解 $x_1(t)$，$x_2(t)$ を求めることは簡単ではない．そこで，ラプラス変換の手法を用いて時間空間から仮想の世界（複素数空間）であるラプラス空間に持ち込むと，連立微分方程式が単なる連立１次方程式に変換でき，その取り扱いが格段に容易になる．

いま $x(t)$ のラプラス変換を $X(s)$ とし，$x(t)$ の初期条件を０と仮定すると，時間領域における微分はラプラス空間では単に複素数 s を掛ける，また積分の場合は s で割る，という非常に簡単な結果が得られる．従って，(3.1-1) 式の連立微分方程式をラプラス変換すると，次のように単純な X_1，X_2 に関する連立１次方程式が得られる．

$$\begin{cases} sX_1(s) = a_{11}X_1(s) + a_{12}X_2(s) + b_1U(s) \\ sX_2(s) = a_{21}X_1(s) + a_{22}X_2(s) + b_2U(s) \end{cases} \tag{3.1-2}$$

ただし，$U(s)$ は $u(t)$ のラプラス変換である．この式を変形し行列で表すと

$$\begin{bmatrix} s-a_{11} & -a_{12} \\ -a_{21} & s-a_{22} \end{bmatrix}\begin{bmatrix} X_1(s) \\ X_2(s) \end{bmatrix} = \begin{bmatrix} b_1 \\ b_2 \end{bmatrix} U(s) \tag{3.1-3}$$

となる．このように，ラプラス変換を用いることにより，連立微分方程式が連立 1 次方程式に変換された．

(2) 連立 1 次方程式から伝達関数へ

(3.1-3) 式は連立 1 次方程式であるから，$X_1/U(s)$ および $X_2/U(s)$ が簡単に次のように得られる．

$$\begin{cases} \dfrac{X_1(s)}{U(s)} = G_1(s) = \dfrac{\begin{vmatrix} b_1 & -a_{12} \\ b_2 & s-a_{22} \end{vmatrix}}{\begin{vmatrix} s-a_{11} & -a_{12} \\ -a_{21} & s-a_{22} \end{vmatrix}} = \dfrac{b_1 s + (a_{12}b_2 - a_{22}b_1)}{s^2 - (a_{11}+a_{22})s + (a_{11}a_{22} - a_{12}a_{21})} \\ \dfrac{X_2(s)}{U(s)} = G_2(s) = \dfrac{\begin{vmatrix} s-a_{11} & b_1 \\ -a_{21} & b_2 \end{vmatrix}}{\begin{vmatrix} s-a_{11} & -a_{12} \\ -a_{21} & s-a_{22} \end{vmatrix}} = \dfrac{b_2 s + (a_{21}b_1 - a_{11}b_2)}{s^2 - (a_{11}+a_{22})s + (a_{11}a_{22} - a_{12}a_{21})} \end{cases} \tag{3.1-4}$$

この式の $G_1(s)$ および $G_2(s)$ は，初期条件がすべて 0 の場合の，入力に対する出力のラプラス変換（s の関数）の比であり**伝達関数**といわれる．

伝達関数とは

⇒ 運動方程式の入力 u と状態変数 x をそれぞれラプラス変換した $U(s)$ および $X(s)$ により次のように s の関数で表したもの

$$\boxed{\frac{X(s)}{U(s)} = G(s) = \frac{b_0 s^m + b_1 s^{m-1} + \cdots + b_m}{s^n + a_1 s^{n-1} + \cdots + a_n}} \tag{3.1-5}$$

ここで示した例でわかるように，ラプラス変換を用いると（3.1-1）式の連立微分方程式から，（3.1-4）式に示すように状態変数 X_1，X_2 が複素数 s の関数である伝達関数という形で解けたことになる．このケースでは，伝達関数の分母は s の 2 次方程式，分子はいずれも s の 1 次方程式である．なお，分母は X_1，X_2 に共通である．

(3) 伝達関数から直接性能を評価（ラプラス逆変換はしない）

伝達関数という形で解を求める利点は次の 2 つである．1 つは，（3.1-1）式の連立微分方程式の場合は，左辺の時間微分項 $\dot{x}_i$ と右辺の状態量 x_i とは異なる物理量であるため，時間領域で解くには手間がかかる．これに対して，(3.1-2) 式のラプラス空間では，左辺の時間微分項の X_i と右辺の状態量 X_i は同じものとなる．その結果，単なる連立 1 次方程式となり容易に解 X_i が s の関数として得られるので簡単である．もう 1 つの利点は，解の評価が伝達関数から簡単に得られることである．すなわち，伝達関数から逆ラプラス変換によって，再び時間領域での解 $x_1(t)$，$x_2(t)$ を求めるのではなく，伝達関数から直接評価する．これについては，次節で詳しく述べる．なお，ある時間における状態量の値を知りたいのであれば，連立微分方程式 (3.1-1) 式を直接時間積分すればよい．すなわち，時間領域での解析解は特に必要はない．

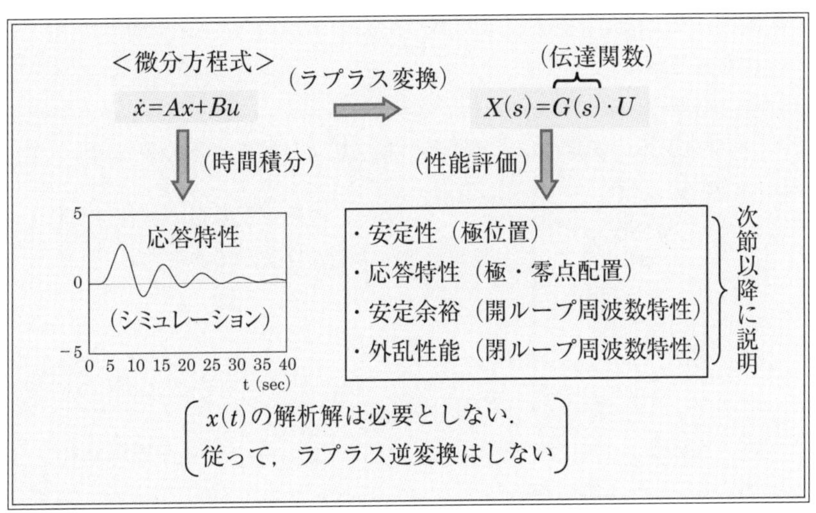

3.2　安定かどうかは極で判断するのが確実

(1) 特性方程式と極・零点

(3.1-5) 式に示したように，伝達関数の分母および分子は，s の高次方程式で表される．(3.1-5) 式を再び書くと次式である．

$$\frac{X(s)}{U(s)} = G(s) = \frac{b_0 s^m + b_1 s^{m-1} + \cdots + b_m}{s^n + a_1 s^{n-1} + \cdots + a_n} \tag{3.2-1}$$

(3.2-1) 式の伝達関数の分母を零とおいた次式は**特性方程式**と呼ばれる．

$$s^n + a_1 s^{n-1} + \cdots + a_n = 0 \tag{3.2-2}$$

特性方程式を解いた s の値を**特性根**または**極**と呼ぶ．特性根と呼ばれるのは，ラプラス平面上の特性根の位置（極配置）がシステムの基本的な特性を決めるからである．

一方，(3.2-1) 式の伝達関数の分子を零とおいた次式

$$b_0 s^m + b_1 s^{m-1} + \cdots + b_m = 0 \tag{3.2-3}$$

を解いた s の値を**零点**と呼ぶ．零点は伝達関数で表される状態変数の応答特性を決める．すなわち，伝達関数で表されるシステムの特性は，ラプラス平面上の**極・零点配置**によって決定される．この極・零点は，今はパソコンで簡単に求められるようになっている．

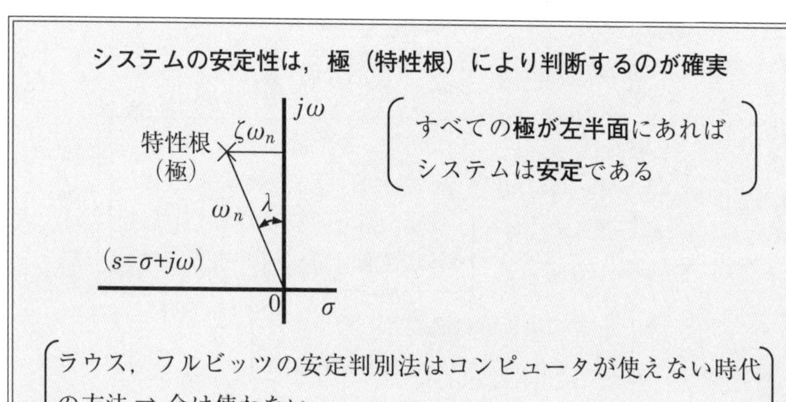

(参考) ラウスの安定判別法を簡単に紹介しておく.

(3.2-2) 式の特性方程式からシステムが安定であることを次の手続きで判定する.

① すべての係数 $a_1,\cdots,a_n$ が零でなく，同一符号である.

② 係数 $a_1,\cdots,a_n$ から，次の配列表をつくる.

表 3.2-1　ラウスの配列表

s^n	1	a_2	a_4	a_6	$\cdots$
s^{n-1}	a_1	a_3	a_5	a_7	$\cdots$
s^{n-2}	a_{31}	a_{32}	a_{33}	$\cdots$	
s^{n-3}	a_{41}	a_{42}	a_{43}	$\cdots$	
$\vdots$	$\vdots$				
s^0					

ここで,

$$\begin{cases} a_{31}=\dfrac{-\begin{vmatrix}1 & a_2\\ a_1 & a_3\end{vmatrix}}{a_1}=\dfrac{a_1a_2-a_3}{a_1},\ a_{32}=\dfrac{-\begin{vmatrix}1 & a_4\\ a_1 & a_5\end{vmatrix}}{a_1}=\dfrac{a_1a_4-a_5}{a_1},\ a_{33}=\dfrac{-\begin{vmatrix}1 & a_6\\ a_1 & a_7\end{vmatrix}}{a_1}=\dfrac{a_1a_6-a_7}{a_1},\ \cdots \\ a_{41}=\dfrac{-\begin{vmatrix}a_1 & a_3\\ a_{31} & a_{32}\end{vmatrix}}{a_{31}}=\dfrac{a_{31}a_3-a_1a_{32}}{a_{31}},\quad a_{42}=\dfrac{-\begin{vmatrix}a_1 & a_5\\ a_{31} & a_{33}\end{vmatrix}}{a_{31}}=\dfrac{a_{31}a_5-a_1a_{33}}{a_{31}},\quad \cdots \\ a_{51}=\dfrac{-\begin{vmatrix}a_{31} & a_{32}\\ a_{41} & a_{42}\end{vmatrix}}{a_{41}}=\dfrac{a_{41}a_{32}-a_{31}a_{42}}{a_{41}},\quad \cdots \\ \vdots \end{cases} \tag{3.2-4}$$

③ ラウス配列表の第 1 列 $\{1\ \ a_1\ \ a_{31}\ \ a_{41}\ \cdots\}$ (**ラウス数列**という) がすべて正.
なお，数列の符号が変わる回数に等しい数だけ不安定根がある．またラウス数列の要素が 0 になると，ラウスの配列表を完成することができないが，このときはシステムは不安定と判断する.

以上のように，手計算で行うラウスの安定判別法は大変である．今はコンピュータにより極の位置から安定性を簡単に評価できる.

(2) 時間空間とラプラス空間との関係

図 3.2-1 は，時間空間とラプラス空間との関係を示したものである．システムが安定であるためには，図に示すすべての極（×印）が左半面にあることが必要である．

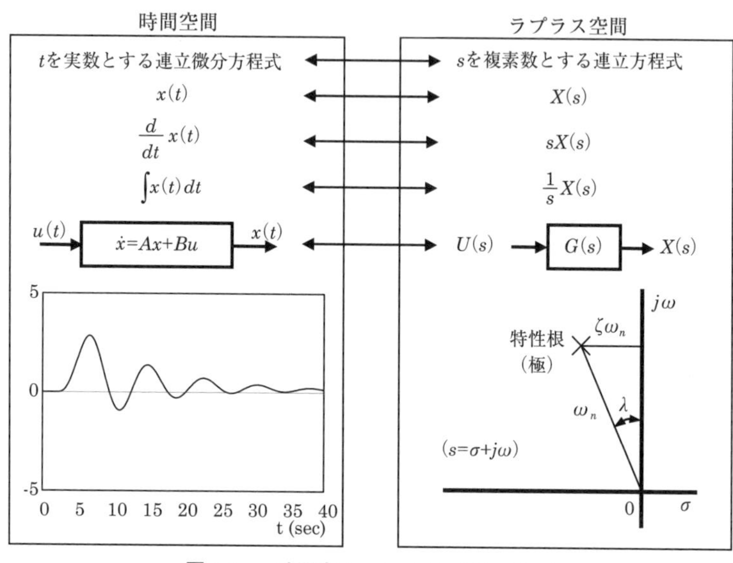

図 3.2-1　時間空間とラプラス空間の関係

(3.2-5) 式は，ラプラス平面上の特性根（極）の位置とシステム特性との関係を表したものである．極が複素数（振動根）の場合は，減衰比 ζ が正（λ が正と同じ）ならば安定で，ζ が大きいほど減衰がよく，虚数部の値が大きいほど振動数が高い応答となる．

$$
\begin{aligned}
&s = \sigma_1 \pm j\omega_1 && \text{：複素極} \\
&\omega_n = \sqrt{\sigma_1{}^2 + \omega_1{}^2} && \text{：固有角振動数 (rad/s)} \\
&\omega_1 = \omega_n \sqrt{1-\zeta^2} && \text{：減衰固有角振動数 (rad/s)} \\
&\zeta = \sin\lambda = \frac{-\sigma_1/\omega_1}{\sqrt{1+(\sigma_1/\omega_1)^2}} && \text{：減衰比} \\
&P = \frac{2\pi}{\omega_1} && \text{：周期 (sec)}
\end{aligned}
\tag{3.2-5}
$$

3.3　周波数特性

(1) 周波数伝達関数

ラプラス変換された状態変数を $X(s)$，入力を $U(s)$，その伝達関数を $G(s)$ とすると次式で表される．

$$X(s)=G(s)\cdot U(s) \tag{3.3-1}$$

いま，時間空間における入力 $u(t)$ が次式のように絶対値 1 の複素数（極形式）と仮定する．

$$u(t)=e^{j\omega t}=\cos\omega t+j\sin\omega t \tag{3.3-2}$$

このとき，十分時間が経過して定常状態のときの応答 $x(t)$ は次式で与えられる．

$$x(t)=G(j\omega)\cdot e^{j\omega t} \tag{3.3-3}$$

すなわち，周期関数入力 $e^{j\omega t}$ を与えたとき，(3.3-1) 式で表される応答 $X(s)$ の時間応答 $x(t)$ は，伝達関数 $G(s)$ において $s=j\omega$ とおいた $G(j\omega)$ に入力 $e^{j\omega t}$ を掛けたものとなる．この $G(j\omega)$ は**周波数伝達関数**または**周波数応答関数**といわれる．

(2) ボード線図を描くのはコンピュータの仕事

いま，周波数伝達関数 $G(j\omega)$ を

$$G(j\omega)=r\,e^{j\phi} \tag{3.3-4}$$

とおくと，$r(=|G(j\omega)|)$ は応答の大きさを表すもので**ゲイン**といわれる．また ϕ は応答の遅れを表すもので**位相**といわれる．このとき，応答は (3.3-3) 式から次のように表される．

$$\begin{aligned}x(t)&=G(j\omega)\cdot(\cos\omega t+j\sin\omega t)\quad=r\,e^{j\phi}\cdot e^{j\omega t}\quad=r\,e^{j(\omega t+\phi)}\\&=r\cos(\omega t+\phi)+j\,r\sin(\omega t+\phi)\end{aligned} \tag{3.3-5}$$

この関係式は時間空間とラプラス空間とをつなぐ非常に便利な式である．すなわち，ラプラス空間上の伝達関数が得られると，時間空間に逆変換しなくても時間応答の特性を把握することが可能となる．この関係を図 **3.3-1** に示す．

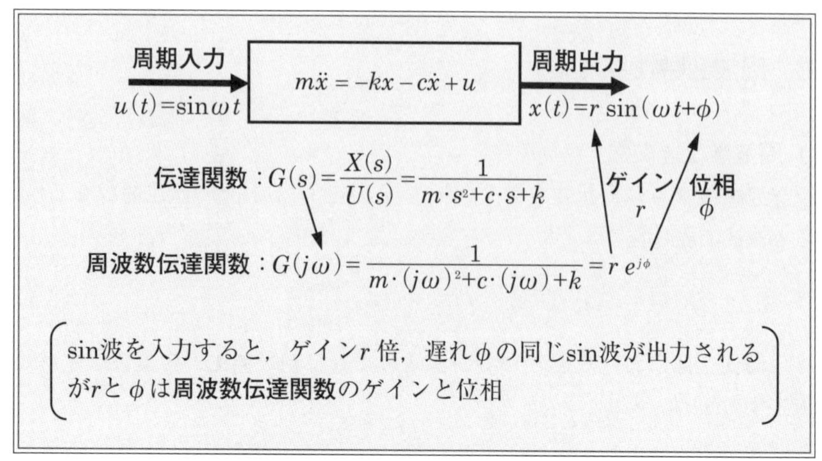

図 3.3-1　周波数伝達関数と時間応答関係式

図 3.3-1 に示すように，線形システムに周波数 ω の $\sin\omega t$ を入力すると，同じ周波数 ω の応答が出力され，振幅は r 倍，位相は ϕ だけ遅れる．この r と ϕ は周波数伝達関数 $G(j\omega)$ のゲインと位相であるので，各 ω の値に対してゲインと位相を計算しておくと便利である．これを図にしたものが**図 3.3-2** に示す**ボード線図**である．

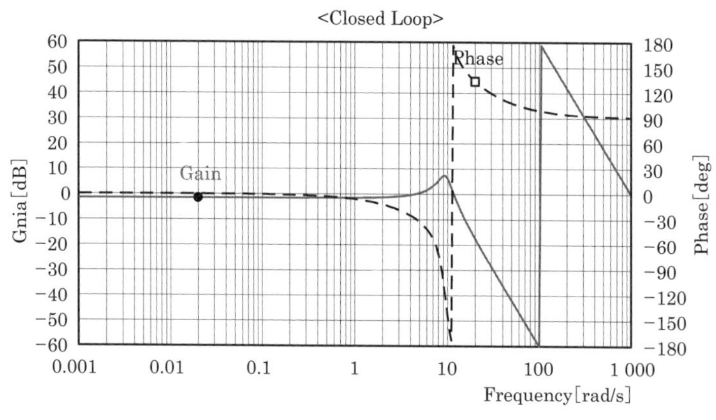

図 3.3-2　ボード線図の例

具体的には，ボード線図は横軸の周波数（Frequency）ω（rad/s）に対して，次式のゲインと位相を表示したものである．

$$\text{ゲイン（Gain）：} 20\log|G(j\omega)| = 20\log r \quad \text{[dB（デシベル）]}$$
$$\text{位相（Phase）：} \angle G(j\omega) = \phi \quad \text{[deg]}$$

ボード線図で，ゲインが最大となる周波数を**共振周波数**（ω_p）といい，そのときの定常値ゲインからのゲイン増大量を**共振値**（M_p）という．また，定常値ゲインから 3dB 下がるまでの周波数範囲を**バンド幅**（ω_b）という．

ところで，多くの制御工学の教科書には，ボード線図を**折れ線近似**で手書き作成する手順を説明してある．しかし，簡単な例題でもボード線図を描くのは煩雑な作業であり，実際の複雑な問題ではかなり大変な作業である．いまはコンピュータで簡単に描くことができるので，ボード線図作成はコンピュータに任せるのがよい．

（参考）ボード線図の折れ線近似（手書き用）を簡単に紹介しておく．

① ボード線図を折れ線近似によって描くには，まず基本的な要素の折れ線近似を理解する必要がある．**図 3.3-3** は，その最も基本的な要素のゲインと位相を示す．

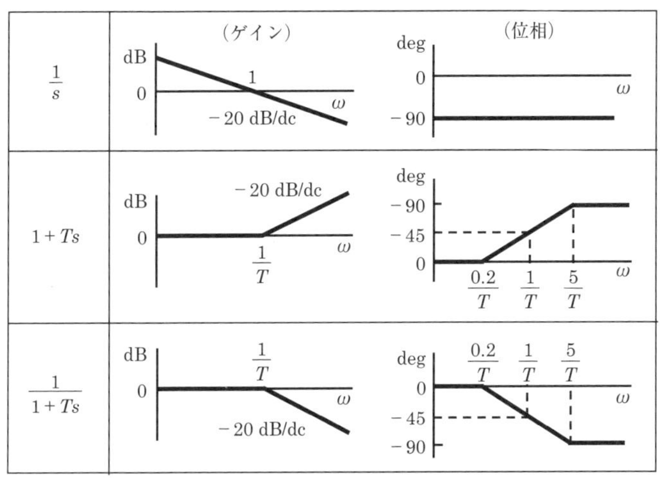

図 3.3-3　基本的な要素の折れ線近似

② 次に，例として次の伝達関数のボード線図を図 **3.3-3** に示した要素の折れ線近似を用いて描いてみよう [A15)]．

$$
\begin{aligned}
G(s) &= 10\,\frac{1+0.5s}{s(1+0.1s)} \\
&= 10\cdot\frac{1}{s}\cdot\frac{1}{1+0.1s}\cdot(1+0.5s) = G_1\cdot G_2\cdot G_3\cdot G_4
\end{aligned}
\tag{3.3-6}
$$

ここで，

$$
\begin{cases}
G_1(s) = 10 \\
G_2(s) = \dfrac{1}{s} \\
G_3(s) = \dfrac{1}{1+0.1s} \\
G_4(s) = 1+0.5s
\end{cases}
\tag{3.3-7}
$$

である．この $G_1 \sim G_4$ の折れ線近似を描くと図 **3.3-4** のようになる．

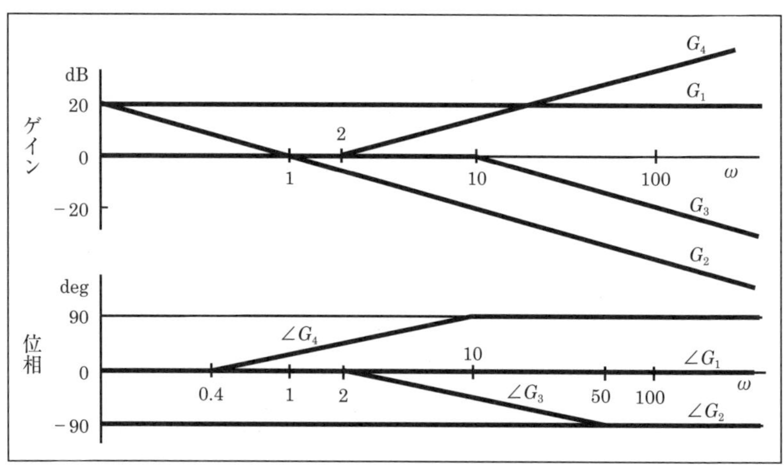

図 **3.3-4**　(3.3-7) 式の折れ線近似

③ 最後に，図 **3.3-4** に示した $G_1 \sim G_4$ の折れ線近似を，ゲインおよび位相についてそれぞれ加え合わすと，(3.3-6) 式の伝達関数の近似ボード線図が図 **3.3-5** のように得られる．

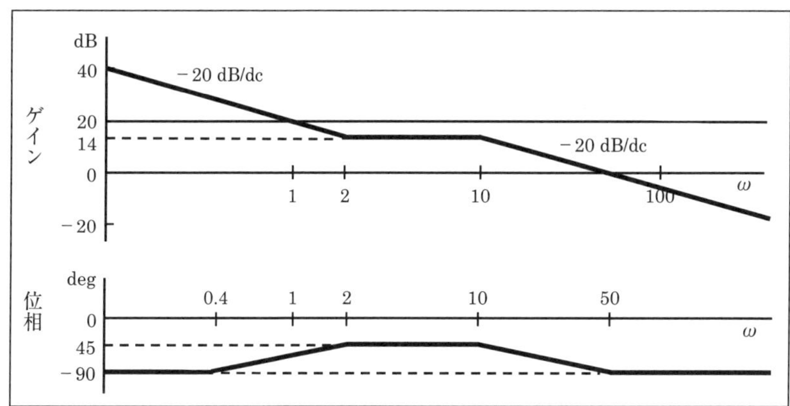

図 **3.3-5**　(3.3-6) 式の折れ線近似

> **ボード線図**作成は手計算では大変な作業
> ⇒ いまは**コンピュータで簡単に作成**できる

3.4　時間応答は運動方程式を直接時間積分する（解析解は不要）

時間応答は，(3.1-1) 式の運動方程式を直接時間積分することによって得られる．すべての初期状態が0の場合に，単位ステップの入力に対する応答は**単位ステップ応答**または**インデシャル応答**と呼ばれる．時間応答の特性を表すのに，一般的に次の量が用いられる（図 **3.4-1**）．

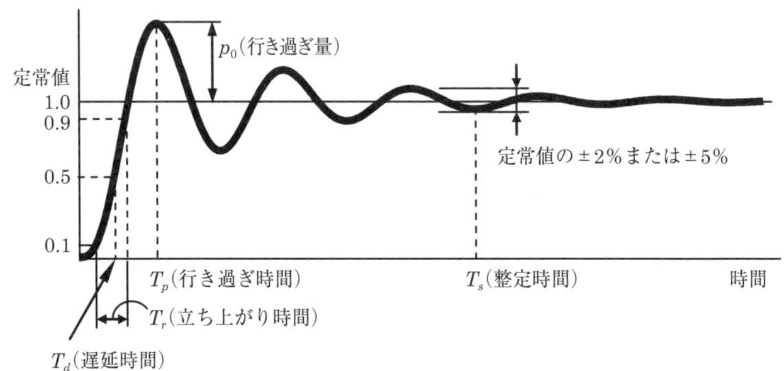

図 3.4-1　ステップ応答の特性量

T_r（**立ち上がり時間**）	：定常値の 0.1 倍から 0.9 倍に達するまでの時間
T_d（**遅延時間**）	：定常値の 0.5 倍に達するまでの時間
T_p（**行き過ぎ時間**）	：ピーク値となる時間
p_0（**行き過ぎ量**）	：ピーク値と定常値との差
T_s（**整定時間**）	：定常値の± 2%または± 5%の範囲になる時間

従来の教科書の中には解析解から時間応答をから求める方法について詳しく説明しているものもあるが，解析解は特に必要ではない．

> (3.1-1) 式の微分方程式から解析解を求めて時間応答を評価する方法があるが，解析解を得るのは難しい作業である．
> **⇒ 時間応答を求めるには微分方程式を直接時間積分すると簡単である．**

3.5　制御系の基本構造について

(1) システムの特性は極・零点配置によって決まる

伝達関数の分母および分子は，既に述べたように，一般的には次のような の高次方程式で表される．

$$\frac{X(s)}{U(s)} = G(s) = \frac{b_0 s^m + b_1 s^{m-1} + \cdots + b_m}{s^n + a_1 s^{n-1} + \cdots + a_n} \tag{3.5-1}$$

伝達関数は，入力 $U(s)$ に対する出力 $X(s)$ の特性を表すもので，一種の信号変換装置であり**フィルタ**ともいわれる．いま，伝達関数の n 個の極を $s = p_1, \cdots, p_n$，また m 個の零点を $s = q_1, \cdots, q_m$ とすると，(3.5-1) 式は次のように表される．

$$G(s) = \frac{b_0(s-q_1)\times(s-q_2)\times\cdots\times(s-q_m)}{(s-p_1)\times(s-p_2)\times\cdots\times(s-p_n)} \tag{3.5-2}$$

すなわち，伝達関数で表されるシステムの特性は**極・零点配置**によって決定される．極はシステムの固有の特性を決め，零点は入力に対する応答特性を決めるものである．

(2) 伝達関数は基本要素の掛け算で表すことができる

制御系の特性は，その伝達関数を解析すればよいことがわかったが，次に伝達関数を解析する方法について考える．いま，(3.5-1) 式の伝達関数 $G(s)$ の分母と分子は，次のように変形することができる．ただし，伝達関数はプロパー ($m < n$) であると仮定する．

$$G(s) = b_0 \frac{s-q_1}{s-p_1} \times \frac{s-q_2}{s-p_2} \times \cdots \times \frac{s-q_m}{s-p_m} \times \frac{1}{s-p_{m+1}} \times \cdots \times \frac{1}{s-p_n} \tag{3.5-3}$$

この (3.5-3) 式右辺の各要素は，扱いやすいように標準形に変形すると，伝達関数は**表 3.5-1** に示す基本要素を用いて，一般的に次のように表すことができる．

$$\begin{aligned} G(s) = K \times \frac{1}{s} \times \frac{1}{1+T_1 s} \times \frac{T_2 s}{1+T_2 s} \times \frac{1+T_3' s}{1+T_3 s} \times \\ \frac{\omega_1^2}{s^2 + 2\zeta_1\omega_1 s + \omega_1^2} \times \frac{s}{s^2 + 2\zeta_2\omega_2 s + \omega_2^2} \times \frac{s^2 + 2\zeta_3'\omega_3' s + \omega_3'^2}{s^2 + 2\zeta_3\omega_3 s + \omega_3^2} \times \cdots \end{aligned} \tag{3.5-4}$$

表 3.5-1　伝達関数の基本要素

基本要素	伝達関数
積分	$\dfrac{1}{s}$
1 次遅れ形（1 次遅れフィルタ）	$\dfrac{1}{1+Ts}$
ハイパスフィルタ	$\dfrac{Ts}{1+Ts}$
リードラグフィルタ	$\dfrac{1+T_2s}{1+T_1s}$
2 次遅れ形（2 次遅れフィルタ）	$\dfrac{\omega^2}{s^2+2\zeta\omega s+\omega^2}$
1 次 /2 次形	$\dfrac{s}{s^2+2\zeta\omega s+\omega^2}$
2 次 /2 次形（ノッチフィルタ）	$\dfrac{s^2+2\zeta_2\omega_2 s+\omega_2{}^2}{s^2+2\zeta_1\omega_1 s+\omega_1{}^2}$

伝達関数は，表 3.5-1 に示す**基本要素**で表すことができる．
分母が s のみは積分，1 次式は指数関数の応答，2 次式は振動関数の時間関数に対応する．
(分母が s の 3 次式以上に対応する時間関数は存在しない)

(3) ブロック図の結合・等価変換はコンピュータの仕事

図 3.5-1 は，各要素の信号の流れが複雑に入り組んだ制御系ブロック図の例である．この制御系を入力 u_c に対する出力 y の伝達関数として表すことを考える．

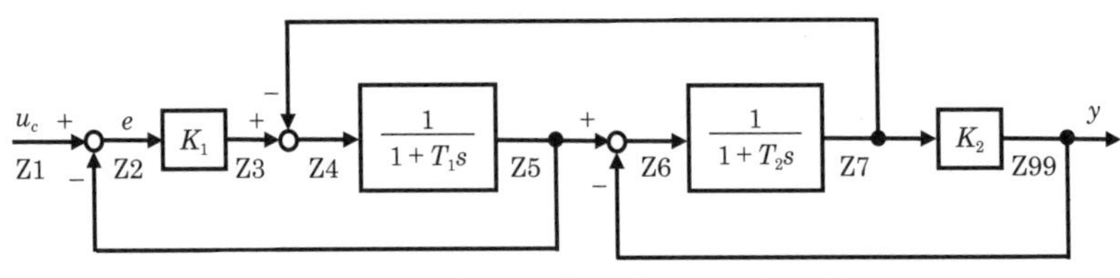

図 3.5-1　複雑に入り組んだブロック図の例

多くの制御工学の教科書には，**図 3.5-1** のようなブロック図から伝達関数を求める方法として，“加え合わせ点の位置変更”，“引き出し点の位置変更” などの**等価変換**を行って，順次簡単な伝達関数に変換していく方法や，**数式による消去法**で簡単化していく方法が説明されている．しかし，手計算による両方法は，**図 3.5-3** のような要素の数が比較的多くない制御系でも簡単化していくのは煩雑な作業である．これらは次のような方法である．

（参考）ブロック図の等価変換による伝達関数の簡単化のやり方を紹介しておく．

図 3.5-2 は，基本的なブロック図の等価変換である．この方法を用いて，**図 3.5-1** のブロック図を簡単化していく．

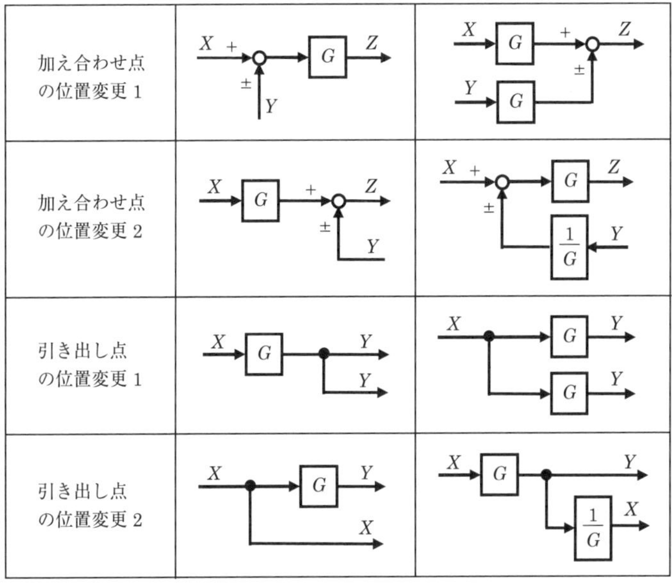

図 3.5-2　基本的なブロック図の等価変換

① 図 **3.5-1** の K_2 の前から引き出されていた点を K_2 の後ろに変更する.

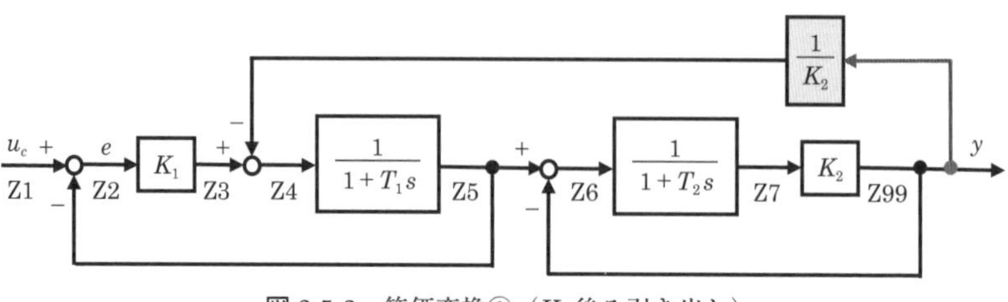

図 **3.5-3**　等価変換①（K_2 後ろ引き出し）

② 次に，K_1 前に加え合わせ点の位置を変更する.

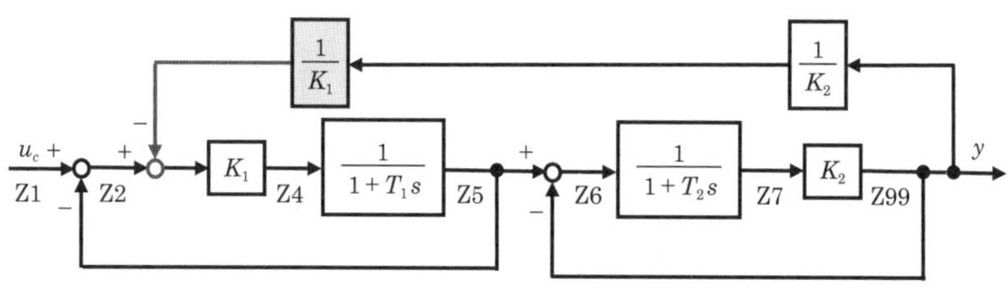

図 **3.5-4**　等価変換②（K_1 前に加え合わせ）

③ 次に，Z_2 後ろの加え合わせ点の位置を前に変更する.

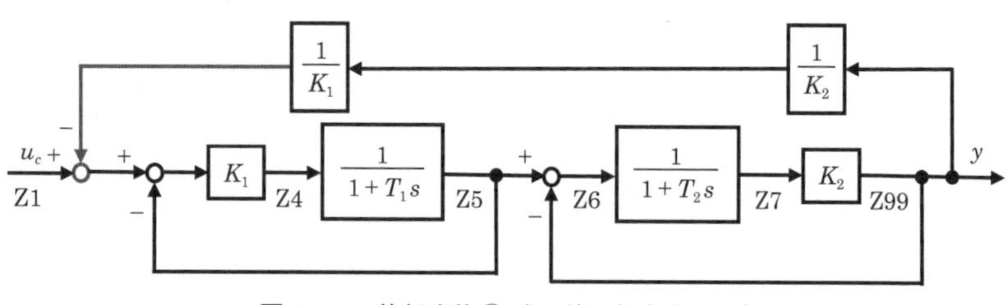

図 **3.5-5**　等価変換③（Z_2 前に加え合わせ）

④ 次に，下側にある 2 つのフィードバックをまとめる．

$\frac{1}{K_1}$
$\frac{1}{K_2}$
u_c
Z1
$\frac{K_1}{1+K_1}\cdot\frac{1}{1+\frac{T_1}{1+K_1}s}$
Z5
$\frac{K_2}{1+K_2}\cdot\frac{1}{1+\frac{T_2}{1+K_2}s}$
y
Z99

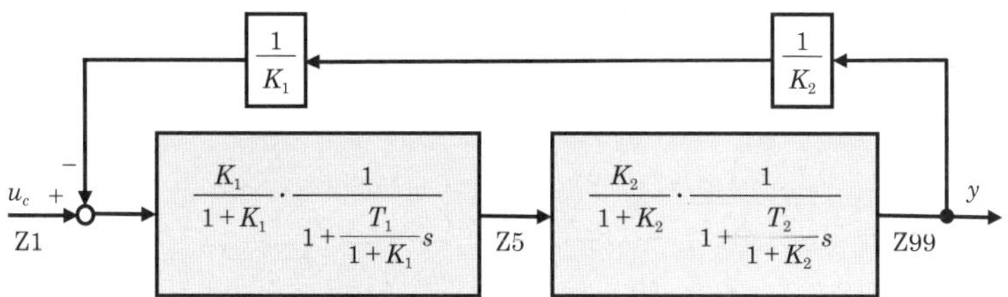

図 **3.5-6**　等価変換④（フィードバックをまとめる）

⑤ 最後に，全体のフィードバックをまとめる．

u_c
Z1
$\frac{K_1K_2}{T_1T_2}\cdot\frac{1}{s^2+\left(\frac{1+K_1}{T_1}+\frac{1+K_2}{T_2}\right)s+\frac{(1+K_1)(1+K_2)+1}{T_1T_2}}$
y
Z99

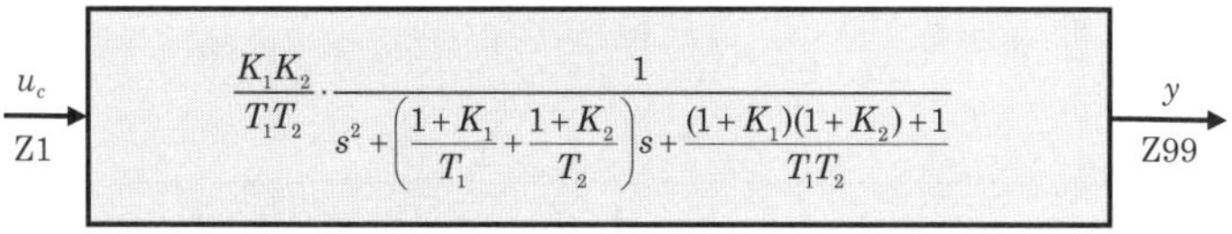

図 **3.5-7**　等価変換⑤（フィードバックをまとめる）

（参考）別の方法として，ブロック図を数式の消去法を用いて，手計算で簡単化していく方法を紹介しておく．

① 図 **3.5-1** のブロック図を数式で表すと次のようになる．

$$\begin{cases} ①\ \ \mathrm{Z3}=K_1(u_c-\mathrm{Z5}) \\ ②\ \ \mathrm{Z5}=\dfrac{1}{1+T_1s}(\mathrm{Z3}-\mathrm{Z7}) \\ ③\ \ \mathrm{Z7}=\dfrac{1}{1+T_2s}(\mathrm{Z5}-y) \\ ④\ \ y=K_2\mathrm{Z7} \end{cases} \tag{3.5-5}$$

（3.5-5）式の①式，②式および④式から，

$$\begin{aligned}\mathrm{Z3}=K_1(u_c-\mathrm{Z5})\quad &=K_1u_c-K_1\frac{1}{1+T_1s}\mathrm{Z3}+K_1\frac{1}{1+T_1s}\mathrm{Z7}\\ &=K_1u_c-K_1\frac{1}{1+T_1s}\mathrm{Z3}+\frac{K_1}{K_2}\cdot\frac{1}{1+T_1s}y\end{aligned}$$

整理すると

$$\mathrm{Z3}=K_1\frac{(T_1s+1)u_c+(1/K_2)y}{T_1s+1+K_1} \tag{3.5-6}$$

(3.5-5) 式の③式と④式から,

$$x = K_2 Z7 = K_2 \frac{1}{1+T_2 s}(Z5 - y) \quad = K_2 \frac{1}{1+T_2 s} Z5 - K_2 \frac{1}{1+T_2 s} y$$

整理すると

$$Z5 = \frac{T_2 s + 1 + K_2}{K_2} y \tag{3.5-7}$$

(3.5-6) 式と (3.5-7) 式を (3.5-5) 式の①式に代入すると

$$K_1 \frac{(T_1 s + 1)u_c + (1/K_2)y}{T_1 s + 1 + K_1} = K_1 \left(u_c - \frac{T_2 s + 1 + K_2}{K_2} y \right)$$

整理すると, 伝達関数が次のように得られる.

$$\frac{y}{u_c} = \frac{K_1 K_2}{T_1 T_2} \cdot \frac{1}{s^2 + \left(\frac{1+K_1}{T_1} + \frac{1+K_2}{T_2} \right) s + \frac{(1+K_1)(1+K_2)+1}{T_1 T_2}} \tag{3.5-8}$$

ここでは, 次のデータで計算してみよう.

$$K_1 = 1.5, \quad K_2 = 2.5, \quad T_1 = 0.5, \quad T_2 = 0.2 \tag{3.5-9}$$

このとき, (3.5-8) 式は次のようになる.

$$\frac{x}{u_c} = 37.5 \frac{1}{s^2 + 22.5s + 97.5} \quad (\text{極は } s = -5.86, \ -16.64) \tag{3.5-10}$$

以上のように, 複雑に入り組んだブロック図を等価変換や数式による消去法で伝達関数を手計算で求めていくのは大変な作業である. いまは, この一連の計算はコンピュータで自動的に計算するソフトが開発されているので, それを利用することで, 実際のより複雑な制御系の伝達関数を簡単に得ることが可能である.

> ブロック図を簡単な伝達関数に変換する方法として, **等価変換**による方法や, **数式による消去法**があるが, いずれも**労力のいる作業**であり, ミスも入りやすい.
> **(ブロック図の結合・等価変換はコンピュータにまかせる)**

3.6 （演習）伝達関数による制御系解析

以下では，システムの運動方程式から伝達関数を求め，システムの特性解析について演習を通して学ぶ.

演習 3.6-1　1 質点ばね振動系

右図のような振動系の運動方程式を導き，ラプラス変換して強制力 $f(t)$ に対する伝達関数を求めよ．ここで，x は変位，m は質量，k はばね定数，c は速度に比例した力を発生するダッシュポットである.

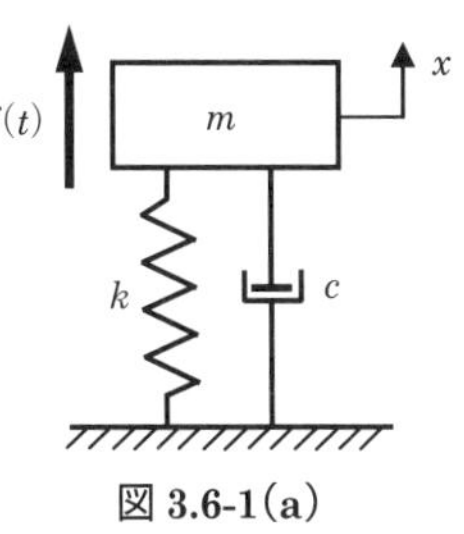

図 3.6-1(a)

【解】　図 3.6-1 (a) の各要素に働く力は，図 3.6-1 (b) のように表される.

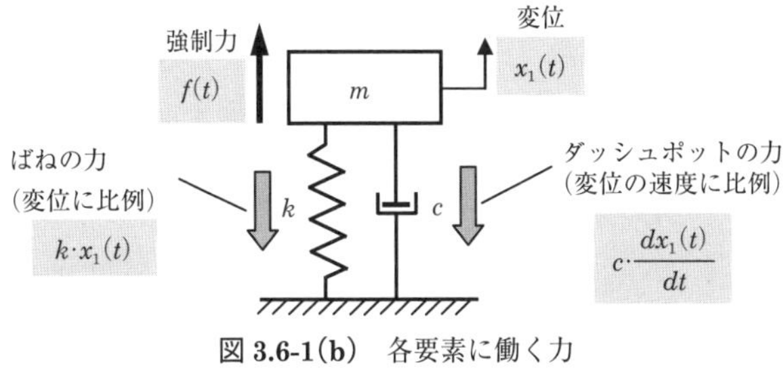

図 3.6-1(b)　各要素に働く力

ニュートンの運動方程式は次のように導く

① 各質量ごとに 1 つの式を書く
② $m\ddot{x}$ を左辺に書くとよい（問題によって変わらない）
③ 右辺は作用する力 f_i をすべて書く（問題ごとに変わる）

$$\underbrace{m\ddot{x}} = \underbrace{f_1 + f_2 + \cdots}$$

↑（作用する力）⇒（増速側は正，減速側は負）

（質量）×（その質量の加速度）

ニュートンの第 2 法則から運動方程式を導くと次式が得られる.

$$m\ddot{x} = -kx - c\dot{x} + f(t) \tag{1}$$

ここで, $\dot{x} = dx / dt$, $\ddot{x} = d^2x / dt^2$ と略記している.

いま, $x(t)$ および $f(t)$ のラプラス変換を $X(s)$ および $F(s)$ とすると, (1) 式をラプラス変換すると次のように表される.

$$ms^2X(s) = -kX(s) - csX(s) + F(s) \tag{2}$$

$$\therefore (ms^2 + cs + k)X(s) = F(s) \tag{3}$$

この式から, 入力 $F(s)$ に対する出力 $X(s)$ の比を求めると, 伝達関数が次のように得られる.

$$\frac{X(s)}{F(s)} = \frac{1}{ms^2 + cs + k} \tag{4}$$

(4) 式を標準形に変形すると次のようになる.

$$\frac{X(s)}{F(s)} = \frac{1}{k} \cdot \frac{(k / m)}{s^2 + (c / m)s + (k / m)} = \frac{1}{k} \cdot \frac{\omega_n{}^2}{s^2 + 2\zeta\omega_n s + \omega_n{}^2} \tag{5}$$

この式は, 表 3.5-1 の伝達関数の基本要素の内の **2 次遅れ形**である. ここで, ζ は**減衰比**, ω_n は**固有角振動数** (rad/s) である. 本ケースでは, 次の関係である.

$$\left(2\zeta\omega_n = c / m, \quad \omega_n{}^2 = k / m\right) \Rightarrow \left(\zeta = \frac{c}{2\sqrt{mk}}, \quad \omega_n = \sqrt{\frac{k}{m}}\right) \tag{6}$$

さて, ここでは次のケースを考えてみよう.

$$m = 2 \ (\text{kg}), \ k = 2 \ (\text{N/m}), \ c = 1 \ (\text{N·s/m}) \tag{7}$$

このとき, 次のようになる.

$$\zeta = 0.25 \ (-), \quad \omega_n = 1 \ (\text{rad/s}) \tag{8}$$

極は, (5) 式の分母 = 0 から次のようである.

$$s = -0.250 \pm j\,0.968 \tag{9}$$

図 3.6-1 (c) は極の位置, **図 3.6-1 (d)** はボード線図, **図 3.6-1 (e)** はステップ応答である.

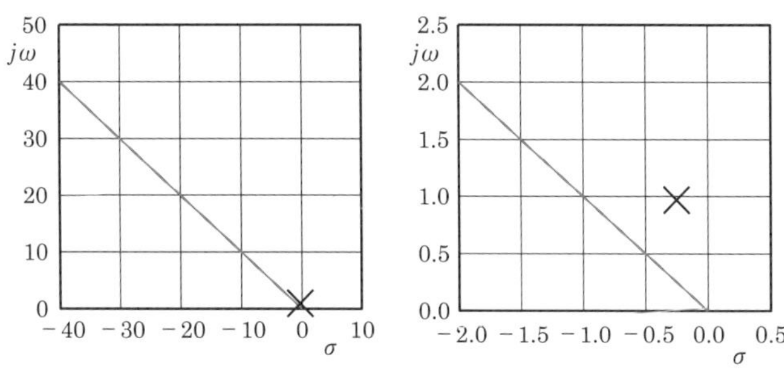

図 **3.6-1(c)**　1質点ばね振動系の極配置
(EIGE. 演習 3.6-1.Y181223.DAT)

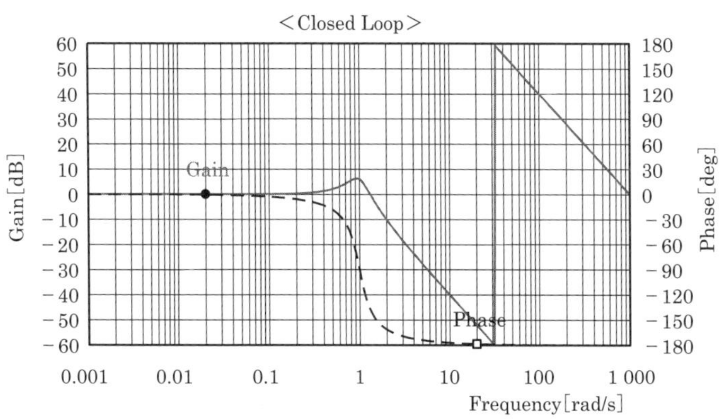

図 **3.6-1(d)**　1質点ばね振動系のボード線図

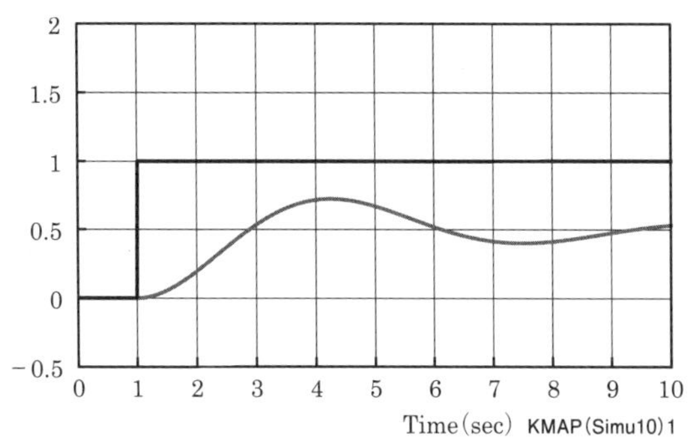

図 **3.6-1(e)**　1質点ばね振動系のステップ応答

演習 3.6-2　サーボアクチュエータ

右図のような油圧式サーボアクチュエータを考える[A2]．入力 u に対する出力 x の伝達関数を求めよ．

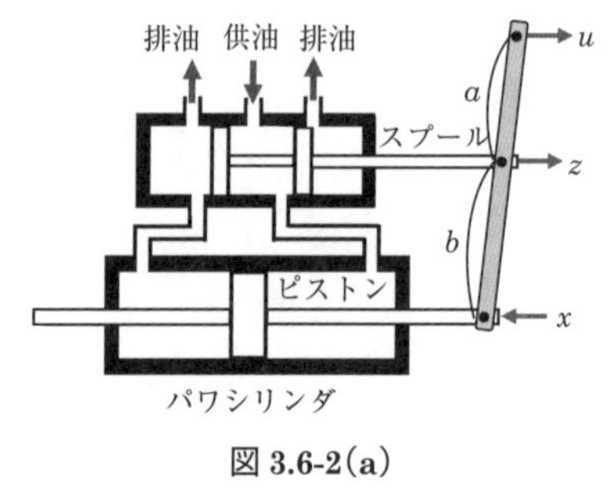

図 3.6-2(a)

【解】 **図 3.6-2（a）**の入力 u を操作すると，スプールが z だけ変位する．これによりバルブの弁が開いてピストンに油圧が流れ込む．このとき，流れ込む流量は z に比例するとすると，ピストンの速度は z に比例して次式で表される．

$$\dot{x} = kz \tag{1}$$

一方，変位 x，y，z の関係式は**図 3.6-2（b）**から，次のような関係式が得られる．

$$\frac{x+z}{b} = \frac{x+u}{a+b}, \quad \therefore z = \frac{bu-ax}{a+b} \tag{2}$$

（2）式を（1）式に代入すると，次式が得られる．

$$\dot{x} = -\frac{ka}{a+b}x + \frac{kb}{a+b}u \tag{3}$$

図 3.6-2（b）　変位関係式

（3）式をラプラス変換して整理すると，入力 U に対する X の伝達関数が次のように得られる．

$$\frac{X}{U} = \frac{kb}{(a+b)s+ka} = K\frac{1}{1+Ts} \tag{4}$$

$$\text{ただし，} K = \frac{b}{a}, \quad T = \frac{a+b}{ka} \tag{5}$$

（4）式の伝達関数は，表 3.5-1 の伝達関数の基本要素の内の **1 次遅れ形**である．ここで，K は**ゲイン**，T は**時定数**（秒）である．

さて，ここでは次のケースを考えてみよう．

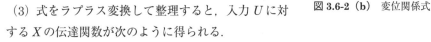

$$a = 0.1 \text{ (m)}, \quad b = 0.1 \text{ (m)}, \quad k = 10 \text{ (1/s)} \tag{6}$$

このとき，（5）式は次のようになる．

$$K = 1, \quad T = 0.2 \text{（秒）} \tag{7}$$

極は，（4）式の分母＝0 から次のようになる．

$$s = -5.0 \tag{8}$$

図 3.6-2（c）は極の位置，**図 3.6-2（d）**はボード線図，**図 3.6-2（e）**はステップ応答である．

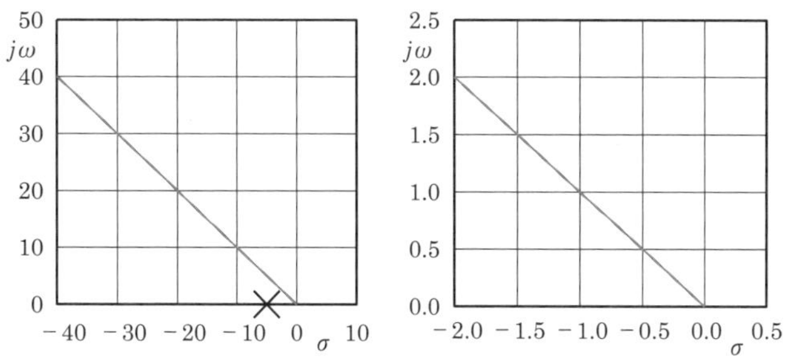

図 3.6-2(c)　サーボアクチュエータの極配置
（EIGE. 演習 3.6-2.Y181224.DAT）

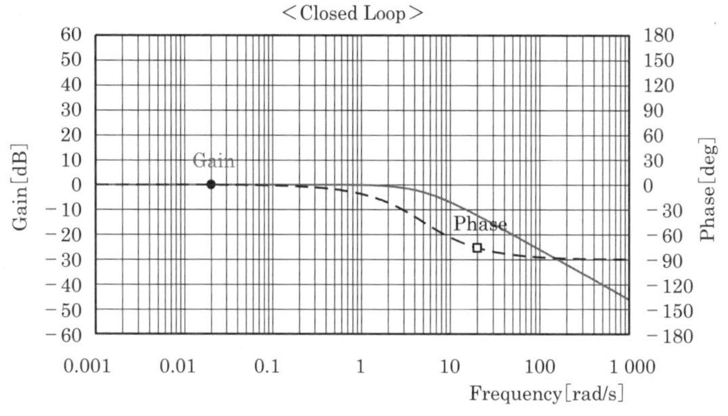

図 3.6-2(d)　サーボアクチュエータのボード線図

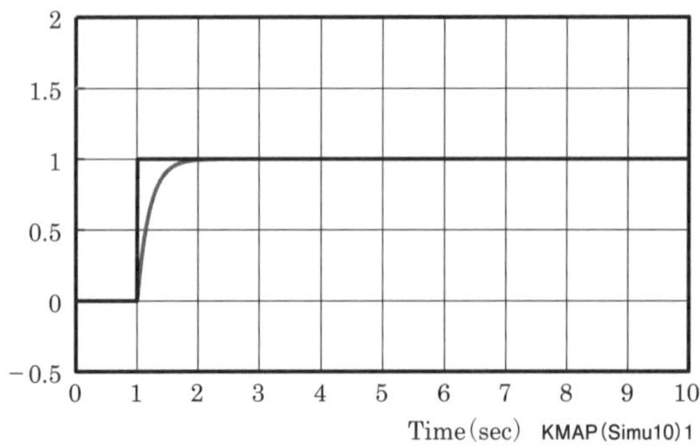

図 3.6-2(e)　サーボアクチュエータのステップ応答

演習 3.6-3　容器からの流出

右図のような容器から液体が流出する場合を考える[A10),C1)]．容器には上から液体が流量 q_1 で注ぎ込まれている．いま，流出口からの液面の高さを h としたとき，q_1 に対する h の伝達関数を求めよ．ただし，容器の断面積は A，流出口の面積は B とする．

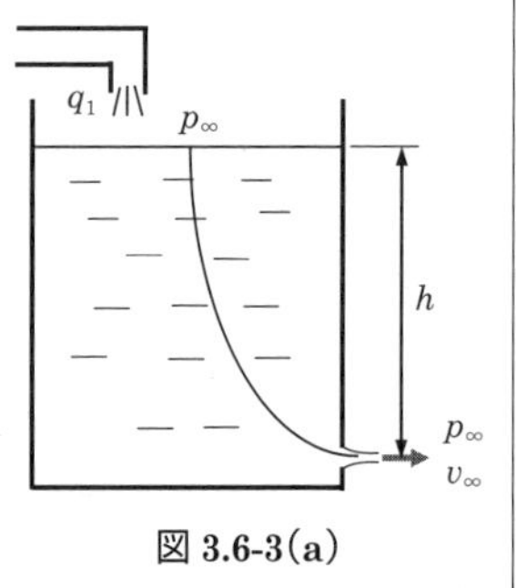

図 3.6-3(a)

【解】 **非圧縮性**（縮まない）流体では，流線に沿って次の**ベルヌーイの定理**と呼ばれる便利な関係式がある．

$$\begin{cases} p+\dfrac{1}{2}\rho v^2+\rho gz=\text{一定} \\ \dfrac{p}{\rho g}+\dfrac{v^2}{2g}+z=H\,(\text{一定}) \end{cases} \qquad (1)$$

ここで，p は圧力（N/m^2＝Pa），ρ は密度（kg/m^3），v は流速（m/s），g は重力加速度 9.8（m/s^2），z は**位置ヘッド**（m）である．また，$p/(\rho g)$ は**圧力ヘッド**（m），$v^2/(2g)$ は**速度ヘッド**（m），H は**全ヘッド**（m）という．

さて，**図 3.6-3（a）**の液面の圧力と流出口から少し離れた場所の圧力は大気圧 p_∞ であるから，ベルヌーイの定理から，流出速度 v_∞ は次のように表される．

$$p_\infty + \rho g h = p_\infty + \frac{1}{2}\rho v_\infty^2 \tag{2}$$

$$\therefore v_\infty = \sqrt{2gh} \tag{3}$$

一方，流出口付近の流れの様子を**図 3.6-3（b）**に示すが，流出口の面積 B に対して，噴流は慣性の影響によって徐々に細くなり，流出口から少し離れた場所で，噴流は平行に流れるようになる．ここでの面積を B' として次式を**収縮係数**という．

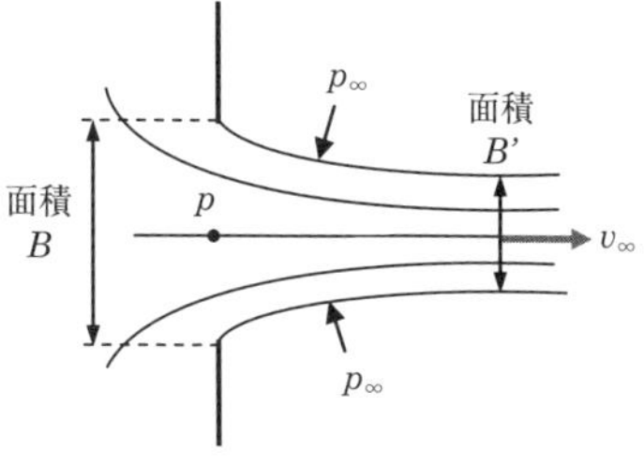

図 3.6-3(b)　流出口付近

$$k = \frac{B'}{B} \tag{4}$$

この k は次のように求めることができる．いま，流出口付近ではほとんど静止に近いとすると，圧力 p は流出口から出た時点で大気圧 p_∞ にさらされる．このとき，ベルヌーイの定理から

$$p = p_\infty + \frac{1}{2}\rho v_\infty^2 \tag{5}$$

一方，流出する流量 q_2 は面積 B' のところで求めると，次式で表される．

$$q_2 = B' v_\infty = kB\sqrt{2gh} \tag{6}$$

流出口付近では，圧力差によって流れが生じるが，このときの単位時間あたりの運動量の増加は，流出口における圧力差に面積を掛けたものに等しいとして，次のように表される．

$$\rho q_2 v_\infty = \rho B' v_\infty^2 = (p - p_\infty)B \tag{7}$$

（5）式を（7）式に代入すると，次のようになる．

$$\rho B' v_\infty^2 = \frac{1}{2}\rho B v_\infty^2, \quad \therefore k = \frac{B'}{B} = \frac{1}{2} \tag{8}$$

さて，**図 3.6-3（a）**において，注ぎ込まれる流量 q_1 と流出する流量 q_2 から，次の関係式が得られる．

$$A\frac{dh}{dt}=q_1-q_2 \tag{9}$$

ここで，流出流量 q_2 は，（3）式，（6）式および（8）式から次のようになる．

$$q_2=\frac{B}{2}\sqrt{2gh}=B\sqrt{\frac{g}{2}}\cdot\sqrt{h} \tag{10}$$

ただし，この式には $\sqrt{h}$ が含まれているので，伝達関数を導出できない．そこで，h の変化の微少量を考えるため，（10）式を微分すると

$$\frac{dq_2}{dh}=\frac{B}{2}\sqrt{\frac{g}{2h}} \tag{11}$$

ここで，ある時点の液面の高さ h_0 からの微少変化を考え，dq_2 および dh をあらためて q_2 および h とおくと，（10）式は次のように線形近似することができる．

$$q_2=C\cdot h,\quad ただし，\quad C=\frac{B}{2}\sqrt{\frac{g}{2h_0}} \tag{12}$$

（12）式を（9）式に代入すると

$$A\frac{dh}{dt}=q_1-C\cdot h \tag{13}$$

これから，ラプラス変換して整理すると次の伝達関数を得る．

$$\frac{H(s)}{Q_1(s)}=K\frac{1}{1+Ts},\quad ただし，\quad K=\frac{1}{C},\quad T=\frac{A}{C} \tag{14}$$

この伝達関数も 1 次遅れ形である．

さて，ここでは次のケースを考えてみよう．

$$A=0.785\ (\mathrm{m}^2),\ B=0.00785\ (\mathrm{m}^2),\ h_0=1.0\ (\mathrm{m}) \tag{15}$$

このとき，（12）式および（14）式から次のようになる．

$$K=115.1\ (\mathrm{s/m}^2),\ T=90.4\ (\mathrm{s}) \tag{16}$$

極は，（14）式の分母＝0 から次のようである．

$$s=-0.01106 \tag{17}$$

図 3.6-3（c）は極の位置，**図 3.6-3（d）**はボード線図，**図 3.6-3（e）**はステップ応答である．

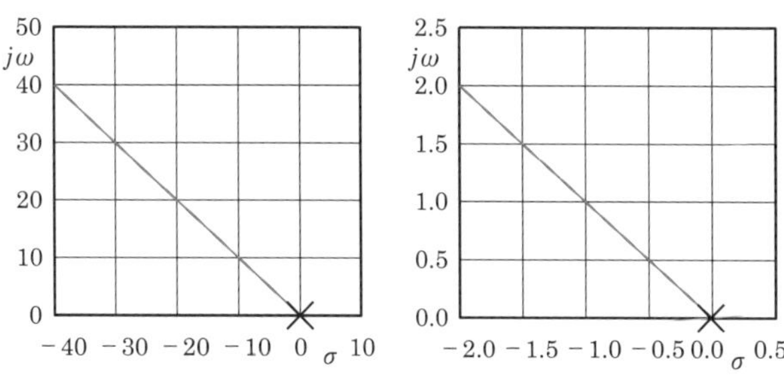

図 **3.6-3(c)**　容器からの流出の極配置
(EIGE.DTU. 演習 3.6-3.Y181225.DAT)

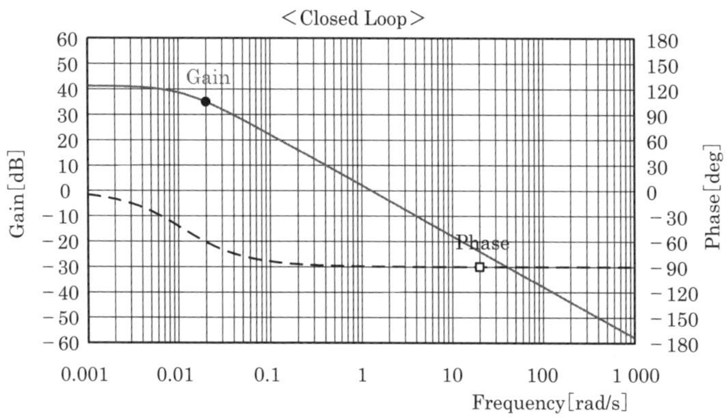

図 **3.6-3(d)**　容器からの流出のボード線図

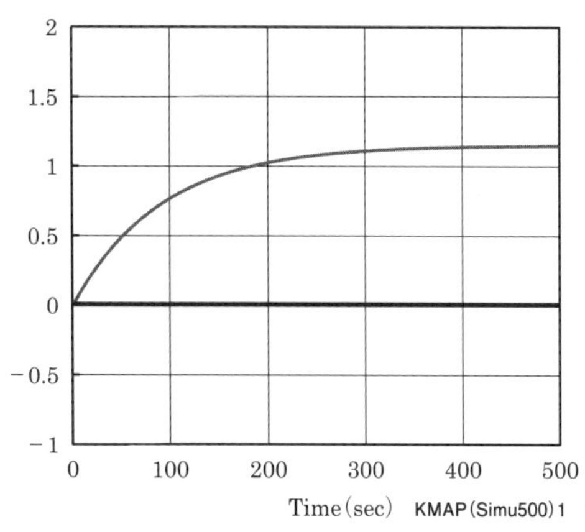

図 **3.6-3(e)**　$q_1=0.01$(m^3/s)によるステップ応答

演習 3.6-4　管路からの流出

右図のような容器につながった管路から液体が流出する場合を考える[C3),C4)]．容器には上から液体が流量 q_1 で注ぎ込まれている．いま，管路出口からの液面の高さを h_1 としたとき，q_1 に対する h_1 の伝達関数を求めよ．

ただし，容器の断面積は A，管路の内径は d，また管路の入口損失と弁の損失係数は図に示したとおりである．

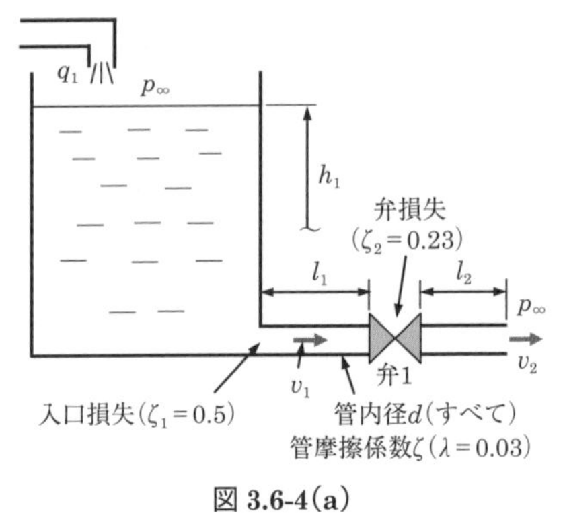

図 3.6-4(a)

【解】 非圧縮性の**粘性流体**を考えると，管内に流れる流体によって摩擦損失が生じる．これを**損失ヘッド**という．

直管の損失ヘッドは次のように表される．

$$h = \lambda \frac{l_1 + l_2}{d} \cdot \frac{v^2}{2g} \quad (\mathrm{m}) \tag{1}$$

ここで，λ は**管摩擦係数**（－），$l_1 + l_2$ は直管の長さ（m），d は管の内径（m），g は重力の加速度 9.8（m/s^2），v は流速（m/s）である．

管路入り口損失係数を ζ_1，**弁損失係数**を ζ_2 とすると，損失ヘッドは次のように表される．

$$h = (\zeta_1 + \zeta_2) \cdot \frac{v^2}{2g} \quad (\mathrm{m}) \tag{2}$$

容器の液面と管路流出口に対して，損失を考えたベルヌーイの定理を適用すると次のようになる．

$$\frac{p_\infty}{\rho g} + h_1 = \frac{p_\infty}{\rho g} + \left(\lambda \frac{l_1 + l_2}{d} + \zeta_1 + \zeta_2 + 1 \right) \frac{v_2^2}{2g} \tag{3}$$

$$\therefore v_2 = \sqrt{\frac{2gh_1}{\lambda \frac{l_1 + l_2}{d} + \zeta_1 + \zeta_2 + 1}} \tag{4}$$

従って，管路から流出される流量は次のようになる．

$$q_2 = \frac{\pi d^2}{4} v_2 = C \cdot \sqrt{h_1}\text{，ただし，}C = \frac{\pi d^2}{4} \cdot \sqrt{\frac{2g}{\lambda \frac{l_1 + l_2}{d} + \zeta_1 + \zeta_2 + 1}} \tag{5}$$

非圧縮流体では，流量に関して次の**連続の式**が利用できる．

$$\boxed{\text{（断面積）×（流速）＝一定}} \tag{6}$$

連続の式は非圧縮流体であれば粘性があっても適用できる．従って，**図 3.6-4 (a)** の流速 v_1 は連続の式を用いると，管路の断面積が同じであるから，次のように得られる．

$$v_1 = v_2 \tag{7}$$

さて，(5) 式の流量 q_2 の式には $\sqrt{h}$ が含まれているので，伝達関数を求めるために，次のように線形化する．h の変化の微少量を考えるため，q_2 の式を微分すると

$$\frac{dq_2}{dh_1} = \frac{C}{2\sqrt{h_{10}}}, \quad \therefore dq_2 = \frac{C}{2\sqrt{h_{10}}} dh_1 \tag{8}$$

ここで，ある時点の液面の高さ h_{10} からの微少変化を考え dq_2 および dh_1 をあらためて q_2 および h_1 とおくと，次のように線形近似することができる．

$$q_2 = \frac{C}{2\sqrt{h_{10}}} \cdot h_1 \tag{9}$$

さて，**図 3.6-4 (a)** において，注ぎ込まれる流量 q_1 と流出する流量 q_2 から，次の関係式が得られる．

$$A \frac{dh_1}{dt} = q_1 - q_2 = q_1 - \frac{C}{2\sqrt{h_{10}}} \cdot h_1 \tag{10}$$

これから，ラプラス変換して整理すると次の伝達関数を得る．

$$\frac{H_1(s)}{Q_1(s)} = K\frac{1}{1+Ts} \tag{11}$$

ただし，
$$K = \frac{\sqrt{2h_{10}}}{\pi d^2/4}\cdot\sqrt{\frac{\lambda\dfrac{l_1+l_2}{d}+\zeta_1+\zeta_2+1}{g}},\quad T = A\cdot K \tag{12}$$

この伝達関数も 1 次遅れ形である．

さて，ここでは次のケースを考えてみよう．

$$A=2\ (\mathrm{m}^2),\ h_{10}=2\ (\mathrm{m}),\ l_1=0.8\ (\mathrm{m}),\ l_2=0.5\ (\mathrm{m}),\ d=0.1\ (\mathrm{m}) \tag{13}$$

このとき，(12) 式は次のようになる．

$$\begin{cases} K = \dfrac{\sqrt{2\times 2}}{\pi\times 0.1^2/4}\cdot\sqrt{\dfrac{0.03\times\dfrac{0.8+0.5}{0.1}+0.5+0.23+1}{9.8}} = 118.5\ (\mathrm{s/m^2}) \\ T = A\cdot K = 2.0\times 118.5 = 237.0\ (\mathrm{s}) \end{cases} \tag{14}$$

極は，(11) 式の分母＝0 から次のようである．

$$s = -0.00422 \tag{15}$$

図 3.6-4 (c) は極の位置，**図 3.6-4 (d)** はボード線図，**図 3.6-4 (e)** はステップ応答である．

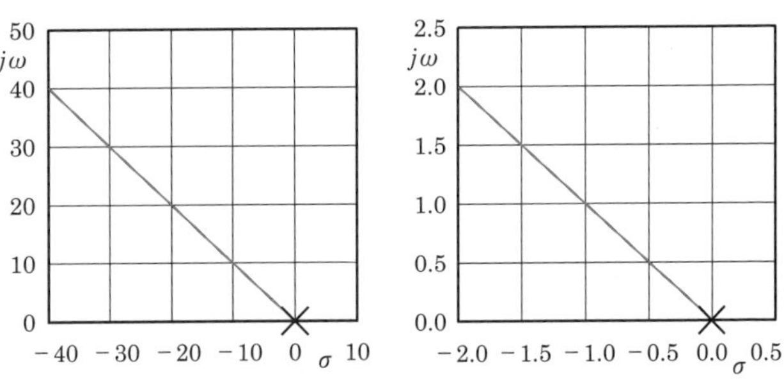

図 3.6-4(c)　管路からの流出の極配置

(EIGE.DTU. 演習 3.6-4.Y181225.DAT)

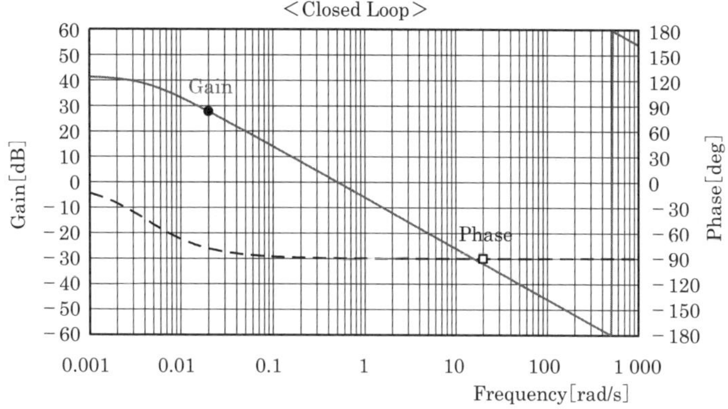

図 **3.6-4(d)**　管路からの流出のボード線図

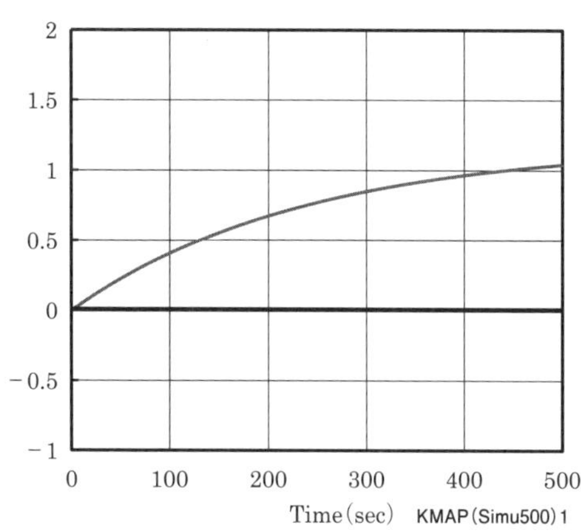

図 **3.6-4（e）**　$q_1=0.01(\mathrm{m^3/s})$によるステップ応答

演習 3.6-5　てこの力による 1 質点ばね振動系

右図に示すようなシステムを考える[A10)]．A 点に加えられた力 f に対する B 点の変位 x の伝達関数を求めよ．M は質量，k はばね定数，c はダッシュポットである．また，てこの両端から支点までの距離は l_1 および l_2 とする．ここで，力が次式 $f = \sin a\omega_n t$（ω_n は固有角振動数）で表されるとして，$a = 0.5$，1.0，2.0 の場合を検討せよ．

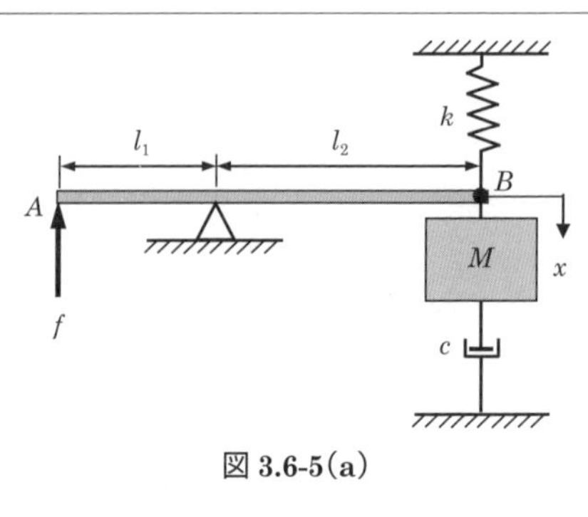

図 3.6-5(a)

【解】　図3.6-5 (a) の A 点に加えられる力 f に対する B 点の力を f' とすると，モーメントの釣り合いから

$$f l_1 = f' l_2, \quad \therefore f' = \frac{l_1}{l_2} f \tag{1}$$

一方，質量 M の運動方程式は次のように表される．

$$M\ddot{x} = -kx - c\dot{x} + f' \tag{2}$$

（1）式および（2）式をラプラス変換して整理すると次式の伝達関数が得られる．

$$\frac{X}{F} = G(s) = \frac{l_1}{k l_2} \cdot \frac{\omega_n^2}{s^2 + 2\zeta\omega_n s + \omega_n^2} \tag{3}$$

ただし，$\zeta = \dfrac{c}{2\sqrt{Mk}}$，　$\omega_n = \sqrt{\dfrac{k}{M}}$　　（4）

さて，ここでは次のケース（演習 3.6-1 と同じ）を考えてみよう．

$$M = 2\ \text{(kg)},\ k = 2\ \text{(N/m)},\ c = 1\ \text{(N・s/m)},\ l_1/l_2 = 0.5\ (-) \tag{5}$$

このとき，次のようになる．

$$\zeta = 0.25\ (-),\ \omega_n = 1\ \text{(rad/s)},\quad l_1/(kl_2) = 0.25\ \text{(m/N)} \tag{6}$$

極は，（3）式の分母 = 0 から次のようである．

$$s = -0.250 \pm j0.968 \tag{7}$$

図 3.6-5（b） は極の位置，**図 3.6-5（c）** はボード線図，**図 3.6-5（d）～（f）** は正弦波入力応答である．

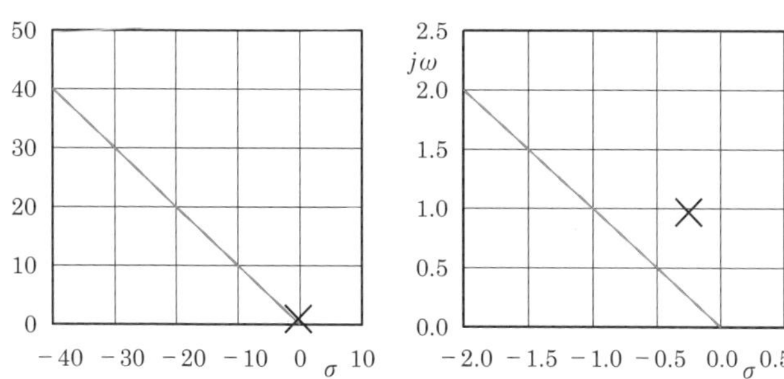

図 3.6-5（b） てこの力によるばね振動系の極配置
（EIGE. 演習 3.6-5.Y190112.DAT）

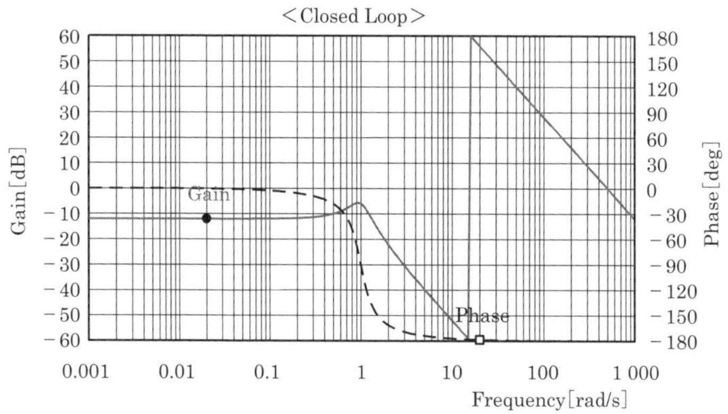

図 3.6-5（c） てこの力によるばね振動系のボード線図

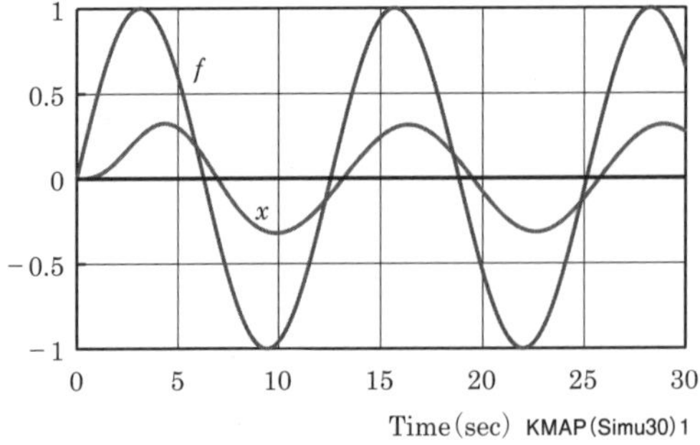

図 **3.6-5(d)**　入力 $f = \sin 0.5\,\omega_n t$ の応答
(EIGE. 演習 3.6-A5.Y190112.DAT)

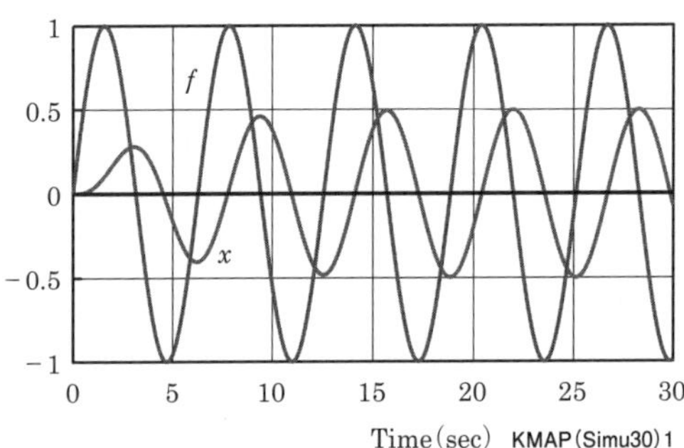

図 **3.6-5(e)**　入力 $f = \sin \omega_n t$ の応答

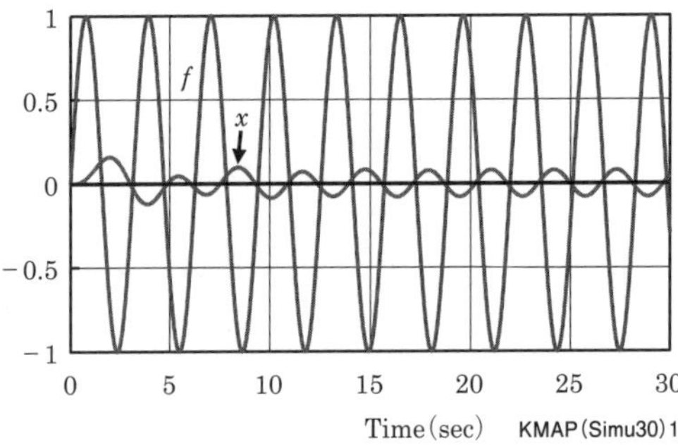

図 **3.6-5(f)**　入力 $f = \sin 2\,\omega_n t$ の応答

演習 3.6-6　R（2個），C（1個）の電気回路

右図に示すような電気回路を考える[A10)]．入力電圧 v_i に対する出力電圧 v_o の伝達関数を求めよ．ここで，R_1，R_2 は抵抗，C はコンデンサである．

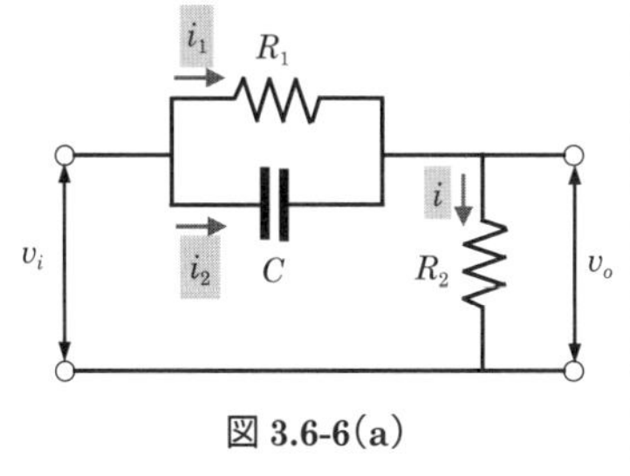

図 3.6-6(a)

【解】 図 3.6-6 (a) のように回路に流れる電流を i_1，i_2，i とすると，**オームの法則**から

$$v_1 = i_1 R_1 = \frac{1}{C}\int_0^t i_2 dt, \quad v_o = i R_2 \tag{1}$$

キルヒホッフの法則から

$$i_1 + i_2 = i, \quad v_i = v_1 + v_0 \tag{2}$$

が得られる．

（1）式および（2）式をラプラス変換すると

$$\begin{cases} V_1 = I_1 R_1 = \dfrac{I_2}{Cs}, \quad V_o = I R_2 \\ I_1 + I_2 = I, \quad V_i = V_1 + V_o \end{cases} \tag{3}$$

（3）式から V_1 を消去すると

$$V_i = I_1 R_1 + I R_2, \quad V_0 = I R_2 \tag{4}$$

さらに（3）式から

$$I = I_1 + I_1 R_1 C s, \quad \therefore I_1 = \frac{I}{1 + R_1 C s} \tag{5}$$

（5）式を（4）式に代入すると

$$\begin{cases} V_i = \dfrac{I}{1 + R_1 C s} R_1 + I R_2 = I\left(\dfrac{R_1}{1 + R_1 C s} + R_2\right) \\ V_o = I R_2 \end{cases} \tag{6}$$

（6）式から次の伝達関数が得られる．

$$\frac{V_o}{V_i} = G(s) = K\frac{1+T_2 s}{1+T_1 s} \tag{7}$$

ただし，

$$K = \frac{R_2}{R_1+R_2},\quad T_1 = \frac{R_1 R_2 C}{R_1+R_2},\quad T_2 = R_1 C \tag{8}$$

（7）式は，表 3.5-1 の伝達関数の基本要素の中の**リードラグフィルタ**である．

さて，ここでは次のケースを考えてみよう．

$$\begin{cases} R_1 = 10\ (\mathrm{k\Omega}) = 10\times 10^3\ (\Omega),\ R_2 = 5\ (\mathrm{k\Omega}), \\ C = 20\ (\mu\mathrm{F}) = 20\times 10^{-6}\ (\mathrm{F})\ (=\mathrm{s}/\Omega)\ (\text{ファラド}) \end{cases} \tag{9}$$

このとき，次のようになる．

$$K = 0.6\ (-),\quad T_1 = 0.0667\ (\mathrm{s}),\quad T_2 = 0.2\ (\mathrm{s}) \tag{10}$$

図 3.6-6（b）は極（×）・零点（○）の位置，**図 3.6-6（c）**はボード線図，**図 3.6-6（d）**はステップ応答である．

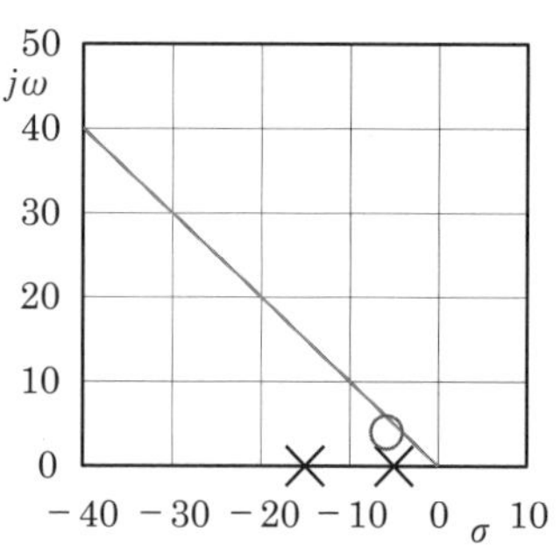

図 3.6-6(b)　R（2 個），C（1 個）の電気回路の極・零点
(EIGE. 演習 3.6-6.Y190113.DAT)

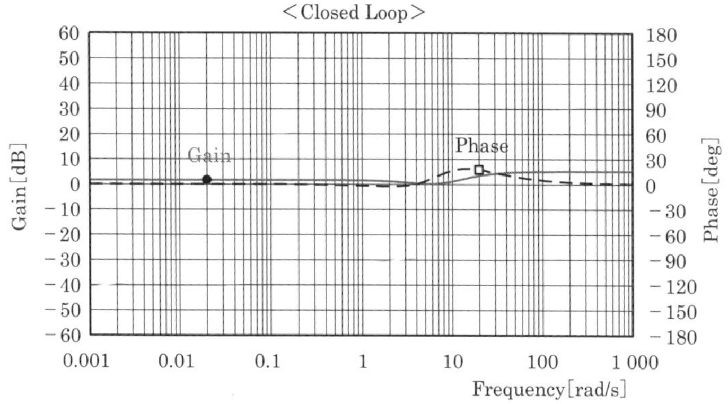

図 3.6-6(c)　R（2 個），C（1 個）の電気回路のボード線図

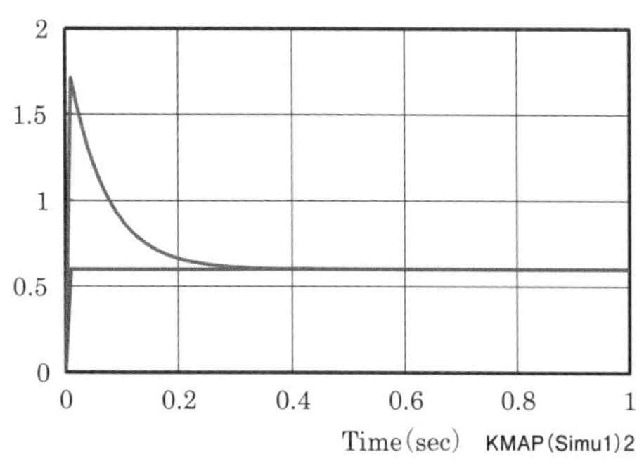

図 3.6-6(d)　v_i のステップ入力応答

演習 3.6-7　R（2 個），C（2 個）の電気回路

右図に示すような電気回路を考える[A10]．入力電圧 v_i に対する出力電圧 v_o の伝達関数を求めよ．ここで，R_1，R_2 は抵抗，C_1，C_2 はコンデンサである．

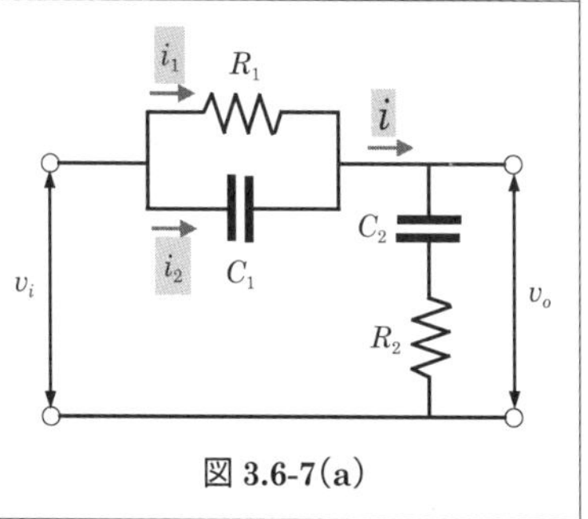

図 3.6-7(a)

【解】 図 3.6-7（a）のように回路に流れる電流を i_1，i_2，i とすると，**オームの法則**から

$$v_1 = i_1 R_1 = \frac{1}{C_1}\int_0^t i_2 dt, \quad v_2 = \frac{1}{C_2}\int_0^t i\, dt, \quad v_3 = i R_2 \tag{1}$$

キルヒホッフの法則から

$$i_1 + i_2 = i, \quad v_i = v_1 + v_2 + v_3, \quad v_o = v_2 + v_3 \tag{2}$$

が得られる．

（1）式および（2）式をラプラス変換すると

$$\begin{cases} V_1 = I_1 R_1 = \dfrac{I_2}{C_1 s}, \quad V_2 = \dfrac{I}{C_2 s}, \quad V_3 = I R_2 \\ I_1 + I_2 = I, \quad V_i = V_1 + V_2 + V_3, \quad V_o = V_2 + V_3 \end{cases} \tag{3}$$

（3）式から V_1，V_2，V_3 を消去すると

$$V_i = I_1 R_1 + \frac{I}{C_2 s} + I R_2, \quad V_o = \frac{I}{C_2 s} + I R_2 \tag{4}$$

さらに（3）式から

$$I = I_1 + I_1 R_1 C_1 s, \quad \therefore I_1 = \frac{I}{1 + R_1 C_1 s} \tag{5}$$

（5）式を（4）式に代入すると

$$\begin{cases} V_i = \dfrac{I}{1 + R_1 C_1 s} R_1 + \dfrac{I}{C_2 s} + I R_2 = I\left(\dfrac{R_1}{1 + R_1 C_1 s} + \dfrac{1}{C_2 s} + R_2\right) \\ V_o = \dfrac{I}{C_2 s} + I R_2 = I\left(\dfrac{1}{C_2 s} + R_2\right) \end{cases} \tag{6}$$

（6）式から次の伝達関数が得られる．

$$\frac{V_o}{V_i} = G(s) = \frac{s^2 + 2\zeta_2 \omega_1 s + \omega_1^2}{s^2 + 2\zeta_1 \omega_1 s + \omega_1^2} \tag{7}$$

ただし，

$$\omega_1 = \frac{1}{\sqrt{R_1 R_2 C_1 C_2}}, \quad \zeta_1 = \frac{\dfrac{1}{R_1 C_1} + \dfrac{1}{R_2 C_1} + \dfrac{1}{R_2 C_2}}{2\omega_1}, \quad \zeta_2 = \frac{\dfrac{1}{R_1 C_1} + \dfrac{1}{R_2 C_2}}{2\omega_1} \tag{8}$$

（7）式は，表 3.5-1 の伝達関数の基本要素の中の**ノッチフィルタ**である．

さて，ここでは次のケースを考えてみよう．

$$
\begin{cases}
R_1 = 10\ (\mathrm{k\Omega}) = 10 \times 10^3\ (\Omega),\ R_2 = 5\ (\mathrm{k\Omega}), \\
C_1 = 20\ (\mu\mathrm{F}) = 20 \times 10^{-6}\ (\mathrm{F})\ (= \mathrm{s}/\Omega)\ (\text{ファラド}) \\
C_2 = 40\ (\mu\mathrm{F}) = 40 \times 10^{-6}\ (\mathrm{F})
\end{cases}
\tag{9}
$$

このとき，次のようになる．

$$
\omega_1 = 5.0\ (\mathrm{rad/s}),\ \zeta_1 = 2.0\ (-),\ \zeta_2 = 1.0\ (-) \tag{10}
$$

図 3.6-7（b）は極・零点の位置，**図 3.6-7（c）**はボード線図，**図 3.6-7（d）**はステップ応答である．

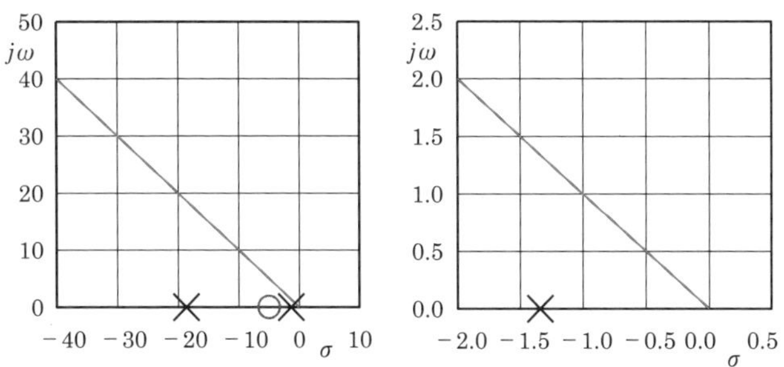

図 3.6-7(b)　R（2 個），C（2 個）の電気回路の極・零点
（EIGE. 演習 3.6-7.Y190113.DAT）

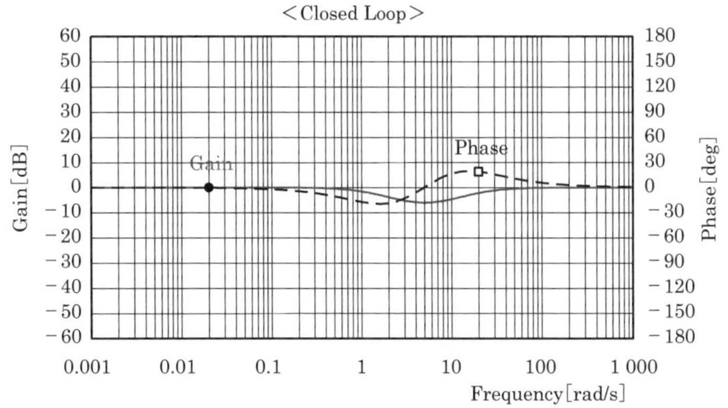

図 3.6-7(c)　R（2 個），C（2 個）の電気回路のボード線図

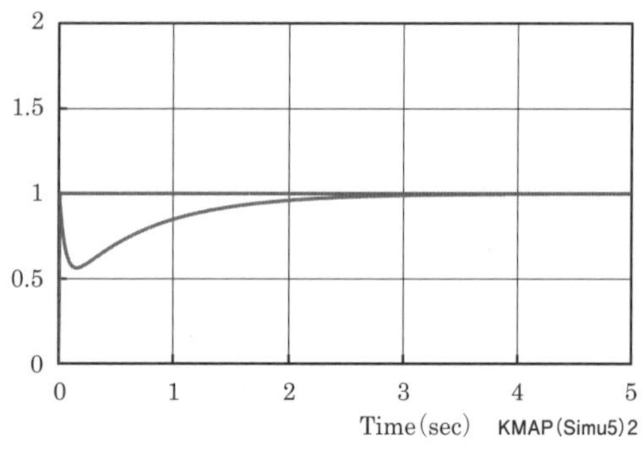

図 3.6-7(d)　v_i のステップ入力応答

演習 3.6-8　DC（直流）サーボモータ

図 3.6-8（a）は，DC サーボモータの電機子回路である[A36]．入力電圧 V_m に対するモータ回転速度 $\dot{\theta}_m$ の伝達関数を求めよ．ここで，R は抵抗，L はインダクタンス，i は電流，V_E は逆起電力である．

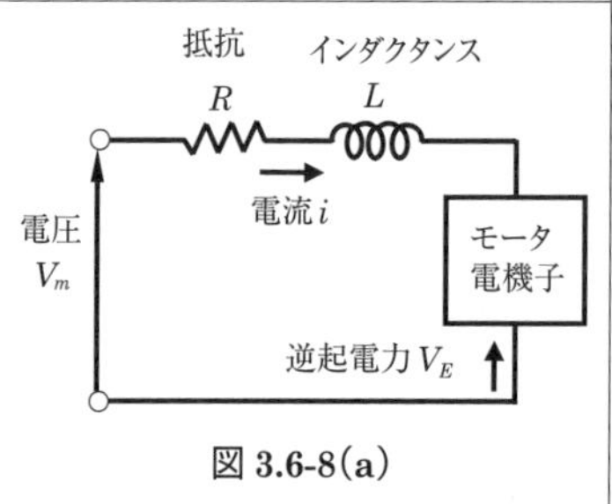

図 3.6-8(a)

【解】 図 3.6-8（a）に示すように，入力電圧 V_m に対して，モータ電機子回路の抵抗 R とインダクタンス L により，回路に電流 i が流れる．一方，モータが回転するとことにより逆起電力 V_E が生じる．このとき，電圧方程式は次のように表される．

$$V_m - V_E = Ri + L\frac{di}{dt}, \quad \therefore I = \frac{1}{R}\cdot\frac{1}{1+(L/R)s}(V_m - V_E) \tag{1}$$

電流 i が流れると，モータはこの電流に比例してトルク τ を発生する．この関係式は次式で表さされる．

$$\tau = K_\tau i, \quad \therefore \tau = \frac{K_\tau}{R}\cdot\frac{1}{1+(L/R)s}(V_m - V_E) \tag{2}$$

ここで，K_τ は**トルク定数**（N·m/A）である．

モータの慣性モーメントを J_m（kg·m^2）とすると，モータ単体のダイナミクスは

$$J_m \ddot{\theta}_m = \tau, \quad \therefore \dot{\theta}_m = \frac{1}{J_m s}\tau \tag{3}$$

逆起電力 V_E は，モータの回転速度 $\dot{\theta}_m$ に比例するので

$$V_E = K_E \dot{\theta}_m \tag{4}$$

ここで，K_E は**逆起電力定数**（V·s/rad）である．
いま，（4）式の逆起電力に電流を掛けると，次式の電力（電流による単位時間あたりの仕事）である．

$$V_E i = K_E i \dot{\theta}_m \tag{5}$$

一方，トルク τ で回転速度 $\dot{\theta}_m$ のモータの単位時間あたりの仕事（動力 W）は，(2) 式から

$$\tau \dot{\theta}_m = K_\tau i \dot{\theta}_m \tag{6}$$

従って，（5）式と（6）式を等値すると，トルク定数と逆起電力定数について次の関係が得られる．

$$K_\tau = K_E \tag{7}$$

以上の関係式から，モータ単体のシステムブロック図が**図 3.6-8（b）**のように得られる．

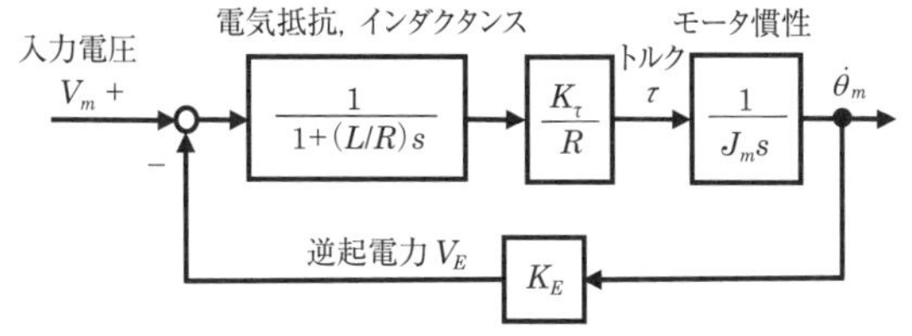

図 3.6-8(b)　モータ単体のシステムブロック図

図 3.6-8（b）から，入力電圧 V_m に対するモータ回転速度 $\dot{\theta}_m$ の伝達関数が次のように得られる．

$$\frac{\dot{\theta}_m}{V_m}=\frac{1}{K_E}\cdot\frac{\dfrac{K_\tau K_E}{LJ_m}}{s^2+\dfrac{R}{L}s+\dfrac{K_\tau K_E}{LJ_m}}=\frac{1}{K_E}\cdot\frac{\omega_n^2}{s^2+2\zeta\omega_n s+\omega_n^2} \tag{8}$$

ただし，$\zeta=\dfrac{R}{2K_E}\sqrt{\dfrac{J_m}{L}}$，　$\omega_n=\dfrac{K_E}{\sqrt{LJ_m}}$，　$(K_\tau=K_E)$　　(9)

さて，ここでは次のケースを考えてみよう．

$$\begin{cases} R=1.0\ (\Omega=\mathrm{V/A}),\quad L=0.01\ (\mathrm{V\cdot s/A}),\ K_\tau=1.0\ (\mathrm{N\cdot m/A}), \\ K_E=1.0\ (\mathrm{V\cdot s/rad}),\ J_m=0.02\ (\mathrm{kg\cdot m^2}) \end{cases} \tag{10}$$

このとき，次のようになる．

$$\zeta=0.707\ (-),\ \omega_n=70.7\ (\mathrm{rad/s}) \tag{11}$$

図 3.6-8（c） は，**図 3.6-8（b）** のブロック図の一巡伝達関数のゲインを変化させたときの根軌跡である．一巡伝達関数の極は $s=0$ および $s=-100$ であるが，ゲインを高めていくと複素数の極に変化する．根軌跡上の小さな○印はゲイン 1 倍，小さな□印はゲイン 2 場合の場合である．ノミナルゲイン（ゲイン 1 倍）では，閉ループ系の $\dot{\theta}_m/V_m$ の特性根は減衰比 0.707 の安定な振動根となっている．**図 3.6-8 (d)** は極位置を示している (零点はなし)．**図 3.6-8 (e)** にそのときのボード線図を示すが，バンド幅約 70（rad/s）（11Hz）の応答性を有している．V_m を入力とする単位ステップ応答を計算すると**図 3.6-8（f）** に示すように良好な応答となっていることが確認できる．

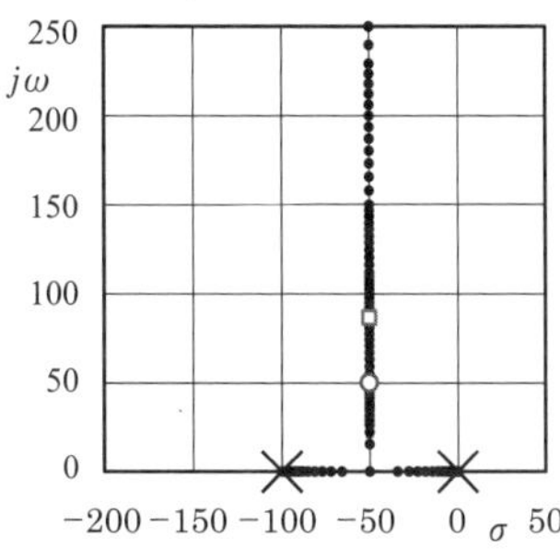

図 3.6-8(c)　根軌跡
(EIGE.MEC. 演習 3.6-8.Y190303.DAT)

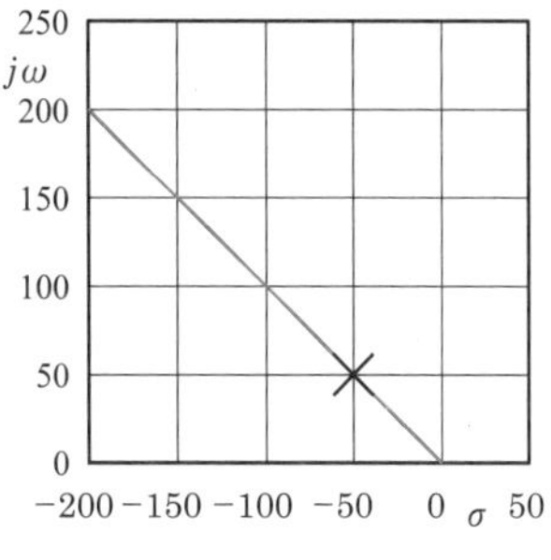

図 3.6-8(d)　極位置

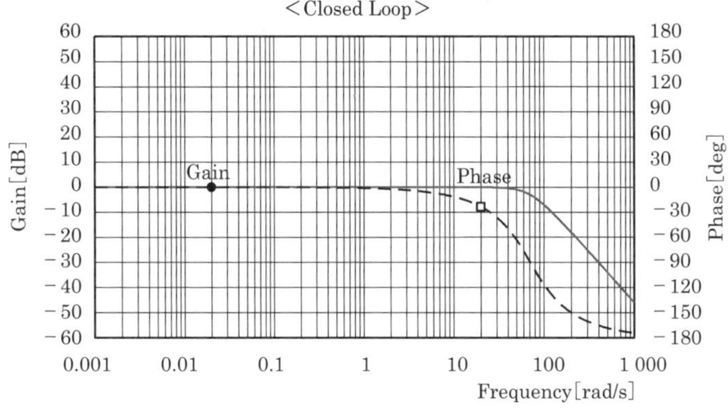

図 3.6-8(e)　ボード線図

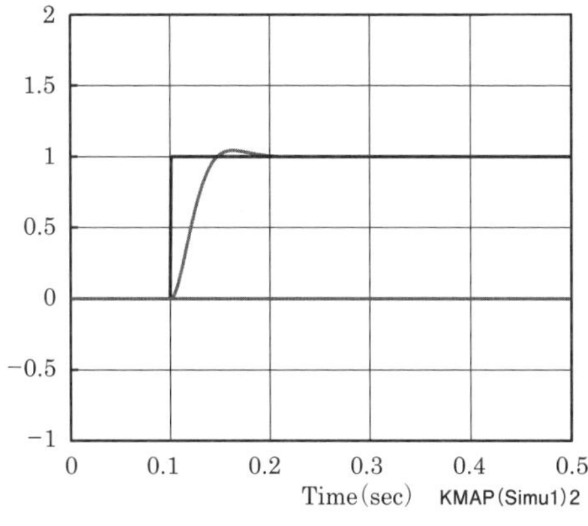

図 3.6-8(f)　ステップ入力

演習 3.6-9　炉内の水を熱した場合の温度変化

図 3.6-9 (a) のように，炉内の水を，電熱器で単位時間あたり $\dot{Q}$ (W) の熱量を加えた場合を考える[A10)]．炉の断面積を A (m^2) とすると，入力熱量 $\dot{Q}$ に対する炉内の水の温度 θ (℃) の伝達関数を求めよ．ただし，液体の熱容量を C (kJ/℃)，熱伝達率を h (kW/(m^2·℃)) とする．

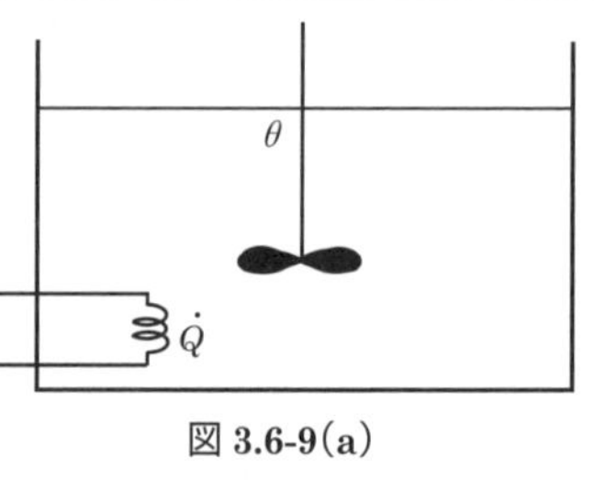

図 3.6-9(a)

【解】 まず，伝熱工学の基本事項として熱伝導方程式を次に示す．

> 物体内の**温度**を θ (℃)，単位時間に物体に加えられる**熱量**を $\dot{Q}$ (kW) とすると，**熱容量** C(kJ/℃) を用いて次式で与えられる．
>
> $$C\frac{d\theta}{dt} = \dot{Q} \quad \text{(1)}$$ **(加えられた熱量)「熱伝導方程式」**

次に，物体表面とそれより離れた外界の間に温度差がある場合は，熱移動が生じる．このとき，次の熱伝達の法則が知られている．

> 物体表面の**温度**を θ (℃)，外界の**温度**を θ_∞ (℃) とすると，物体表面の**面積** A (m^2) を通して単位時間に伝わる**熱量** $\dot{Q}$ (kW) は，**熱伝達率** h (kW/(m^2·℃)) を用いて次式で与えられる．
>
> $$\dot{Q} = hA\cdot(\theta - \theta_\infty) \quad \text{(2)}$$ **「ニュートンの冷却法則」**[K4)]

ここで，kW はキロワット，kJ はキロジュールで，1 (kW) ＝1 (kJ/s) である．また，ジュールは 1(J)＝1(N·m) である．熱容量 C(kJ/℃) は比熱 c(kJ/(kg·℃)) に質量 (kg) をかけたものである．

さて，液体の温度θと外界の温度θ_∞との差（$\theta-\theta_\infty$）を改めてθとすると，(1)式および（2）式から次の関係式が得られる．

$$C\frac{d\theta}{dt}=-hA\theta+\dot{Q} \tag{3}$$

この式の左辺は液体の温度を上げるために必要な単位時間あたりの熱量を表し，右辺の第1項は液面の表面積Aを通して外部に逃げる熱量，第2項は液体に加えられる熱量である．

（3）式をラプラス変換して整理すると，入力$\dot{Q}$に対するθの伝達関数が次のように得られる．

$$\frac{\theta}{\dot{Q}}=K\frac{1}{1+Ts} \tag{4}$$

ただし，$K=\dfrac{1}{hA}$，$T=\dfrac{C}{hA}$ (5)

（4）式の伝達関数は，【演習 3.6-2】と同じく1次遅れ形で，Kはゲイン，Tは時定数である．

さて，ここでは次のケースを考えてみよう．

$$\begin{cases} \text{炉の直径 } D=1\ (\mathrm{m}), \quad \text{断面積 } A=\pi\times0.5^2=0.785\ (\mathrm{m^2}) \\ \text{水の深さ } H=0.5\ (\mathrm{m}), \text{ 水の質量 } m=392\ (\mathrm{kg}) \\ \text{水の比熱 } c=4.2\ (\mathrm{kJ/(kg\cdot℃)}), \text{ 熱容量 } C=mc=1\,650\ (\mathrm{kJ/℃}) \\ \text{熱伝達率 } h=0.2\ (\mathrm{kW/(m^2\cdot℃)}), \ hA=0.157\ (\mathrm{kW/℃}) \end{cases} \tag{6}$$

このとき，（5）式は次のようになる．

$$K=\frac{1}{hA}=6.37\ (℃/\mathrm{kW}), \quad T=KC=\frac{C}{hA}=10\,510\ (\text{秒})=175\ (\text{分}) \tag{7}$$

従って，（4）式は次のようになる．

$$\theta(℃)=6.37\frac{1}{1+Ts}\dot{Q}\ (\mathrm{kW}) \tag{8}$$

（8）式は【演習 3.6-2】と同じ1次遅れ形である．入力$\dot{Q}$に対してθがどのように変化するのか．以下説明する．

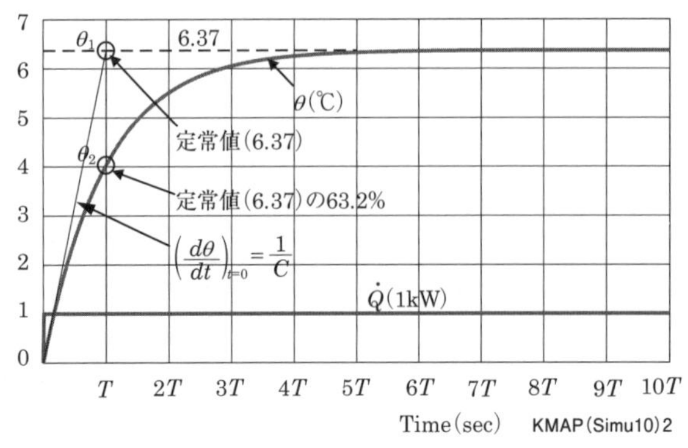

図 3.6-9(b)　$\dot{Q}=1$（kW）のステップ入力応答

図 3.6-9（b）は，単位時間に加える熱量 $\dot{Q}=1$（kW）のステップ入力した場合の水の温度 θ（℃）の時間変化である．入力後 5 T 時間くらいで定常値 $\theta=6.37$（℃）近くまで上昇している．もう少し細かくみてみよう．

$\dot{Q}$ を加えた直後を考えると，(3) 式から次のようになる．

$$\left(\frac{d\theta}{dt}\right)_{t=0}=\frac{1}{C}\dot{Q}=\frac{1}{1\,650}\times 1=0.606\times 10^{-3}\ (℃/\mathrm{s}) \tag{9}$$

すなわち，$\dot{Q}=1$（kW）を加えた直後には，水は毎秒 0.606×10^{-3}（℃）で温度が上昇し始める．ところが，実際には炉の上面が外気と接しているため，液面の表面積 A を通して外部に逃げる熱量がある．これが(3)式の右辺の第 1 項($hA\theta$)である．温度が上昇するにつれて，$hA=0.157$（kW/℃）の割合で熱が奪われていき，加えられる熱量とバランスする温度

$$\theta=\frac{1}{hA}\dot{Q}=\frac{1}{0.157}=6.37\ (℃) \tag{10}$$

で一定値となる．

この温度の定常値 6.37（℃）は，(8) 式の時定数 T と次のような関係がある．質量 392（kg）の熱容量 C は 1 650（kJ/℃）であるので，温度を単純に 6.37（℃）上げるには $1\,650\times6.37=10\,510$（kJ）必要となる．従って，$\dot{Q}=1$（kW）=1（kJ/s）の入力では $T=10\,510$（秒）=175（分）かかることになる．これは，(9) 式で求めた $\dot{Q}=1$（kW）を加えた直後の温度上昇率は毎秒 0.606×10^{-3}（℃）であるから，定常値温度 6.37（℃）まで単純に上昇する時間 $6.37/0.606\times10^{-3}=10\,510$（秒）と考えても同じである．すなわち，温度を単純に 6.37（℃）上

げると仮定した場合が図中の θ_1 の点である．ここで，時間 T は（4）式の１次遅れの時定数であるが，温度 θ の時間変化において次のような関係がある．

> 伝達関数の１次遅れ形の時定数 T は，ステップ入力に対して，時間 $t = T$ において定常値の 63.2％に達する（図中の θ_2 の点）．

次に，温度が定常値に達する時間をもっと短くできないか考えてみる．入力熱量 $\dot{Q}$ を大きくしても，（9）式および（10）式からわかるように，**図 3.6-9（b）**の縦軸の値が大きくなるだけで，定常値に達する時間は変化しない．それではどうしたら定常値に達する時間を早めることができるのだろうか．それには，まず入力熱量 $\dot{Q}$ を大きくして温度上昇率を高くする．それによって温度は急激に上昇するが，所望の温度に達したところで，（10）式に示したバランスする熱量 $\dot{Q} = hA\theta$ まで下げればよい．これによって，θ_1 に達する時間が早くなり，θ_1 の値が定常値となる．

第 4 章　状態方程式

第 3 章では，システムの入出力関係を表すのに伝達関数を用いた．伝達関数は，システムの微分方程式をラプラス変換して，連立方程式に変換したうえで入出力関係を求めた．これに対して，システムの微分方程式を 1 階の微分方程式に変形して，このときの変数を状態ベクトルとしてまとめ，状態ベクトルと行列を用いてシステムの微分方程式をそのまま時間領域で表す方法がある．これは**状態方程式**といわれる．**現代制御理論**は，この状態方程式によってシステムを解析していくものである．本章では，状態方程式で表わされた制御対象の特性解析について，演習を通して学ぶ．

4.1　1 階の連立微分方程式を状態方程式で表す

3.1 節では，1 階の連立微分方程式をラプラス変換して連立 1 次方程式に変換して，伝達関数を導出してシステムの特性を解析した．状態変数の数が増えてくると，伝達関数が複雑になり，伝達関数の基本要素で表すのに手間がかかる．そこで，ここでは 1 階の連立微分方程式をそのまま時間領域として状態方程式で表す方法について述べる．複雑なシステムも状態方程式で表すのは簡単であり，状態方程式を用いた制御性能解析法が種々開発されている．

いま，3.1 節と同様に，状態変数が 2 個（x_1，x_2），入力が 1 個（u）の次式の 1 階の連立微分方程式を考える．

$$\begin{cases} \dot{x}_1(t) = a_{11}x_1(t) + a_{12}x_2(t) + b_1u(t) \\ \dot{x}_2(t) = a_{21}x_1(t) + a_{22}x_2(t) + b_2u(t) \end{cases} \tag{4.1-1}$$

ここで，$\dot{x} = dx/dt$ である．（4.1-1）式は次のように簡単に状態方程式で表すことができる．

$$\begin{bmatrix} \dot{x}_1 \\ \dot{x}_2 \end{bmatrix} = \begin{bmatrix} a_{11} & a_{12} \\ a_{21} & a_{22} \end{bmatrix} \cdot \begin{bmatrix} x_1 \\ x_2 \end{bmatrix} + \begin{bmatrix} b_1 \\ b_2 \end{bmatrix} u \tag{4.1-2}$$

（4.1-2）式の状態方程式は，ベクトルと行列を用いてと次のように表せる．

$$\boxed{\dot{x} = A_p x + B_2 u}, \quad x = \begin{bmatrix} x_1 \\ x_2 \end{bmatrix}, \quad A_p = \begin{bmatrix} a_{11} & a_{12} \\ a_{21} & a_{22} \end{bmatrix}, \quad B_2 = \begin{bmatrix} b_1 \\ b_2 \end{bmatrix} \tag{4.1-3}$$

ここで，x は**状態変数ベクトル**，u は**制御入力ベクトル**，A_p は**システム状態行列**，B_2 は**入力行列**である．

> 変数が 2 個以上のシステムでは，伝達関数では複雑になるため，1 階の連立微分方程式に変換してそのまま時間領域で**状態方程式**（A_P および B_2 行列）で表すのが便利である

このようにシステムの A_p および B_2 行列が記述できれば，簡単に制御性能解析が可能である（**図 4.1-1**）．

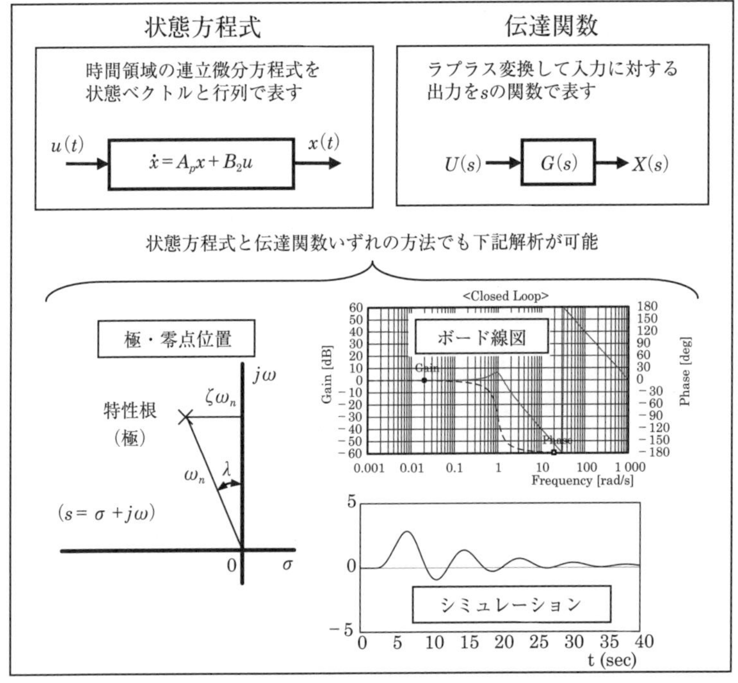

図 4.1-1　状態方程式も伝達関数と同様に解析可能

4.2　状態方程式による制御系解析

(1) 2 階以上の微分方程式を状態方程式で表す

制御システムが 1 階の微分方程式の場合には，4.1 節の例のように簡単に伝達関数を求めることができた．ここでは制御システムが 2 階以上の微分方程式で表される場合についての取り扱い方法について述べる．ここでは，次式の 2 階連立微分方程式を考える．

$$\begin{cases} \ddot{x}_1(t) = a_{11}x_1(t) + a_{12}x_2(t) + c_{11}\dot{x}_1(t) + c_{12}\dot{x}_2(t) + b_1u(t) \\ \ddot{x}_2(t) = a_{21}x_1(t) + a_{22}x_2(t) + c_{21}\dot{x}_1(t) + c_{22}\dot{x}_2(t) + b_2u(t) \end{cases} \tag{4.2-1}$$

ここで，$u(t)$はコントロール用入力変数である．2 階以上の連立微分方程式に対しては，まず 1 階の微分方程式に変形した後，4.1 節の方法で連立 1 次方程式に変換する．そのため次の状態変数を導入する．

$$x_3 = \dot{x}_1, \quad x_4 = \dot{x}_2 \tag{4.2-2}$$

この式を用いて（4.2-1）式を書き直すと次式の 1 階の連立微分方程式が得られる．

$$\begin{cases} \dot{x}_1 = x_3 \\ \dot{x}_2 = x_4 \\ \dot{x}_3 = a_{11}x_1 + a_{12}x_2 + c_{11}x_3 + c_{12}x_4 + b_1u \\ \dot{x}_4 = a_{21}x_1 + a_{22}x_2 + c_{21}x_3 + c_{22}x_4 + b_2u \end{cases} \tag{4.2-3}$$

この式を行列で表すと次式となる．

$$\begin{bmatrix} \dot{x}_1 \\ \dot{x}_2 \\ \dot{x}_3 \\ \dot{x}_4 \end{bmatrix} = \begin{bmatrix} 0 & 0 & 1 & 0 \\ 0 & 0 & 0 & 1 \\ a_{11} & a_{12} & c_{11} & c_{12} \\ a_{21} & a_{22} & c_{21} & c_{22} \end{bmatrix} \cdot \begin{bmatrix} x_1 \\ x_2 \\ x_3 \\ x_4 \end{bmatrix} + \begin{bmatrix} 0 \\ 0 \\ b_1 \\ b_2 \end{bmatrix} u \tag{4.2-4}$$

すなわち，ベクトルと行列により次の状態方程式が得られる．

$$\boxed{\dot{x} = A_p\,x + B_2\,u} \tag{4.2-5}$$

ここで,

$$x(t)=\begin{bmatrix} x_1 \\ x_2 \\ x_3 \\ x_4 \end{bmatrix},\quad A_p=\begin{bmatrix} 0 & 0 & 1 & 0 \\ 0 & 0 & 0 & 1 \\ a_{11} & a_{12} & c_{11} & c_{12} \\ a_{21} & a_{22} & c_{21} & c_{22} \end{bmatrix},\quad B_2=\begin{bmatrix} 0 \\ 0 \\ b_1 \\ b_2 \end{bmatrix} \tag{4.2-6}$$

である.

(2) 多入力系の伝達関数

状態方程式で表された制御システムは，時間応答はそのまま時間積分してシミュレーションを行うが，安定性解析は，次のように状態変数ベクトル x および入力ベクトル u に対するラプラス変換を行って実施する．(4.2-5) 式を $x(0)=0$ としてラプラス変換すると

$$sX(s)=A_pX(s)+B_2U(s) \tag{4.2-7}$$

$$\therefore X(s)=G(s)U(s),\quad G(s)=(sI-A_p)^{-1}B_2 \tag{4.2-8}$$

(4.2-8) 式の $G(s)$ は，多入力系の伝達関数で**伝達関数行列**といわれる．なお，$G(s)$ の右辺の ($sI-A_p$) は，単位行列 I および (4.2-6) 式の行列 A_p から次のように表される.

$$sI-A_p=\begin{bmatrix} s & 0 & -1 & 0 \\ 0 & s & 0 & -1 \\ -a_{11} & -a_{12} & s-c_{11} & -c_{12} \\ -a_{21} & -a_{22} & -c_{21} & s-c_{22} \end{bmatrix} \tag{4.2-9}$$

(4.2-8) 式の伝達関数行列から，1 入力系と同様に極・零点を計算して安定性解析を行うことができる．次節では，具体的な問題を通して解析法を学ぶ.

4.3 （演習）状態方程式による制御対象表現

以下では，変数が2個以上のシステムについて，状態方程式による制御系解析について演習を通して学ぶ．

演習 4.3-1 連結容器の管路からの流出

図 4.3-1（a）のような2つの容器が，管路と弁を介してつながっている．1つの容器には上から液体が流量 q_1 で注ぎ込まれており，もう1つの容器からは液体が流出している[A10),C3),C4)]．管路から液面の高さは h_1 および h_2 としたとき，q_1 に対する h_2 の伝達関数を求めよ．ただし，容器の断面積は A_1 および A_2，管路の内径はすべて d，また管路の入口損失，出口損失および弁の損失係数は，図に示したとおりである．

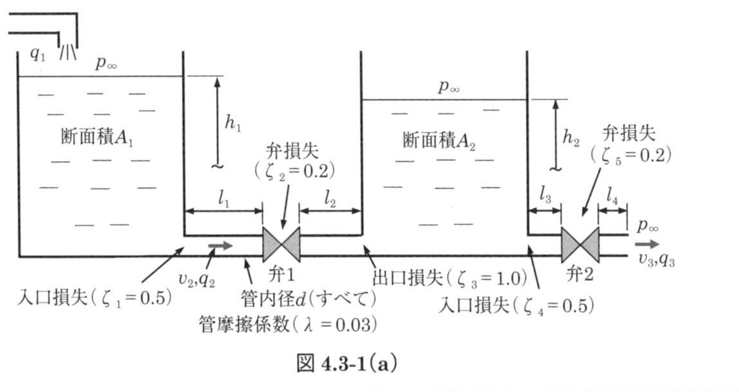

図 4.3-1(a)

【解】 断面積 A_1 の容器液面と断面積 A_2 の容器液面に対して，損失を考えたベルヌーイの定理を適用すると次のようになる．

$$\frac{p_\infty}{\rho g}+h_1=\frac{p_\infty}{\rho g}+h_2+\left(\lambda\frac{l_1+l_2}{d}+\zeta_1+\zeta_2+\zeta_3\right)\frac{v_2^2}{2g} \tag{1}$$

$$\therefore v_2=\sqrt{\frac{2g(h_1-h_2)}{\lambda\frac{l_1+l_2}{d}+\zeta_1+\zeta_2+\zeta_3}} \tag{2}$$

従って，流量 q_2 は次のようになる．

$$q_2 = \frac{\pi d^2}{4} v_2 = C_1 \cdot \sqrt{(h_1 - h_2)} \tag{3}$$

ただし，$C_1 = \frac{\pi d^2}{4} \cdot \sqrt{\frac{2g}{\lambda \frac{l_1 + l_2}{d} + \zeta_1 + \zeta_2 + \zeta_3}}$　(4)

次に，断面積 A_2 の容器液面と弁2をとおした流出速度に対して，損失を考えたベルヌーイの定理を適用すると次のようになる．

$$\frac{p_\infty}{\rho g} + h_2 = \frac{p_\infty}{\rho g} + \left(\lambda \frac{l_3 + l_4}{d} + \zeta_4 + \zeta_5 + 1 \right) \frac{v_3^2}{2g} \tag{5}$$

$$\therefore v_3 = \sqrt{\frac{2gh_2}{\lambda \frac{l_3 + l_4}{d} + \zeta_4 + \zeta_5 + 1}} \tag{6}$$

従って，管路から流出される流量 q_3 は次のようになる．

$$q_3 = \frac{\pi d^2}{4} v_3 = C_2 \cdot \sqrt{h_2} \tag{7}$$

ただし，$C_2 = \frac{\pi d^2}{4} \cdot \sqrt{\frac{2g}{\lambda \frac{l_3 + l_4}{d} + \zeta_4 + \zeta_5 + 1}}$　(8)

さて，(3) 式および (7) 式の流量 q_2 および q_3 の式には $\sqrt{h}$ の項が含まれているので，伝達関数を求めるために，次のように線形化する．まず，(3) 式の ($h_1 - h_2$) の変化の微少量を考えるため，q_2 の式を微分すると

$$\frac{dq_2}{d(h_1 - h_2)} = \frac{C_1}{2\sqrt{(h_{10} - h_{20})}}, \quad \therefore dq_2 = \frac{C_1}{2\sqrt{(h_{10} - h_{20})}} d(h_1 - h_2) \tag{9}$$

ここで，液面の高さ ($h_{10} - h_{20}$) からの微少変化を考え，dq_2 および $d(h_1 - h_2)$ をあらためて q_2 および ($h_1 - h_2$) とおくと，次のように線形近似することができる．

$$q_2 = D_1 \cdot (h_1 - h_2), \quad \text{ただし，} \quad D_1 = \frac{C_1}{2\sqrt{(h_{10} - h_{20})}} \tag{10}$$

同様に，(7) 式から次が得られる．

$$q_3 = D_2 \cdot h_2, \quad \text{ただし，} \quad D_2 = \frac{C_2}{2\sqrt{h_{20}}} \tag{11}$$

さて，**図3.6-5 (a)** において，注ぎ込まれる流量 q_1 と流出する流量 q_2 から，次の関係式が得られる．

$$A_1 \frac{dh_1}{dt} = q_1 - q_2 \quad = q_1 - D_1 \cdot (h_1 - h_2) \tag{12}$$

また，流入する流量 q_2 と流出する流量 q_3 から，次の関係式が得られる．

$$A_2 \frac{dh_2}{dt} = q_2 - q_3 \quad = D_1 \cdot (h_1 - h_2) - D_2 \cdot h_2 \tag{13}$$

（12）式および（13）式から h_2/q_1 の関係式を求める方法としては，第 3 章で述べたように，ラプラス変換して h_1 の状態変数を消去する方法がある．しかし，h_2/q_1 の伝達関数式は複雑になる．

そこで，本章では，（12）式および（13）式から時間関数のままで，状態方程式で表すことを考える．この方法では，（12）式および（13）式から次のように簡単に状態方程式を得ることができる．

$$\begin{bmatrix} \dot{h}_1 \\ \dot{h}_2 \end{bmatrix} = \begin{bmatrix} -D_1 / A_1 & D_1 / A_1 \\ D_1 / A_2 & -(D_1 + D_2) / A_2 \end{bmatrix} \begin{bmatrix} h_1 \\ h_2 \end{bmatrix} + \begin{bmatrix} 1 / A_1 \\ 0 \end{bmatrix} q_1 \tag{14}$$

ここで，$\dot{h} = dh / dt$ と標記している．

いま，状態変数ベクトル x を用いると，（14）式の状態方程式は次のように表せる．

$$\dot{x} = A_p x + B_2 q_1 \tag{15}$$

ただし，

$$x = \begin{bmatrix} h_1 \\ h_2 \end{bmatrix}, \quad A_p = \begin{bmatrix} -D_1 / A_1 & D_1 / A_1 \\ D_1 / A_2 & -(D_1 + D_2) / A_2 \end{bmatrix}, \quad B_2 = \begin{bmatrix} 1 / A_1 \\ 0 \end{bmatrix} \tag{16}$$

である．（16）式の A_p および B_2 行列が求まると，（15）式の状態方程式から制御性能解析を行うことができる．

さて，ここでは次のケースを考えてみよう．

$$\begin{cases} A_1 = 2\ (\mathrm{m}^2),\ A_2 = 2\ (\mathrm{m}^2),\ h_{10} = 2\ (\mathrm{m}),\ h_{20} = 1.5\ (\mathrm{m}), \\ d = 0.1\ (\mathrm{m}),\ l_1 = 0.8\ (\mathrm{m}),\ l_2 = 0.5\ (\mathrm{m}),\ l_3 = 0.3\ (\mathrm{m}), \\ l_4 = 0.3\ (\mathrm{m}),\ \lambda = 0.03\ (-),\ \zeta_1 = 0.5\ (-),\ \zeta_2 = 0.2\ (-), \\ \zeta_3 = 1.0\ (-),\ \zeta_4 = 0.5\ (-),\ \zeta_5 = 0.2\ (-) \end{cases} \tag{17}$$

（15）式および（16）式の状態方程式について，解析した結果を以下に示す．

極は，次のようである．

$$s = -0.01997, \quad -0.00220 \tag{18}$$

図 4.3-1（b）は極の位置，**図 4.3-1（c）**はボード線図，**図 4.3-1（d）**はステップ応答である．

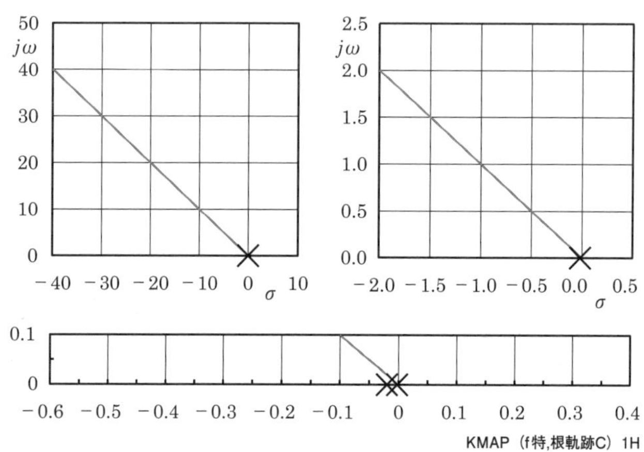

図 4.3-1(b)　h_2/q_1 の極配置
（EIGE.DTU. 演習 4.3-1.Y190103.DAT）

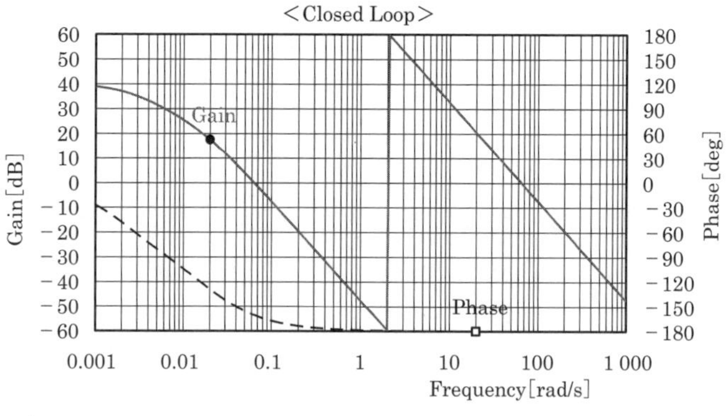

図 4.3-1(c)　h_2/q_1 のボード線図

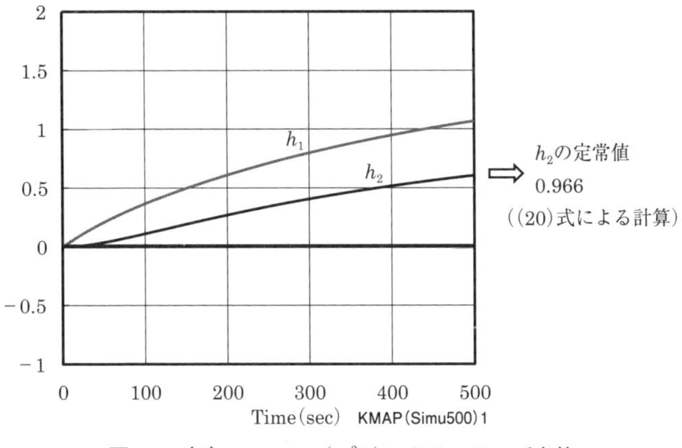

図 4.3-1 (d)　$q_1 = 0.01 (m^3/s)$ によるステップ応答

図 **4.3-1 (d)** のステップ応答は，非常にゆっくりとした応答であるので，定常値がどれくらいの値なのか図からはわからない．ステップ応答の定常値は，シミュレーション計算によらずに次のように解析的に求めることができる．(15) 式の状態方程式から，x_j / u_i の極・零点が得られると，次のように表される．

$$x_j = \frac{b_0(s-q_1)\times(s-q_2)\times\cdots\times(s-q_m)}{(s-p_1)\times(s-p_2)\times\cdots\times(s-p_n)} u_i \tag{19}$$

ここで，u_i は大きさ 1 のステップ入力とすると，そのときの x_j の定常値は次式で与えられる．

$$(x_j)_{s.s.} = \lim_{s\to 0} \frac{b_0(s-q_1)\times(s-q_2)\times\cdots\times(s-q_m)}{(s-p_1)\times(s-p_2)\times\cdots\times(s-p_n)} \tag{20}$$

(20) 式で求めた定常値を図 **4.3-1 (d)** 内に示した．

> 状態方程式で表されたシステムは，伝達関数行列から極・零点配置，ボード線図，シミュレーションを簡単に得ることができる．

演習 4.3-2　2 質点ばね振動系

右図のような振動系の運動方程式を導き，状態方程式に変換し，A_p 行列と B_2 行列を求めよ．

ただし，x_1 および x_2 は変位，m_1 および m_2 は質量，k_1 および k_2 はばね定数，$f_1(t)$ は強制力である．

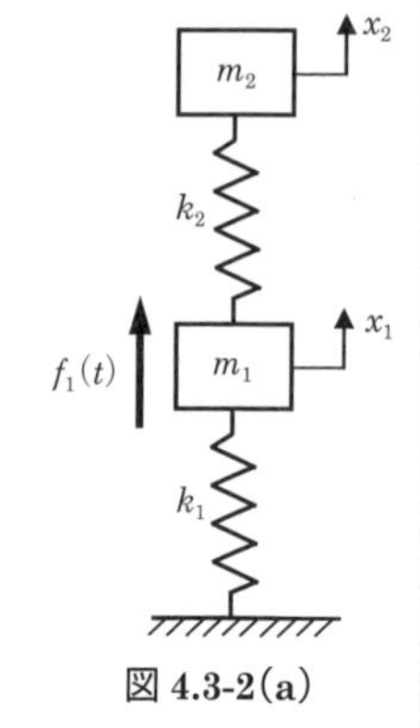

図 4.3-2(a)

【解】 図 4.3-2 (a) の質量 m_1 および m_2 に対して，ニュートンの第 2 法則から運動方程式が次のように得られる．

$$\begin{cases} m_1\ddot{x}_1 = -k_1x_1 - k_2(x_1 - x_2) + f_1(t) \\ m_2\ddot{x}_2 = -k_2(x_2 - x_1) \end{cases} \tag{1}$$

これは 2 階の微分方程式であるから，次の状態変数を導入する．

$$x_3 = \dot{x}_1, \quad x_4 = \dot{x}_2 \tag{2}$$

このとき，(1) 式は次のように変形できる．

$$\begin{cases} \dot{x}_1 = x_3 \\ \dot{x}_2 = x_4 \\ \dot{x}_3 = -\dfrac{k_1 + k_2}{m_1}x_1 + \dfrac{k_2}{m_1}x_2 + \dfrac{1}{m_1}f_1(t) \\ \dot{x}_4 = \dfrac{k_2}{m_2}x_1 - \dfrac{k_2}{m_2}x_2 \end{cases} \tag{3}$$

$f(t)$ をコントロール入力 $u(t)$ として，状態方程式が次のように得られる．

$$\dot{x} = A_p x + B_2 f_1 \tag{4}$$

ただし，

$$x = \begin{bmatrix} x_1 \\ x_2 \\ x_3 \\ x_4 \end{bmatrix}, \quad A_p = \begin{bmatrix} 0 & 0 & 1 & 0 \\ 0 & 0 & 0 & 1 \\ -\dfrac{k_1 + k_2}{m_1} & \dfrac{k_2}{m_1} & 0 & 0 \\ \dfrac{k_2}{m_2} & -\dfrac{k_2}{m_2} & 0 & 0 \end{bmatrix}, \quad B_2 = \begin{bmatrix} 0 \\ 0 \\ \dfrac{1}{m_1} \\ 0 \end{bmatrix} \tag{5}$$

さて，ここでは次のケースを考えてみよう．

$$m_1 = 2\ \text{(kg)},\ \ m_2 = 8\ \text{(kg)},\ \ k_1 = 600\ \text{(N/m)},\ \ k_2 = 1\,200\ \text{(N/m)} \tag{6}$$

(4) 式および (5) 式の状態方程式について，解析した結果を以下に示す．

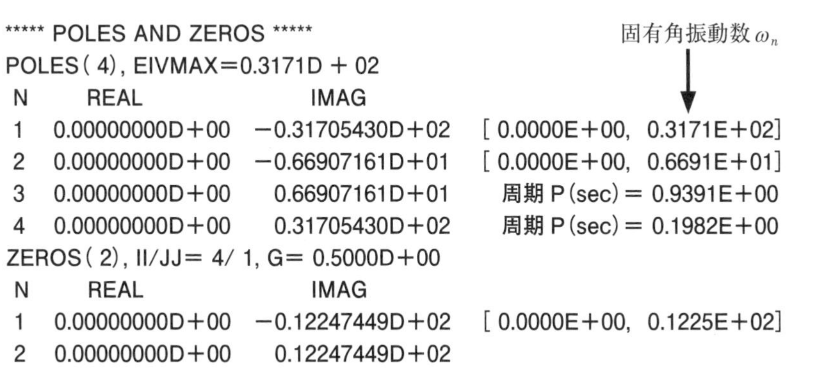

```
***** POLES AND ZEROS *****                                      固有角振動数 ωn
POLES( 4), EIVMAX=0.3171D + 02                                        ↓
 N      REAL                 IMAG
 1   0.00000000D+00   −0.31705430D+02   [ 0.0000E+00,  0.3171E+02]
 2   0.00000000D+00   −0.66907161D+01   [ 0.0000E+00,  0.6691E+01]
 3   0.00000000D+00    0.66907161D+01     周期 P(sec)= 0.9391E+00
 4   0.00000000D+00    0.31705430D+02     周期 P(sec)= 0.1982E+00
ZEROS( 2), II/JJ= 4/ 1, G= 0.5000D+00
 N      REAL                 IMAG
 1   0.00000000D+00   −0.12247449D+02   [ 0.0000E+00,  0.1225E+02]
 2   0.00000000D+00    0.12247449D+02
```

振動系の**固有角振動数**は極・零点を求めることで得られる
（振動数方程式を用いて求める必要はない）

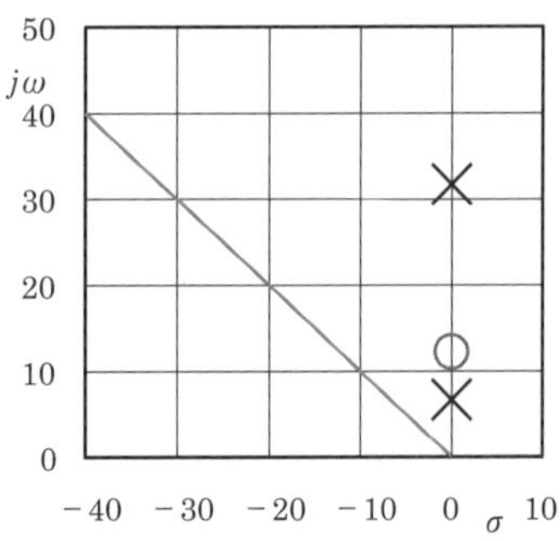

図 **4.3-2(b)**　2 質点ばね振動系の極・零点配置
(EIGE. 演習 4.3-2.Y190103.DAT)

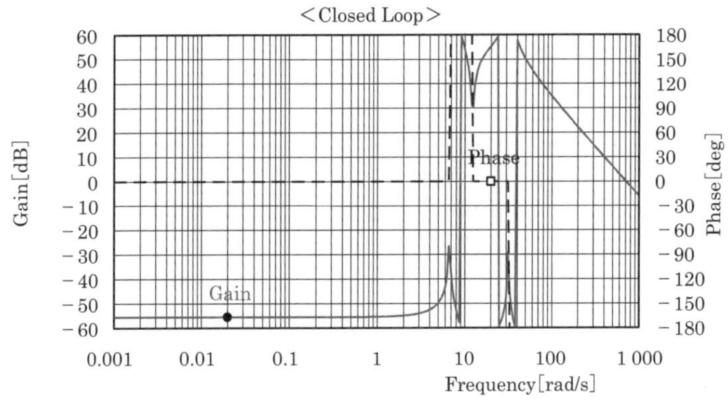

図 **4.3-2(c)**　2 質点ばね振動系のボード線図

図 **4.3-2（b）**は極・零点配置，図 **4.3-2（c）**はボード線図である．

図 **4.3-2（d）**は，0.5 ～ 1.5 秒に $f_1(t) = 100$（N）を入力した場合の応答である．固有角振動数が 31.7（rad/s）と 6.69（rad/s）の 2 つの振動が加算された振動が発生する．図の応答で，細かい振動は質量 m_1 の変位 x_1，ゆっくりした振動は質量 m_2 の変位 x_2 である．

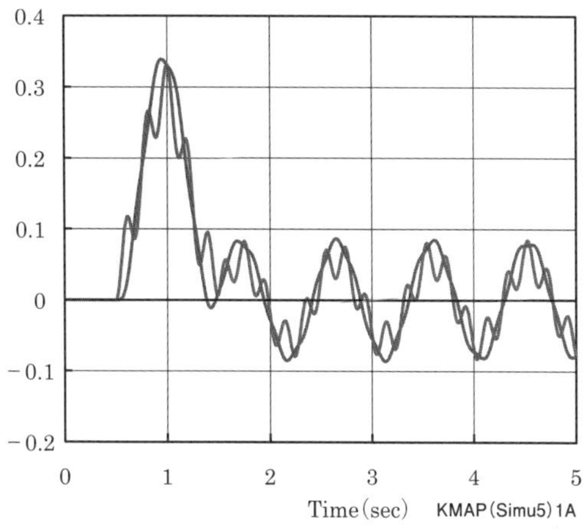

図 4.3-2(d)　0.5 〜 1.5 秒に $f_1(t) = 100$ の入力時の応答
（高振動が X1，低振動が X2）

演習 4.3-3　自動車のサスペンション

図 4.3-3 (a) のように，自動車の車体が前後のばねと車輪により支持され，上下運動と重心 G 点まわりの回転運動をする場合を考える[B9]．ただし，m_0 は車体の質量，k_1 および k_2 は前ばねおよび後ばねのばね定数，x_0 は車体重心の変位，x_1 および x_2 は車体 A 点および B 点の変位，θ は車体重心まわりの角度変化，I は重心まわりの慣性モーメント，$w(t)$ は地面の変動である．

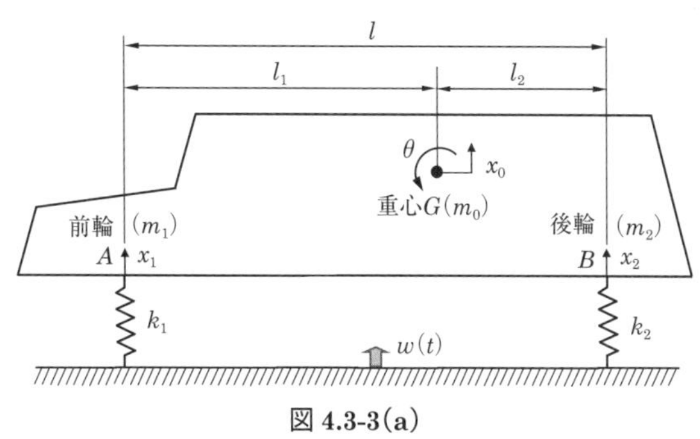

図 4.3-3(a)

【解】 θ の変化は微小とすると，A 点および B 点の変位は次式で近似される．

$$x_1 = x_0 - l_1\theta, \quad x_2 = x_0 + l_2\theta \tag{1}$$

一方，ばね k_1 および k_2 が地面形状から変動を受ける場合を考えてみよう．地面の変動を $w(t)$ とすると，ばねによる k_1x_1 および k_2x_2 の力と同様な力 $k_1w(t)$ および $k_2w(t)$ の力が作用する．

このとき，車体の上下方向の運動方程式は

$$\begin{aligned} m_0\ddot{x}_0 &= -k_1(x_1 - w) - k_2(x_2 - w) \\ &= -k_1(x_0 - l_1\theta) - k_2(x_0 + l_2\theta) + (k_1 + k_2)w \end{aligned} \tag{2}$$

また，重心まわりの回転の運動方程式は

$$\begin{aligned} I\ddot{\theta} &= k_1(x_1 - w)l_1 - k_2(x_2 - w)l_2 \\ &= k_1l_1(x_0 - l_1\theta) - k_2l_2(x_0 + l_2\theta) - k_1l_1w + k_2l_2w \end{aligned} \tag{3}$$

となる．(2) 式および (3) 式を整理すると次式を得る．

$$\begin{cases} \ddot{x}_0 = -\dfrac{k_1 + k_2}{m_0}x_0 + \dfrac{k_1l_1 - k_2l_2}{m_0}\theta + \dfrac{k_1 + k_2}{m_0}w \\ \ddot{\theta} = \dfrac{k_1l_1 - k_2l_2}{I}x_0 - \dfrac{k_1l_1^2 + k_2l_2^2}{I}\theta - \dfrac{k_1l_1 - k_2l_2}{I}w \end{cases} \tag{4}$$

(4) 式の2階の微分方程式を1階の微分方程式に変形すると

$$\begin{cases} \dot{x}_0 = x_3 \\ \dot{\theta} = x_4 \\ \dot{x}_3 = -\dfrac{k_1 + k_2}{m_0}x_0 + \dfrac{k_1l_1 - k_2l_2}{m_0}\theta + \dfrac{k_1 + k_2}{m_0}w \\ \dot{x}_4 = \dfrac{k_1l_1 - k_2l_2}{I}x_0 - \dfrac{k_1l_1^2 + k_2l_2^2}{I}\theta - \dfrac{k_1l_1 - k_2l_2}{I}w \end{cases} \tag{5}$$

この微分方程式を行列で表すと次の状態方程式が得られる．

（A_p 行列）　　　　　　　　（B_2 行列）

$$\begin{bmatrix} \dot{x}_0 \\ \dot{\theta} \\ \dot{x}_3 \\ \dot{x}_4 \end{bmatrix} = \begin{bmatrix} 0 & 0 & 1 & 0 \\ 0 & 0 & 0 & 1 \\ -\dfrac{k_1 + k_2}{m_0} & \dfrac{k_1l_1 - k_2l_2}{m_0} & 0 & 0 \\ \dfrac{k_1l_1 - k_2l_2}{I} & -\dfrac{k_1l_1^2 + k_2l_2^2}{I} & 0 & 0 \end{bmatrix} \cdot \begin{bmatrix} x_0 \\ \theta \\ x_3 \\ x_4 \end{bmatrix} + \begin{bmatrix} 0 \\ 0 \\ \dfrac{k_1 + k_2}{m_0} \\ -\dfrac{k_1l_1 - k_2l_2}{I} \end{bmatrix} \cdot w \tag{6}$$

さて，ここでは次のケースを考えてみよう[B9]．

$$\begin{cases} m_0 = 1\,290\ (\mathrm{kg}), & I = 1\,900\ (\mathrm{kg \cdot m^2}),\ k_1 = 58\,900\ (\mathrm{N/m}), \\ k_2 = 43\,900\ (\mathrm{N/m}), & l_1 = 1.06\ (\mathrm{m}), \quad l_2 = 1.52\ (\mathrm{m}) \end{cases} \tag{7}$$

（6）式の状態方程式について，解析した結果を以下に示す．

極・零点の値および固有角振動数は下記のようである．2つの固有角振動数は9.44（rad/s）と8.88（rad/s）と非常に近い値である．図 **4.3-3（b）**は極・零点配置，図 **4.3-3（c）**および図 **4.3-3（d）**はボード線図である．

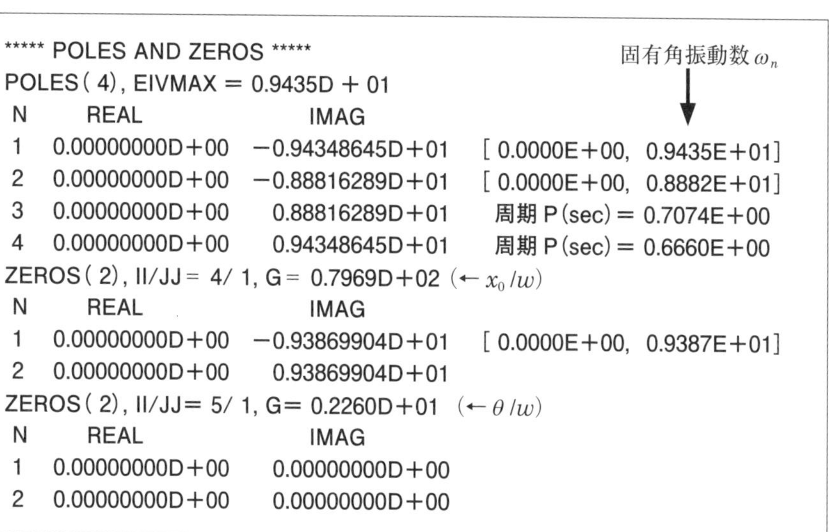

```
***** POLES AND ZEROS *****                                   固有角振動数 ωn
POLES( 4), EIVMAX = 0.9435D + 01
 N       REAL                IMAG
 1   0.00000000D+00   −0.94348645D+01    [ 0.0000E+00,  0.9435E+01]
 2   0.00000000D+00   −0.88816289D+01    [ 0.0000E+00,  0.8882E+01]
 3   0.00000000D+00    0.88816289D+01     周期 P(sec) = 0.7074E+00
 4   0.00000000D+00    0.94348645D+01     周期 P(sec) = 0.6660E+00
ZEROS( 2), II/JJ = 4/ 1, G = 0.7969D+02 (← x0 /w)
 N       REAL                IMAG
 1   0.00000000D+00   −0.93869904D+01    [ 0.0000E+00,  0.9387E+01]
 2   0.00000000D+00    0.93869904D+01
ZEROS( 2), II/JJ= 5/ 1, G= 0.2260D+01  (← θ /w)
 N       REAL                IMAG
 1   0.00000000D+00    0.00000000D+00
 2   0.00000000D+00    0.00000000D+00
```

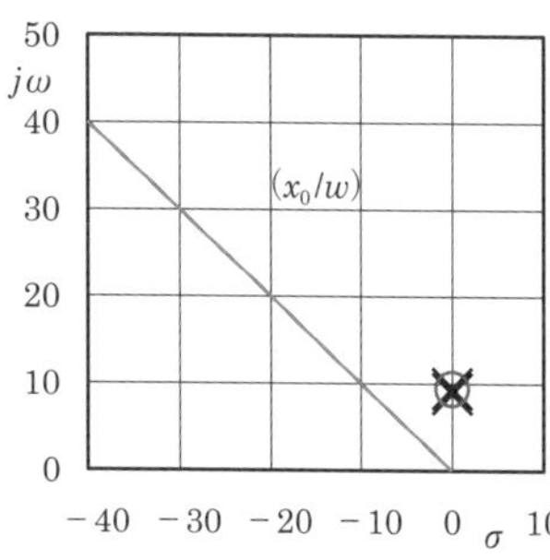

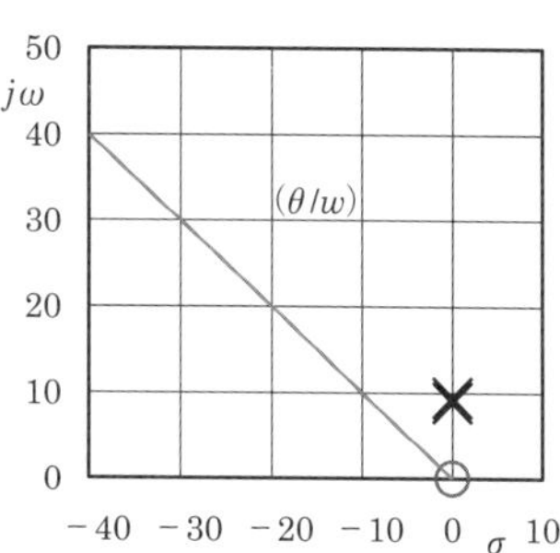

図 **4.3-3（b）** 極・零点配置
（EIGE. 演習 4.3-3.Y190106.DAT）

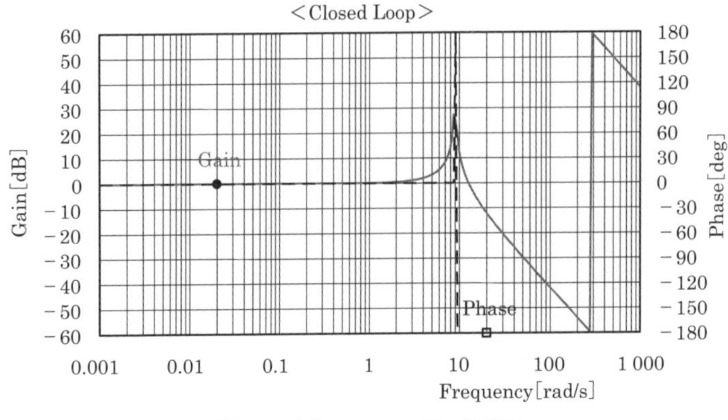

図 4.3-3(c)　x_0/w のボード線図

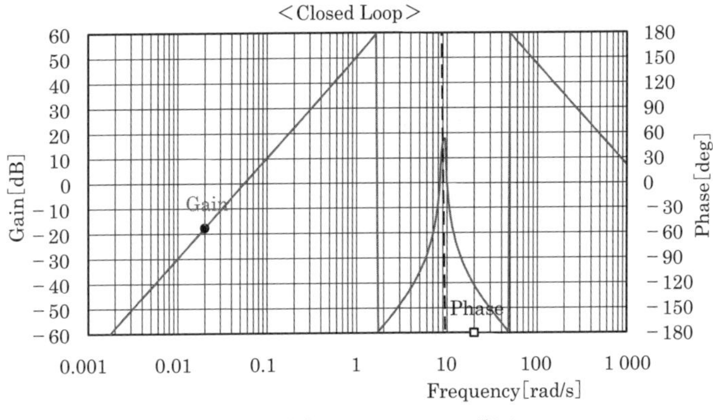

図 4.3-3(d)　θ/w のボード線図

図 4.3-3（e） は，0.5 ～ 1.5 秒に地面変位 $w=0.1$（m）の入力を与えたときの応答である．入力後，すぐに重心の上下運動が発生するが，重心まわりの回転運動はその後にしだいに振動が大きくなっていく様子がわかる．

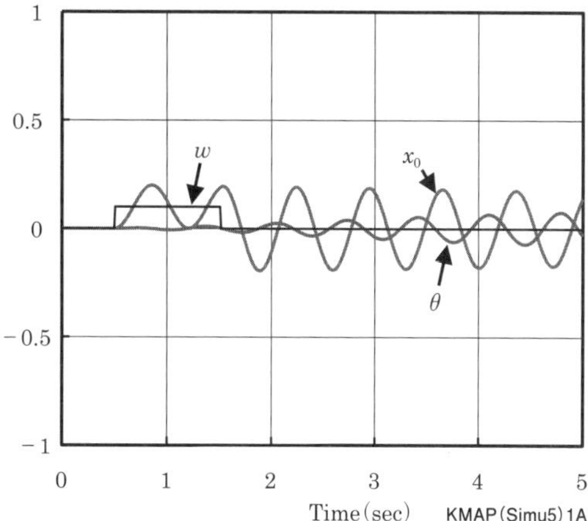

図 **4.3-3(e)**　0.5 ～ 1.5 秒に w＝0.1 の入力時の応答

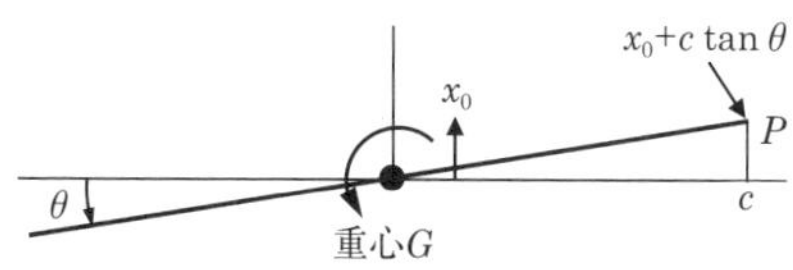

図 **4.3-3(f)**　車体運動の中心点

次に，運動が十分発達した後，2 つの固有角振動数 8.88（rad/s）および 9.44（rad/s）によって，車体がどのような運動をしているか検討しよう．上下と回転運動によって車体がどの位置を中心にして動いているかを計算してみる．図 **4.3-3 (f)** の P 点は，次式で表される．

$$0 = x_0 + c\tan\theta \fallingdotseq x_0 + c\theta$$

$$= 79.69\frac{(j\omega - j9.39)(j\omega + j9.39)}{(j\omega - j9.44)(j\omega + j9.44)(j\omega - j8.88)(j\omega + j8.88)}$$

$$+ c \times 2.26\frac{(j\omega)^2}{(j\omega - j9.44)(j\omega + j9.44)(j\omega - j8.88)(j\omega + j8.88)}$$

$$\therefore c = \frac{1}{2.26}\left(\frac{79.69 \times 9.39^2}{\omega^2} - 79.69\right) \tag{8}$$

ここで，固有角振動数を代入すると，車体の運動中心 P 点は次のような位置であることがわかる．

$$\begin{cases} \omega = 8.88 \text{ (rad/s) のとき，} c = 4.17 \text{ (m)} \quad \text{(重心より後方)} \\ \omega = 9.44 \text{ (rad/s) のとき，} c = -0.373 \text{ (m)} \text{ (重心より前方)} \end{cases} \tag{9}$$

なお，(5) 式の運動方程式において，次式

$$k_1 l_1 = k_2 l_2 \tag{10}$$

とおくと，車体の上下運動 x_0 と回転運動 θ との連成がなくなり，運動方程式が次のように簡単になる．

$$\begin{cases} \ddot{x}_0 = -\dfrac{k_1 + k_2}{m_0} x_0 + \dfrac{k_1 + k_2}{m_0} w \\ \ddot{\theta} = -\dfrac{k_1 l_1^2 + k_2 l_2^2}{I} \theta \end{cases} \tag{11}$$

演習 4.3-4　振動台車と単振り子の連成

図 4.3-4 (a) のように，振動する台車に単振り子が取り付けられている[B11)]．振り子には水平方向に外力 F が作用している．質量 M の水平方向の変位を x，質量 m の振り子の傾きを θ としたとき，F に対する x および θ の運動特性を解析せよ．ただし，質量 M にはばね定数 k のばねが壁に取り付けられている．

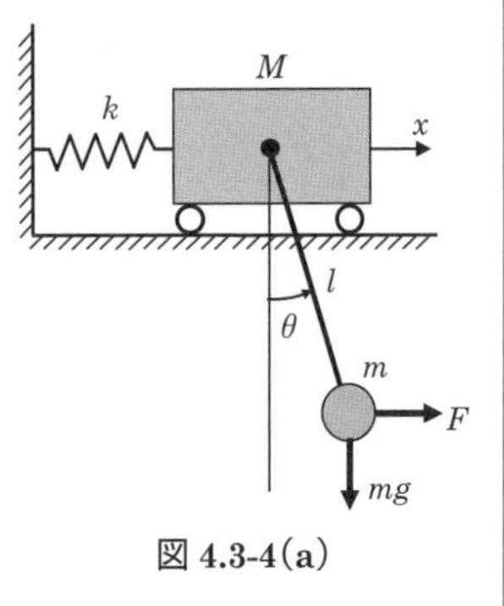

図 4.3-4(a)

【解】　この多自由度の問題はやや複雑であるので，運動方程式をたてる場合には一般座標を用いる**ラグランジュの方程式**が便利であり，また間違いが少ない．いま，運動エネルギーを T．位置エネルギーを U，外力を f とすると，ラグランジュの方程式は次式で与えられる．

$$\boxed{\frac{d}{dt}\left(\frac{\partial T}{\partial \dot{q}_k}\right)-\frac{\partial T}{\partial q_k}+\frac{\partial U}{\partial q_k}=\text{力 or トルク}} \quad (1)$$

ここで，q_k は一般座標という．q_k には必ずしも直角座標を用いる必要はなく，問題に応じて適当な変数を用いることができるので便利である．なお，粘性減衰がある場合は，散逸関数 $D=(1/2)c\,\dot{q}_k^{\ 2}$ として，（1）式左辺に $\partial D/\partial \dot{q}_k$ を加算すればよい．

振り子の水平右方向および垂直下方向の速度はそれぞれ

$$\dot{u}=\dot{x}+l\dot{\theta}\cos\theta,\quad \dot{v}=-l\dot{\theta}\sin\theta \quad (2)$$

であるので，運動エネルギー T は次のようになる．

$$\begin{aligned} T &= \frac{1}{2}M\dot{x}^2 + \frac{1}{2}m(\dot{u}^2+\dot{v}^2) \\ &= \frac{1}{2}M\dot{x}^2 + \frac{1}{2}m(\dot{x}^2+2\dot{x}l\dot{\theta}\cos\theta+l^2\dot{\theta}^2) \end{aligned} \quad (3)$$

次に，ポテンシャルエネルギー U は次のようになる．

$$U=\frac{1}{2}kx^2+mgl(1-\cos\theta) \quad (4)$$

ここで，（1）式のラグランジュの方程式を（3）式および（4）式に適用して運動方程式を導く．

$$\begin{aligned} \frac{d}{dt}\left(\frac{\partial T}{\partial \dot{x}}\right)-\frac{\partial T}{\partial x}+\frac{\partial U}{\partial x} &= \frac{d}{dt}(M\dot{x}+m\dot{x}+ml\dot{\theta}\cos\theta)+kx \\ &= (M+m)\ddot{x}+ml(\ddot{\theta}\cos\theta-\dot{\theta}^2\sin\theta)+kx=F \end{aligned} \quad (5)$$

$$\begin{aligned} \frac{d}{dt}\left(\frac{\partial T}{\partial \dot{\theta}}\right)-\frac{\partial T}{\partial \theta}+\frac{\partial U}{\partial \theta} &= \frac{d}{dt}(m\dot{x}l\cos\theta+ml^2\dot{\theta})+m\dot{x}l\dot{\theta}\sin\theta+mgl\sin\theta \\ &= ml\ddot{x}\cos\theta+ml^2\ddot{\theta}+mgl\sin\theta=Fl\cos\theta,\ (\Delta\theta\text{方向の力}) \end{aligned} \quad (6)$$

いま，θ は小さいとして，（5）式および（6）式を線形化すると，次の２組の微分方程式となる．

$$\begin{cases} (M+m)\ddot{x}+ml\ddot{\theta}+kx=F \\ ml\ddot{x}+ml^2\ddot{\theta}+mgl\theta=Fl \end{cases} \quad (7)$$

ここで，(7) 式を変形すると，次式を得る．

$$\begin{cases} \ddot{x} = -\dfrac{k}{M}x + \dfrac{mg}{M}\theta \\ \ddot{\theta} = \dfrac{k}{Ml}x - \left(1 + \dfrac{m}{M}\right)\dfrac{g}{l}\theta + \dfrac{F}{ml} \end{cases} \tag{8}$$

(8) 式は 2 階の微分方程式であるから，これを 1 階の微分方程式に変形すると次のようになる．

$$\begin{cases} \dot{x} = x_3 \\ \dot{\theta} = x_4 \\ \dot{x}_3 = -\dfrac{k}{M}x + \dfrac{mg}{M}\theta \\ \dot{x}_4 = \dfrac{k}{Ml}x - \left(1 + \dfrac{m}{M}\right)\dfrac{g}{l}\theta + \dfrac{F}{ml} \end{cases} \tag{9}$$

この運動方程式を行列で表すと次の状態方程式が得られる．

(A_p 行列)　　　　　　　(B_2 行列)

$$\begin{bmatrix} \dot{x} \\ \dot{\theta} \\ \dot{x}_3 \\ \dot{x}_4 \end{bmatrix} = \begin{bmatrix} 0 & 0 & 1 & 0 \\ 0 & 0 & 0 & 1 \\ -\dfrac{k}{M} & \dfrac{mg}{M} & 0 & 0 \\ \dfrac{k}{Ml} & -\left(1 + \dfrac{m}{M}\right)\dfrac{g}{l} & 0 & 0 \end{bmatrix} \cdot \begin{bmatrix} x \\ \theta \\ x_3 \\ x_4 \end{bmatrix} + \begin{bmatrix} 0 \\ 0 \\ 0 \\ \dfrac{1}{ml} \end{bmatrix} \cdot F \tag{10}$$

さて，ここでは次のケースを考えてみよう．

$$M = 20 \text{ (kg)},\ m = 5 \text{ (kg)},\ k = 100 \text{ (N/m)},\ l = 1 \text{ (m)} \tag{11}$$

(10) 式の状態方程式について，解析した結果を以下に示す．

極・零点の値および固有角振動数は下記のようである．2 つの固有角振動数は 3.70 (rad/s) と 1.89 (rad/s) である．**図 4.3-4 (b)** および**図 4.3-4 (c)** は極・零点配置，**図 4.3-3 (d)** および**図 4.3-4 (e)** はボード線図である．

```
***** POLES AND ZEROS *****                                    固有角振動数 ωn
POLES( 4) , EIVMAX= 0.3696D+01                                      ↓
 N      REAL                 IMAG
 1   0.00000000D+00   -0.36964728D+01    [ 0.0000E+00,  0.3696E+01]
 2   0.00000000D+00   -0.18936971D+01    [ 0.0000E+00,  0.1894E+01]
 3   0.00000000D+00    0.18936971D+01     周期 P(sec)= 0.3318E+01
 4   0.00000000D+00    0.36964728D+01     周期 P(sec)= 0.1700E+01
ZEROS( 0) , II/JJ= 4/ 1, G= 0.4900D+00  (← x/F)
 N      REAL                 IMAG
ZEROS( 2), II/JJ= 5/ 1, G= 0.2000D+00  (← θ/F)
 N      REAL                 IMAG
 1   0.00000000D+00   -0.22360680D+01    [ 0.0000E+00,  0.2236E+01]
 2   0.00000000D+00    0.22360680D+01
```

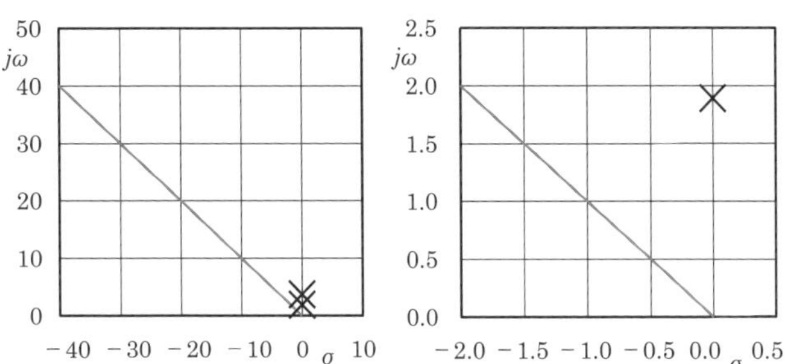

図 4.3-4 (b)　x/F の極配置（零点はなし）

（EIGE. 演習 4.3-4.Y190107.DAT）

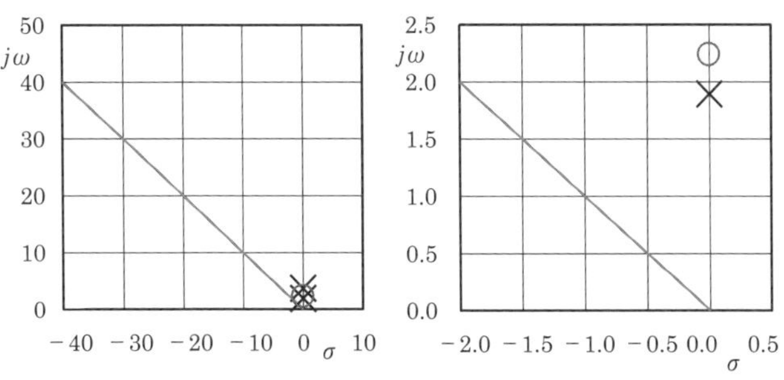

図 4.3-4(c)　θ/F の極・零点配置

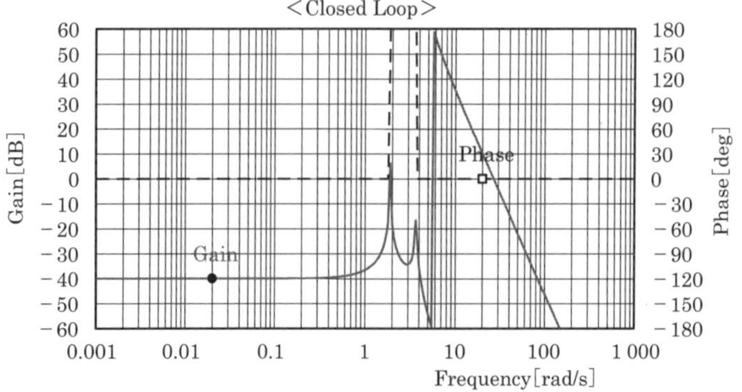

図 **4.3-4(d)**　x/F のボード線図

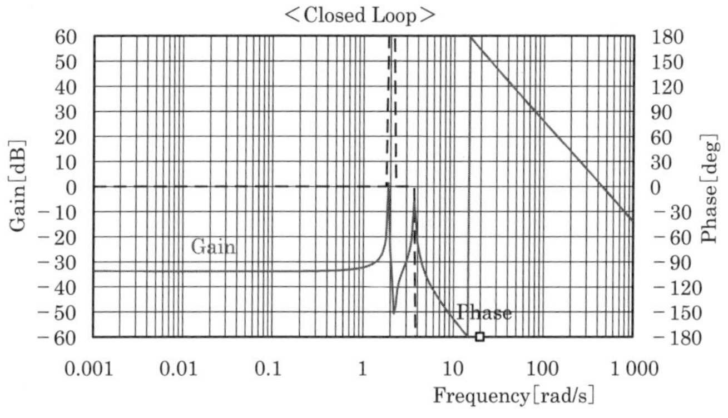

図 **4.3-4(e)**　θ/F のボード線図

図 4.3-4（f） は，0.5～1.5 秒に入力 $F=5$（N）を与えたときの応答である．F は水平方向の外力であるから，入力後はすぐに回転が始まる．その後やや遅れて水平方向に移動する様子がわかる．

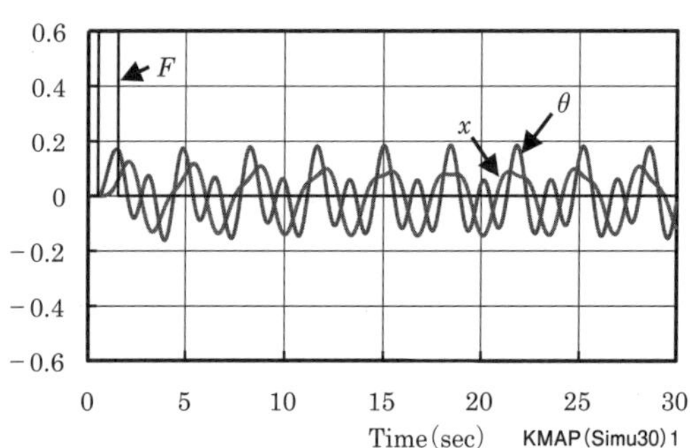

図 **4.3-4(f)**　0.5～1.5 秒に $F=5$(N)の入力時の応答

演習 4.3-5 不釣り合い質量を持つモータ

図 4.3-5 (a) のように，ばねとダッシュポットで支持され，上下に動くモータがある[B8]．モータは中心から l の距離に不釣り合い質量 m があり，回転トルク T_0 で回転する．不釣り合い質量を含めたモータ全体の質量を M，モータの回転子の慣性モーメントを I として，T_0 を入力とする状態方程式を求めよ．

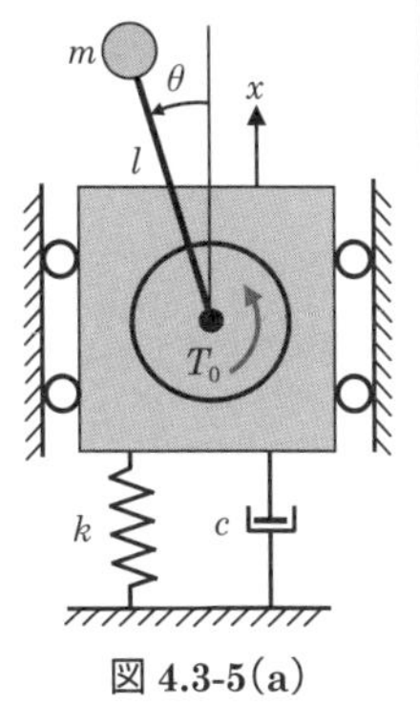

図 4.3-5(a)

【解】 この問題も，**【演習 4.3-4】**と同様にラグランジュ方程式を用いて運動方程式をたててみよう．

まず，質量 m の速度を v とすると，**図 4.3-5 (b)** から次のように表される．

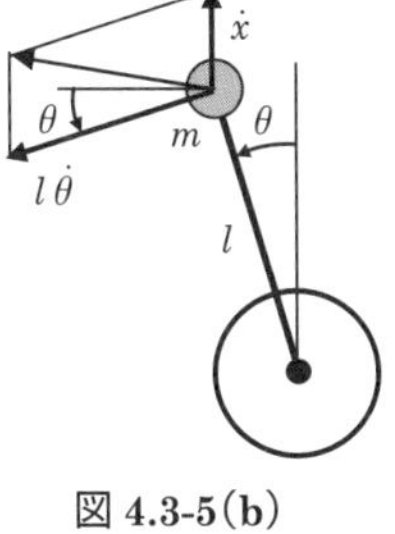

図 4.3-5(b)

$$v = (-l\dot{\theta}\cos\theta,\ \dot{x} - l\dot{\theta}\sin\theta) \tag{1}$$

$$\therefore\ \begin{aligned} v^2 &= l^2\dot{\theta}^2\cos^2\theta + \dot{x}^2 - 2l\dot{\theta}\dot{x}\sin\theta + l^2\dot{\theta}^2\sin^2\theta \\ &= \dot{x}^2 + l^2\dot{\theta}^2 - 2l\dot{\theta}\dot{x}\sin\theta \end{aligned} \tag{2}$$

運動エネルギーを T，ポテンシャルエネルギーを U，散逸関数を D とすると次のようになる．

$$\begin{aligned} T &= \frac{1}{2}(M-m)\dot{x}^2 + \frac{1}{2}m\dot{v}^2 + \frac{1}{2}I\dot{\theta}^2 \\ &= \frac{1}{2}(M-m)\dot{x}^2 + \frac{1}{2}m(\dot{x}^2 + l^2\dot{\theta}^2 - 2l\dot{\theta}\dot{x}\sin\theta) + \frac{1}{2}I\dot{\theta}^2 \end{aligned} \tag{3}$$

次に，ポテンシャルエネルギー U は次のようになる．

$$U = \frac{1}{2}kx^2 + mgl\cos\theta \tag{4}$$

$$D = \frac{1}{2}c\dot{x}^2 \tag{5}$$

(3) 式～ (5) 式を次のラグランジュの方程式（q_k は一般座標）に代入する．

$$\boxed{\frac{d}{dt}\left(\frac{\partial T}{\partial \dot{q}_k}\right)-\frac{\partial T}{\partial q_k}+\frac{\partial U}{\partial q_k}+\frac{\partial D}{\partial \dot{q}_k}=T_0\,(\theta\text{ の式へ})} \tag{6}$$

$$\begin{aligned}&\frac{d}{dt}\left(\frac{\partial T}{\partial \dot{x}}\right)-\frac{\partial T}{\partial x}+\frac{\partial U}{\partial x}+\frac{\partial D}{\partial \dot{x}}\\&\quad=\frac{d}{dt}\{(M-m)\dot{x}+\frac{1}{2}m(2\dot{x}-2l\dot{\theta}\sin\theta)\}+kx+c\dot{x}\\&\quad=M\ddot{x}+kx+c\dot{x}-ml(\ddot{\theta}\sin\theta+\dot{\theta}^2\cos\theta)=0\end{aligned} \tag{7}$$

$$\begin{aligned}&\frac{d}{dt}\left(\frac{\partial T}{\partial \dot{\theta}}\right)-\frac{\partial T}{\partial \theta}+\frac{\partial U}{\partial \theta}+\frac{\partial D}{\partial \dot{\theta}}\\&\quad=\frac{d}{dt}(ml^2\dot{\theta}-ml\dot{x}\sin\theta+I\dot{\theta})+ml\dot{\theta}\,\dot{x}\cos\theta-mgl\sin\theta\\&\quad=(I+ml^2)\ddot{\theta}-ml(\ddot{x}+g)\sin\theta=T_0\end{aligned} \tag{8}$$

（7）式および（8）式を整理すると

$$\begin{cases}M\ddot{x}-ml\ddot{\theta}\sin\theta=-kx-c\dot{x}+ml\dot{\theta}^2\cos\theta\\-ml\ddot{x}\sin\theta+(I+ml^2)\ddot{\theta}=ml\,g\sin\theta+T_0\end{cases} \tag{9}$$

ここで，

$$J=I+ml^2\quad a=ml\sin\theta\quad b=ml\cos\theta \tag{10}$$

とおくと

$$\begin{cases}M\ddot{x}-a\ddot{\theta}=-kx-c\dot{x}+b\dot{\theta}^2\\-a\ddot{x}+J\ddot{\theta}=ag+T_0\end{cases} \tag{11}$$

さらに整理すると

$$\therefore\ \ddot{x}=\frac{-Jkx-Jc\dot{x}+Jb\dot{\theta}^2+a^2g+aT_0}{MJ-a^2} \tag{12}$$

$$\therefore\ \ddot{\theta}=\frac{-akx-ac\dot{x}+ab\dot{\theta}^2+MT_0+Mag}{MJ-a^2} \tag{13}$$

（12）式および（13）式は 2 階の微分方程式であるから，これを 1 階の微分方程式に変形すると次のようになる．

$$\begin{cases} \dot{x} = x_3 \\ \dot{\theta} = x_4 \\ \dot{x}_3 = -dJkx - dJcx_3 + dJbx_4^2 + daT_0 + da^2 g \\ \dot{x}_4 = -dakx - dacx_3 + dabx_4^2 + dMT_0 + dMag \end{cases}, \quad \left(d = \frac{1}{MJ - a^2} \right) \tag{14}$$

いま，この運動方程式を行列で表すと次の状態方程式が得られる．

$$\overset{}{\begin{bmatrix} \dot{x} \\ \dot{\theta} \\ \dot{x}_3 \\ \dot{x}_4 \end{bmatrix}} = \overset{(A_p\ \text{行列})}{\begin{bmatrix} 0 & 0 & 1 & 0 \\ 0 & 0 & 0 & 1 \\ -dJk & 0 & -dJc & dJbx_4 \\ -dak & 0 & -dac & dabx_4 \end{bmatrix}} \cdot \begin{bmatrix} x \\ \theta \\ x_3 \\ x_4 \end{bmatrix} + \overset{(B_2\ \text{行列})}{\begin{bmatrix} 0 & 0 \\ 0 & 0 \\ da & da^2 g \\ dM & dMag \end{bmatrix}} \cdot \begin{bmatrix} T_0 \\ 1 \end{bmatrix} \tag{15}$$

ただし，

$$\begin{cases} z_1 = T_0, \quad z_3 = 1 \\ J = I + ml^2, \quad a = ml\sin\theta, \quad b = ml\cos\theta, \quad d = \dfrac{1}{MJ - a^2} \end{cases} \tag{16}$$

(15) 式の状態方程式は**非線形**であるが，A_p 行列，B_2 行列を用いることでシミュレーションできる

さて，ここでは次のケースを考えてみよう．

$$\begin{cases} M = 2\ \text{(kg)}, \ m = 0.2\ \text{(kg)}, \ k = 100\ \text{(N/m)}, \ l = 0.5\ \text{(m)} \\ c = 10\ \text{(N·s/m)}, \ I = 1\ \text{(kg/m}^2\text{)} \end{cases} \tag{17}$$

(15) 式の状態方程式について，回転トルク T_0 を1秒間入力した場合の応答を解析した結果を以下に示す．トルクは1秒間のみの入力であるが，トルクを0にしても回転および上下振動が持続していることがわかる．

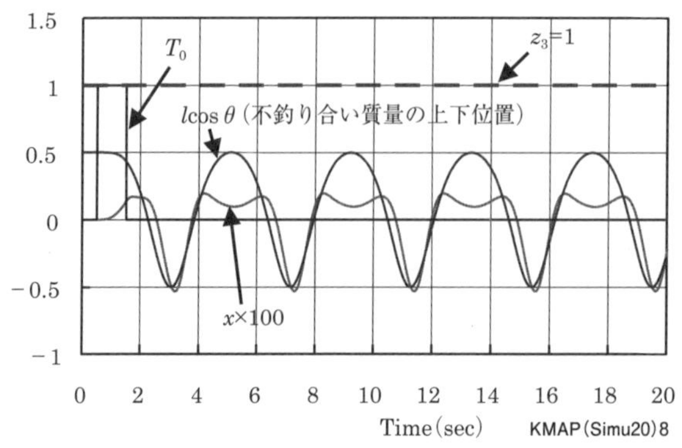

図 **4.3-5(c)**　0.5～1.5 秒に $T_0=1$（N·m）の入力時の応答
(EIGE. 演習 4.3-5.Y190108.DAT)

なお，不釣り合い質量の回転を止めた場合（$\theta=0$）は，演習 3.6-11 の質点ばね振動系と同じとなる．これは単なる 2 次遅れ形であり，減衰比と固有角振動数は次のようである．

$$\zeta=\frac{c}{2\sqrt{Mk}}=0.354,\quad \omega_n=\sqrt{\frac{k}{M}}=7.07\ (\mathrm{rad/s}) \tag{18}$$

演習 4.3-6　3 質点ばね振動系

図 4.3-6（a）のような振動系[A10]の運動方程式を導き，状態方程式に変換し，A_p 行列と B_2 行列を求めよ．ただし，x_1，x_2，x_3 は変位，M_1，M_2，M_3 は質量，k_1，k_2，k_3 はばね定数，c_1，c_2 はダッシュポットの係数，$F(t)$ は強制力である．

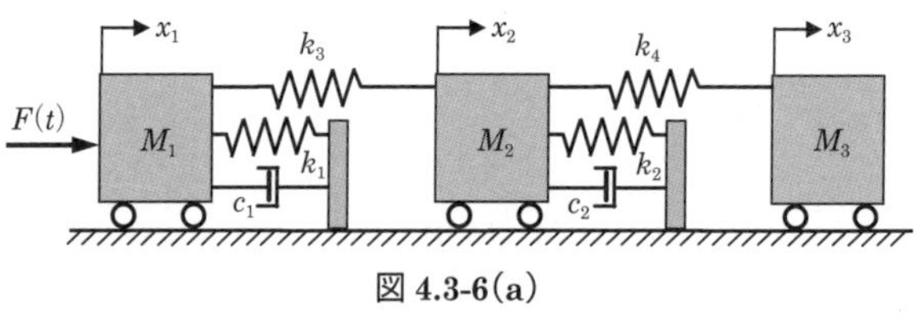

図 **4.3-6(a)**

【解】 図 **4.3-6（a）**の質量 M_1, M_2 および M_3 に対してニュートンの第 2 法則から運動方程式が次のように得られる.

$$\begin{cases} M_1\ddot{x}_1 = -k_1x_1 - c_1\dot{x}_1 - k_3(x_1 - x_2) + F(t) \\ M_2\ddot{x}_2 = -k_2x_2 - c_2\dot{x}_2 - k_3(x_2 - x_1) - k_4(x_2 - x_3) \\ M_3\ddot{x}_3 = -k_4(x_3 - x_2) \end{cases} \tag{1}$$

これは 2 階の微分方程式であるから，次の状態変数を導入する.

$$x_4 = \dot{x}_1 \quad x_5 = \dot{x}_2 \quad x_6 = \dot{x}_3 \tag{2}$$

このとき，(1) 式は次のように変形できる.

$$\begin{cases} \dot{x}_1 = x_4 \\ \dot{x}_2 = x_5 \\ \dot{x}_3 = x_6 \\ \dot{x}_4 = -\dfrac{k_1+k_3}{M_1}x_1 + \dfrac{k_3}{M_1}x_2 - \dfrac{c_1}{M_1}x_4 + \dfrac{1}{M_1}F(t) \\ \dot{x}_5 = \dfrac{k_3}{M_2}x_1 - \dfrac{k_2+k_3+k_4}{M_2}x_2 + \dfrac{k_4}{M_2}x_3 - \dfrac{c_2}{M_2}x_5 \\ \dot{x}_6 = \dfrac{k_4}{M_3}x_2 - \dfrac{k_4}{M_3}x_3 \end{cases} \tag{3}$$

従って，状態方程式が次のように得られる.

（A_p 行列）　　　　（B_2 行列）

$$\begin{bmatrix} \dot{x}_1 \\ \dot{x}_2 \\ \dot{x}_3 \\ \dot{x}_4 \\ \dot{x}_5 \\ \dot{x}_6 \end{bmatrix} = \begin{bmatrix} 0 & 0 & 0 & 1 & 0 & 0 \\ 0 & 0 & 0 & 0 & 1 & 0 \\ 0 & 0 & 0 & 0 & 0 & 1 \\ a_{41} & a_{42} & 0 & a_{44} & 0 & 0 \\ a_{51} & a_{52} & a_{53} & 0 & a_{55} & 0 \\ 0 & a_{62} & a_{63} & 0 & 0 & 0 \end{bmatrix} \cdot \begin{bmatrix} x_1 \\ x_2 \\ x_3 \\ x_4 \\ x_5 \\ x_6 \end{bmatrix} + \begin{bmatrix} 0 \\ 0 \\ 0 \\ b_{41} \\ 0 \\ 0 \end{bmatrix} F \tag{4}$$

ただし,

$$\begin{cases} a_{41} = -\dfrac{k_1+k_3}{M_1}, \quad a_{42} = \dfrac{k_3}{M_1}, \quad a_{44} = -\dfrac{c_1}{M_1} \\ a_{51} = \dfrac{k_3}{M_2}, \quad a_{52} = -\dfrac{k_2+k_3+k_4}{M_2}, \quad a_{53} = \dfrac{k_4}{M_2}, \quad a_{55} = -\dfrac{c_2}{M_2} \\ a_{62} = \dfrac{k_4}{M_3}, \quad a_{63} = -\dfrac{k_4}{M_3}, \qquad b_{41} = \dfrac{1}{M_1} \end{cases} \tag{5}$$

さて，ここでは次のケースを考えてみよう．

$$\begin{cases} M_1 = 2\ (\text{kg}),\ M_2 = 8\ (\text{kg}),\ M_3 = 8\ (\text{kg}) \\ k_1 = 600\ (\text{N/m}),\ k_2 = 1\,200\ (\text{N/m}),\ k_3 = 1\,200\ (\text{N/m}),\ k_4 = 1\,200\ (\text{N/m}) \\ c_1 = 50\ (\text{N·s/m}),\ c_2 = 50\ (\text{N·s/m}) \end{cases} \tag{6}$$

（4）式の状態方程式について，解析結果を以下に示す．

（1）$k_2 = k_4 = c_1 = c_2 = 0$ とした場合

演習 4.3-2 の 2 質点ばね振動系と同じ結果である．

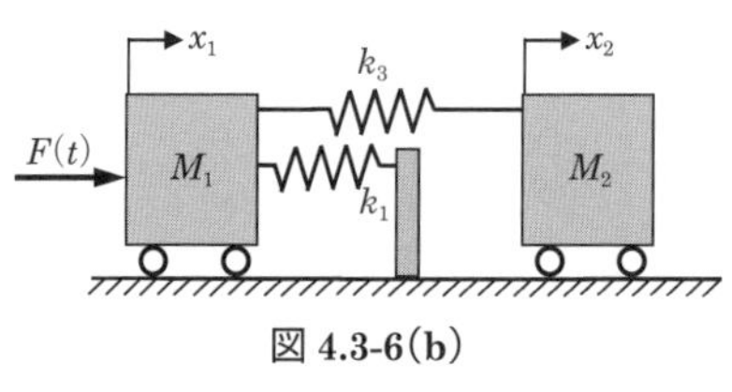

図 **4.3-6(b)**

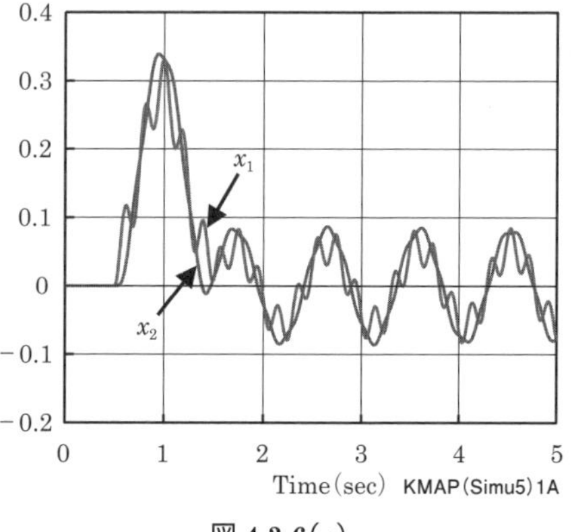

図 **4.3-6(c)**

（2）$k_4 = c_1 = c_2 = 0$ とした場合

ばね k_2 の影響で x_2 の動きが小さくなり，x_1 の振幅は大きくなった．

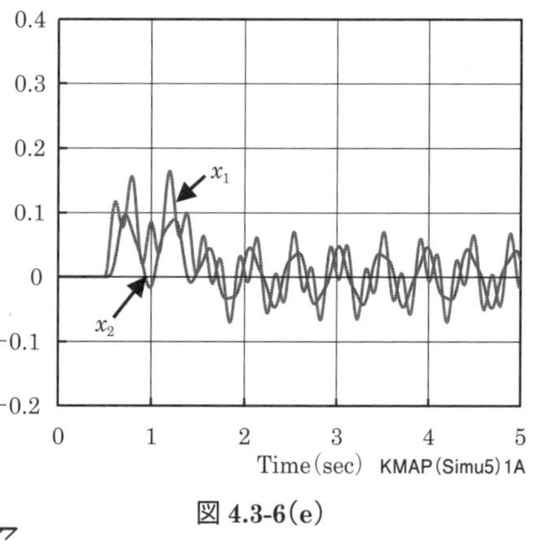

図 **4.3-6(e)**

図 **4.3-6(d)**

(3) $c_1=c_2=0$ とした場合

$\omega_n=32.5,\ 19.4,\ 8.24$ (rad/s)

x_3 は比較的滑らかな振動である．

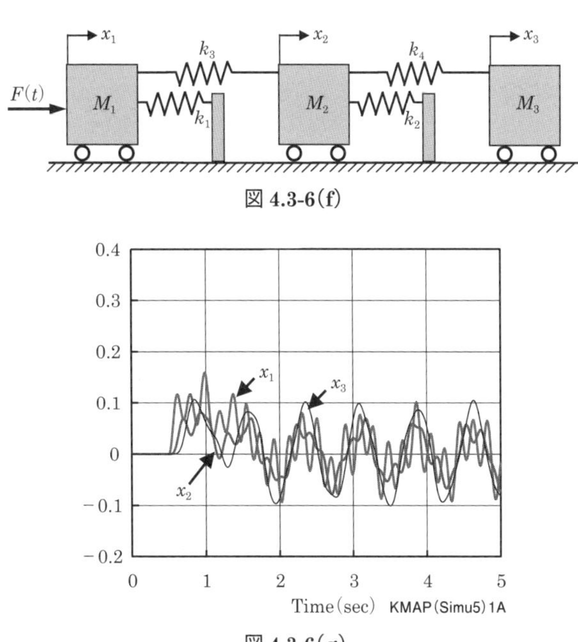

図 4.3-6(g)

(4) 本演習の問題

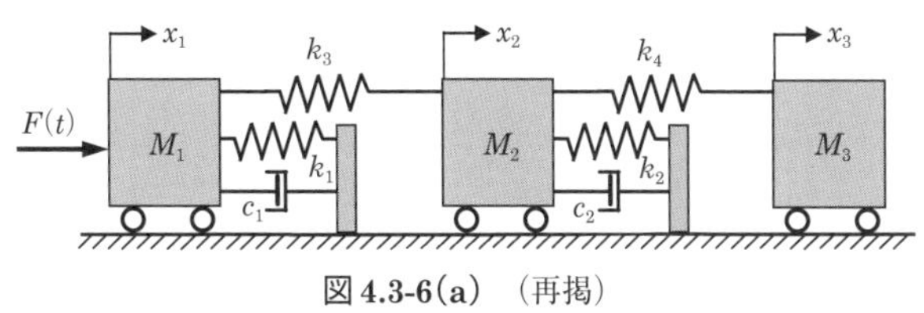

図 **4.3-6(a)** （再掲）

強制力 $F(t)$ に対する x_3 の極は下記のようである．3 つの振動根（極）があるが零点はないことがわかる．図 **4.3-6(h)** はそれを図にしたものである．図 **4.3-6(i)** は，x_3/F のボード線図である．10 (rad/s) 付近で応答のピークがあることがわかる．

```
***** POLES AND ZEROS *****                                          固有角振動数 ωn
POLES( 6), EIVMAX= 0.3089D+02                                              ↓
 N        REAL                       IMAG
 1   -0.10288276D+02   -0.29129433D+02     [ 0.3330E+00,  0.3089E+02]
 2   -0.10288276D+02    0.29129433D+02      周期 P(sec)= 0.2157E+00
 3   -0.42694284D+01   -0.19328659D+02     [ 0.2157E+00,  0.1979E+02]
 4   -0.42694284D+01    0.19328659D+02      周期 P(sec)= 0.3251E+00
 5   -0.10672953D+01   -0.84299237D+01     [ 0.1256E+00,  0.8497E+01]
 6   -0.10672953D+01    0.84299237D+01      周期 P(sec)= 0.7453E+00
ZEROS( 0), II/JJ= 6/ 1, G= 0.1125D+05 (← x3 / F)
 N        REAL                       IMAG
```

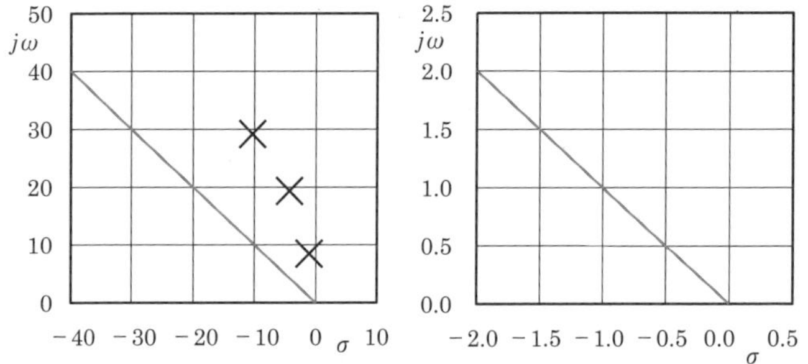

図 4.3-6(h)　x_3 / F の極・零点配置
(EIGE. 演習 4.3-6.Y190110.DAT)

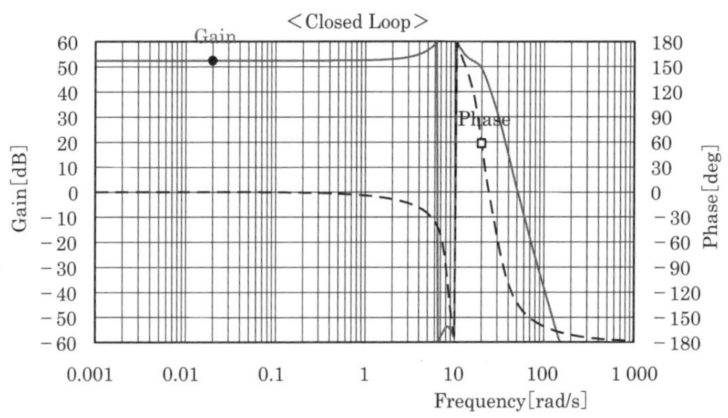

図 4.3-6(i)　x_3 / F のボード線図

図 4.3-6（j） は，0.5 ～ 1.5 秒に $F(t)=100$ （N）の入力を与えたときのシミュレーションである．入力が 0 になってから振動が小さくなるまで数秒かかっていることがわかる．なお，この問題はフィードバック制御により振動を早く減衰できることを第 5 章において示す．

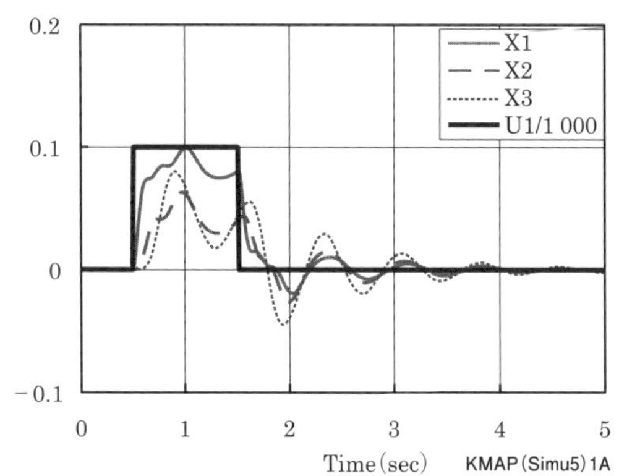

図 4.3-6(j)　0.5～1.5 秒に　$F(t)$=100(N)の入力時の応答

演習 4.3-7　周波数の変化する外力による振動

回転機械のモータが，静止状態から定常回転になるまで回転数が時間とともに上昇するが，共振点の近傍を通過するときに定常回転とは異なったものとなる．いま，モータが次の運動方程式で表されるとき振動特性を検討せよ[B5]．

$$m\ddot{x} = -kx + F\sin\frac{1}{2}\alpha t^2 \quad (1)$$

【解】 (1) 式は 2 階の微分方程式であるから，これを 1 階の微分方程式に変形すると次のようになる．

$$\begin{cases} \dot{x} = x_2 \\ \dot{x}_2 = -\dfrac{k}{m}x + \dfrac{F}{m}\sin\dfrac{1}{2}\alpha t^2 \end{cases} \quad (2)$$

いま，この運動方程式を行列で表すと次の状態方程式が得られる．

$$\overset{(A_p\text{ 行列})}{} \qquad \overset{(B_2\text{ 行列})}{}$$

$$\begin{bmatrix} \dot{x} \\ \dot{x}_2 \end{bmatrix} = \begin{bmatrix} 0 & 1 \\ -\dfrac{k}{m} & 0 \end{bmatrix} \cdot \begin{bmatrix} x \\ x_2 \end{bmatrix} + \begin{bmatrix} 0 \\ \dfrac{1}{m}\sin\dfrac{1}{2}\alpha t^2 \end{bmatrix} \cdot F \tag{3}$$

> (3) 式の状態方程式は**時間関数**を含んでいるが，A_p 行列，B_2 行列を用いることでシミュレーションできる

さて，ここでは次のケースを考えてみよう．

$$m = 1 \ (\text{kg}),\ k = 200 \ (\text{N/m}),\ \alpha = 1 \ (\text{rad/s}^2) \tag{4}$$

(3) 式の状態方程式について，解析結果を以下に示す．

システムの極は下記のようである．零点はないことがわかる．固有角振動数は 14.14 (rad/s) である．**図 4.3-7 (a)** は，F=30 (N) のステップ入力に対する応答である．x の振動量はしだいに大きくなり，14 (rad/s) 付近でピークになることがわかる．

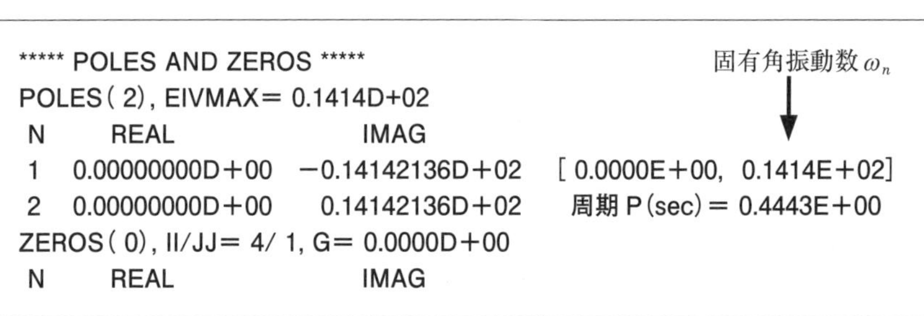

```
***** POLES AND ZEROS *****                                    固有角振動数 ωn
POLES( 2), EIVMAX= 0.1414D+02                                        ↓
 N       REAL                    IMAG
 1   0.00000000D+00   −0.14142136D+02   [ 0.0000E+00,  0.1414E+02]
 2   0.00000000D+00    0.14142136D+02    周期 P(sec) = 0.4443E+00
ZEROS( 0), II/JJ= 4/ 1, G= 0.0000D+00
 N       REAL                    IMAG
```

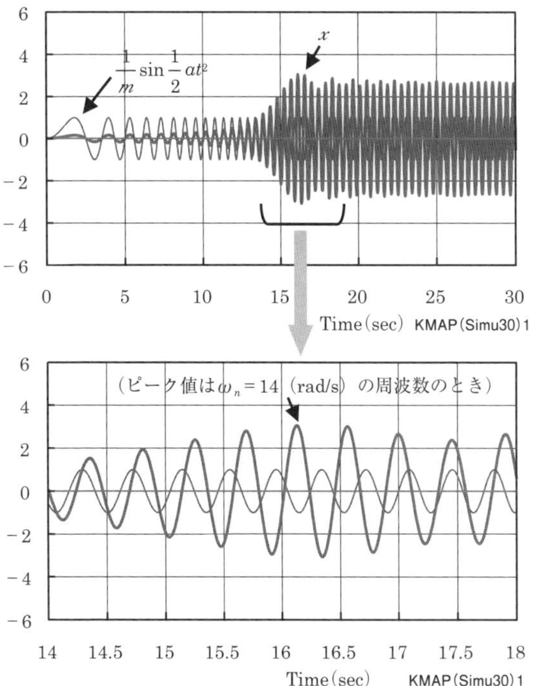

図 **4.3-7(a)**　F＝30（N）のステップ入力時の応答
(EIGE. 演習 4.3-7.Y190111.DAT)

演習 4.3-8　*R*（2 個），*C*（2 個），*L*（1 個）の電気回路

右図に示すような電気回路を考える[A10]．入力電圧 v_i に対する出力電圧 v_o の特性を検討せよ．ここで，R_1，R_2 は抵抗，C_1，C_2 はコンデンサ，L はコイルである．

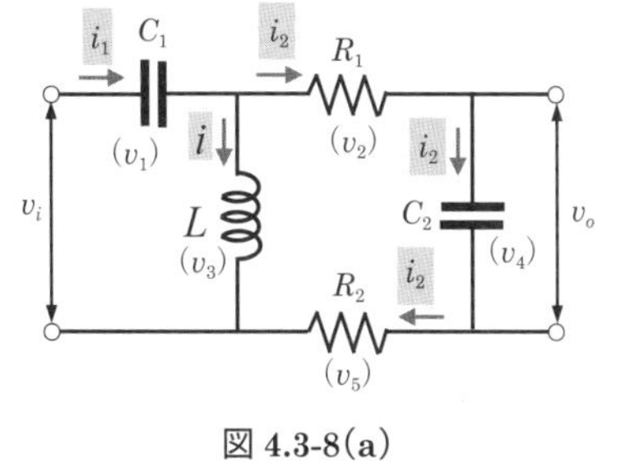

図 **4.3-8(a)**

【解】　図 **4.3-8 (a)** のように回路に流れる電流を i_1, i_2, i とすると，**オームの法則**から

$$v_1 = \frac{1}{C_1}\int_0^t i_1 dt,\quad v_2 = i_2 R_1,\quad v_3 = L\frac{di}{dt},\quad v_4 = \frac{1}{C_2}\int_0^t i_2\, dt,\quad v_5 = i_2 R_2 \tag{1}$$

キルヒホッフの法則から

$$\begin{cases} i = i_1 - i_2,\ \ v_1 + v_3 - v_i = 0 & \text{（左側のループ）} \\ v_o = v_4,\qquad v_2 + v_4 + v_5 - v_3 = 0 & \text{（右側のループ）} \end{cases} \tag{2}$$

従って，(1) 式および (2) 式から

$$\begin{cases} \dfrac{1}{C_1}\displaystyle\int_0^t i_1 dt + L\frac{d(i_1 - i_2)}{dt} - v_i = 0 \\ (R_1 + R_2)i_2 + \dfrac{1}{C_2}\displaystyle\int_0^t i_2\, dt - L\frac{d(i_1 - i_2)}{dt} = 0 \end{cases} \tag{3}$$

この演習問題は，第 3 章に述べた伝達関数の形で表すと，(4) 式のようになる.

$$\frac{V_o}{V_i} = \frac{1}{(R_1 + R_2)C_2}\cdot\frac{s^2}{s^3 + \dfrac{(C_1 + C_2)}{(R_1 + R_2)C_1C_2}s^2 + \dfrac{1}{C_1L}s + \dfrac{1}{(R_1 + R_2)C_1C_2L}} \tag{4}$$

しかし，この伝達関数は分母が 3 次式となっており，表 3.5-1 の伝達関数の基本要素ではないため解析が簡単ではない．そこで，ここでは状態方程式を導出して解析する.

いま，

$$y = \int_0^t i_1 dt,\quad x = \int_0^t i_2 dt \tag{5}$$

とすると

$$\begin{cases} \dfrac{1}{C_1}y + L\ddot{y} - L\ddot{x} - v_i = 0 \\ (R_1 + R_2)\dot{x} + \dfrac{1}{C_2}x - L\ddot{y} + L\ddot{x} = 0 \end{cases} \tag{6}$$

(6) 式の 2 つの式を加えて整理すると

$$y = -(R_1 + R_2)C_1\dot{x} - \frac{C_1}{C_2}x + C_1 v_i \tag{7}$$

（7）式を時間微分を 2 回実施すると次式を得る.

$$\therefore \ddot{y} = -(R_1 + R_2)C_1\dddot{x} - \frac{C_1}{C_2}\ddot{x} + C_1\ddot{v}_i \tag{8}$$

（8）式を（6）式の第 2 式に代入すると

$$\dddot{x} = -\frac{C_1 + C_2}{(R_1 + R_2)C_1C_2}\ddot{x} - \frac{1}{C_1L}\dot{x} - \frac{1}{(R_1 + R_2)C_1C_2L}x + \frac{1}{(R_1 + R_2)}\ddot{v}_i \tag{9}$$

ここで，次のようにおく.

$$\begin{cases} \int_0^t x dt = x_2, \quad x = \int_0^t i_2 dt = \int_0^t x_1 dt = \dot{x}_2 = x_3, \\ \dot{x} = \dot{x}_3 = x_4, \quad \ddot{x} = \dot{x}_4 = x_5, \quad \dddot{x} = \dot{x}_5 \end{cases} \tag{10}$$

このとき，（9）式は次のように表される.

$$\dot{x}_5 = -\frac{C_1 + C_2}{(R_1 + R_2)C_1C_2}x_5 - \frac{1}{C_1L}x_4 - \frac{1}{(R_1 + R_2)C_1C_2L}x_3 + \frac{1}{R_1 + R_2}\ddot{v}_i \tag{11}$$

これを 2 回積分すると

$$\dot{x}_3 = -\frac{C_1 + C_2}{(R_1 + R_2)C_1C_2}x_3 - \frac{1}{C_1L}x_2 - \frac{1}{(R_1 + R_2)C_1C_2L}x_1 + \frac{1}{R_1 + R_2}v_i \tag{12}$$

従って，（12）式から次の状態方程式が得られる.

$$\begin{bmatrix} \dot{x}_1 \\ \dot{x}_2 \\ \dot{x}_3 \end{bmatrix} = \underbrace{\begin{bmatrix} 0 & 1 & 0 \\ 0 & 0 & 1 \\ -\dfrac{1}{(R_1 + R_2)C_1C_2L} & -\dfrac{1}{C_1L} & -\dfrac{C_1 + C_2}{(R_1 + R_2)C_1C_2} \end{bmatrix}}_{(A_p\text{ 行列})} \begin{bmatrix} x_1 \\ x_2 \\ x_3 \end{bmatrix} + \underbrace{\begin{bmatrix} 0 \\ 0 \\ \dfrac{1}{R_1 + R_2} \end{bmatrix}}_{(B_2\text{ 行列})} v_i \tag{13}$$

なお，出力 v_o は次のように表される.

$$v_o = \frac{1}{C_2}\int_0^t i_2\,dt = \frac{1}{C_2}x = \frac{1}{C_2}x_3 \tag{14}$$

さて，次のケースを考えてみよう．

$$\begin{cases} R_1 = 50\ (\mathrm{k}\Omega) = 50\times 10^3\ (\Omega),\ R_2 = 20\ (\mathrm{k}\Omega), \\ C_1 = 200\ (\mu\mathrm{F}) = 200\times 10^{-6}\ (\mathrm{F})\ (=\mathrm{s}/\Omega)\ (\text{ファラド}) \\ C_2 = 400\ (\mu\mathrm{F}) = 400\times 10^{-6}\ (\mathrm{F}) \\ L = 1\ (\mathrm{H})\ (=\mathrm{V}\cdot\mathrm{s}/\mathrm{A})\ (\text{ヘンリー}) \end{cases} \tag{15}$$

(13) 式および (14) 式の状態方程式について，解析結果を以下に示す．

入力電圧 v_i に対する出力電圧 v_o の極・零点は下記のようである．固有角振動数は 70.7 (rad/s) である．**図 4.3-8 (b)** はそれを図にしたものである．**図 4.3-8 (c)** はボード線図である．70 (rad/s) 付近で応答のピークがあることがわかる．**図 4.3-8 (d)** は，v_i をステップ入力した場合の出力 v_o の応答である．

```
***** POLES AND ZEROS *****
POLES( 3), EIVMAX= 0.7071D+02                              固有角振動数 ωn
 N       REAL                 IMAG                                 ↓
 1   -0.35714310D-01     0.00000000D+00
 2   -0.35714278D-01    -0.70710651D+02     [ 0.5051E-03,  0.7071E+02]
 3   -0.35714278D-01     0.70710651D+02     周期 P(sec) = 0.8886E-01
ZEROS( 2), II/JJ= 7/ 1, G= 0.3571D-01
 N       REAL                 IMAG
 1    0.00000000D+00     0.00000000D+00
 2    0.00000000D+00     0.00000000D+00
```

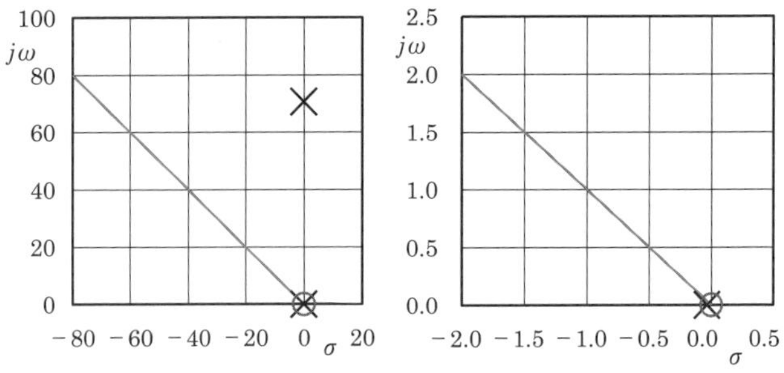

図 **4.3-8(b)**　R(2個)，C(2個)，L(1個)の極・零点
(EIGE.MEC. 演習 4.3-8.Y190115.DAT)

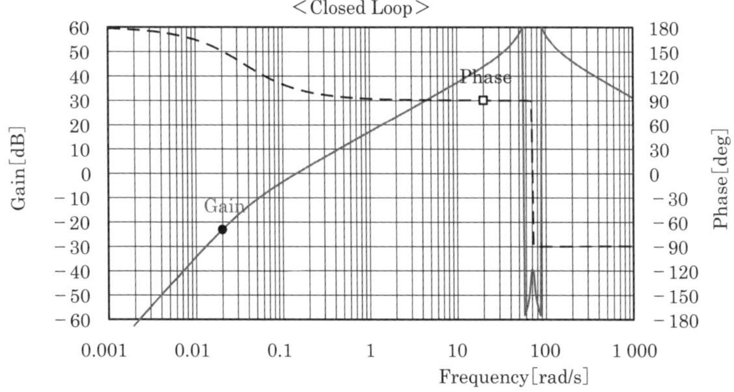

図 **4.3-8(c)**　R(2個), C(2個), L(1個)のボード線図

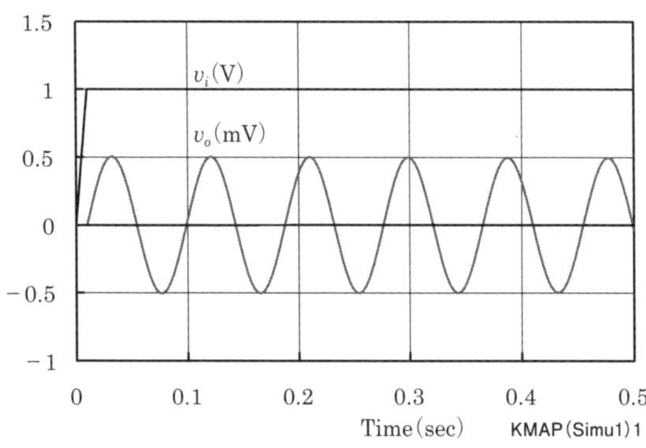

図 **4.3-8(d)**　v_iのステップ入力応答

演習 4.3-9　飛行機の縦系の運動

図 **4.3-9**（**a**）に示すように，飛行機の縦系（$x-z$ 軸面内）の運動について，エレベータ舵角 δe およびエンジン推力 T に対する状態変数 u，α，q，θ の状態方程式を求めよ [D5),D9)]．

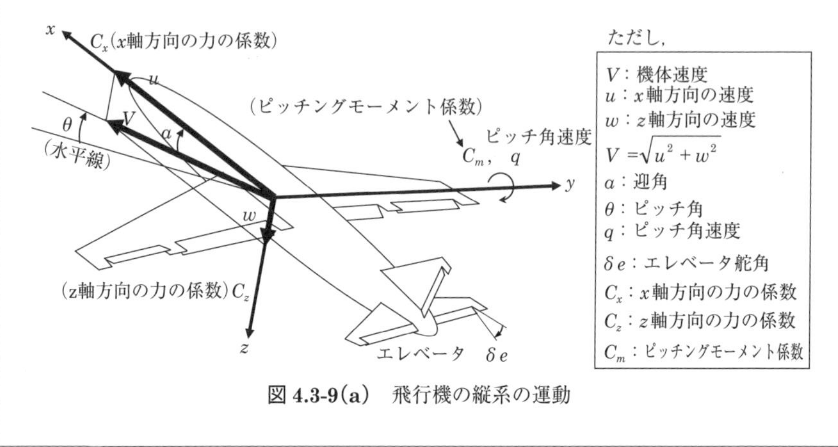

図 **4.3-9**(**a**)　飛行機の縦系の運動

【解】　図 **4.3-9**（**a**）に示すように，飛行機の運動は，機体に固定された回転座標形（x, y, z）を用いて，各軸方向に働く空気力と各軸まわりのモーメントを用いて記述される．ここでは，縦系（$x-z$ 軸面内）の運動方程式を求める．

図 **4.3-9**（**b**）に示すように，機体に働く空気力は，機体速度 V に対して，反対方向に抗力 D，それに直角上方に揚力 L が働くとする．揚力および抗力は，V と x 軸とのなす角である迎角 α の関数である．

機体速度 V で飛行する機体に作用する単位面積あたりの空気力は，V の 2 乗に比例し，空気密度 ρ の 1 乗に比例する．いま，面積の基準を主翼面積 S とすると，揚力および抗力は次のように表される．

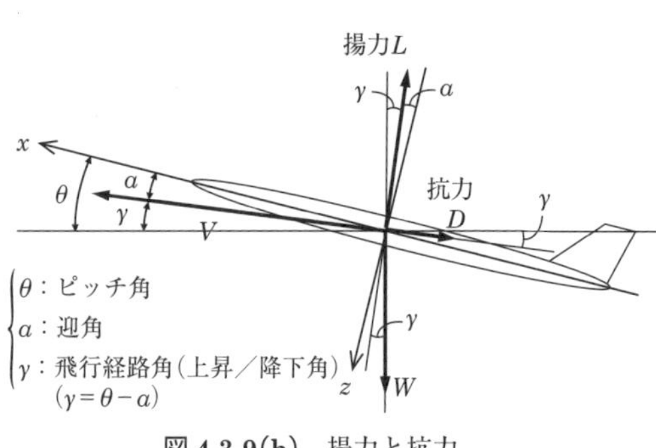

図 **4.3-9**(**b**)　揚力と抗力

$$L = \frac{1}{2}\rho V^2 S \cdot C_L(\alpha), \qquad D = \frac{1}{2}\rho V^2 S \cdot C_D(\alpha) \tag{1}$$

ここで，$C_L(\alpha)$および$C_D(\alpha)$は，それぞれ揚力係数および抗力係数といわれる無次元係数で迎角の関数である．この揚力係数および抗力係数は，迎角αの他にエレベータ舵角δeによっても変化するが，一般的に次の式が使用される．

$$\begin{cases} C_L = C_{L_0} + C_{L_\alpha}\alpha + C_{L_{\delta e}}\delta e \\ C_D = C_{D_0} + kC_L{}^2 \end{cases} \tag{2}$$

これに対して，x軸およびz軸方向の力を無次元係数C_xおよびC_zで表すと，図**4.3-9（b）**から次の関係式が得られる．

$$\begin{cases} C_x = -C_D\cos\alpha + C_L\sin\alpha \\ C_z = -C_L\cos\alpha - C_D\sin\alpha \end{cases} \tag{3}$$

次に，縦系面内の回転運動を考える．空気力による重心まわりのピッチングモーメントMは，無次元のピッチングモーメント係数C_mを用いて次のように表される．

$$M = \frac{1}{2}\rho V^2 S\bar{c}C_m \tag{4}$$

ここで，$\bar{c}$は**平均空力翼弦**といわれる機体前後方向の代表長さである．ピッチングモーメント係数は一般的に次の関係式が用いられる．

$$C_m = C_{m_0} + C_{m_\alpha}\alpha + C_{m_q}\frac{\bar{c}q}{2V} + C_{m_{\dot\alpha}}\frac{\bar{c}\dot\alpha}{2V} + C_{m_{\delta e}}\delta e \tag{5}$$

さて，以上の関係式を用いると，ニュートンの運動方程式により飛行機の縦系の運動方程式が次のように得られる．

$$\begin{cases} m\left(\dfrac{du}{dt} + qw\right) = -mg\sin\theta + T + \dfrac{1}{2}\rho V^2 SC_x \\ m\left(\dfrac{dw}{dt} - qu\right) = mg\cos\theta + \dfrac{1}{2}\rho V^2 SC_z \\ I_y\dfrac{dq}{dt} = \dfrac{1}{2}\rho V^2 S\bar{c}C_m, \qquad \left(\dfrac{d\theta}{dt} = q\right) \end{cases} \tag{6}$$

ここで，mは機体質量，Tはエンジン推力，I_yはy軸まわりの慣性モーメントである．また，左辺の（　）内の第2項の qw および $-qu$ は，回転座標系における運動方程式であることにより生じる項である．状態変数 u，α，q，θ は大きくないとして，微小な項を省略すると，縦系の微小擾乱運動方程式[D4]が次のように得られる（deg 単位系）．

$$\underset{}{\begin{bmatrix}\dot{u}\\ \dot{\alpha}\\ \dot{q}\\ \dot{\theta}\end{bmatrix}}=\overset{(A_p\text{ 行列})}{\begin{bmatrix}X_u & X_\alpha & 0 & -\dfrac{g\cos\theta_0}{57.3}\\ \bar{Z}_u & \bar{Z}_\alpha & 1 & -\dfrac{g\sin\theta_0}{V}\\ M'_u & M'_\alpha & M'_q & M'_\theta\\ 0 & 0 & 1 & 0\end{bmatrix}}\begin{bmatrix}u\\ \alpha\\ q\\ \theta\end{bmatrix}+\overset{(B_2\text{ 行列})}{\begin{bmatrix}0 & \dfrac{1}{m}\\ \bar{Z}_{\delta e} & 0\\ M'_{\delta e} & 0\\ 0 & 0\end{bmatrix}}\begin{bmatrix}\delta e\\ T\end{bmatrix} \tag{7}$$

ただし，$\dot{u}=du/dt$ と記述している．

ここでは，**図 4.3-9（c）**に示す機体3面図の飛行機の縦系のエレベータ操作応答の結果を以下に示す．A_p 行列および B_2 行列は次のようである．

$$A_p=\begin{bmatrix}-0.0353 & 0.0745 & 0 & -0.1707\\ -0.1492 & -0.845 & 1 & -0.00738\\ 0.0319 & -0.586 & -0.911 & 0.00158\\ 0 & 0 & 1 & 0\end{bmatrix} \tag{8}$$

$$B_2=\begin{bmatrix}0 & 0.621\times10^{-5}\\ -0.0448 & 0\\ -0.649 & 0\\ 0 & 0\end{bmatrix} \tag{9}$$

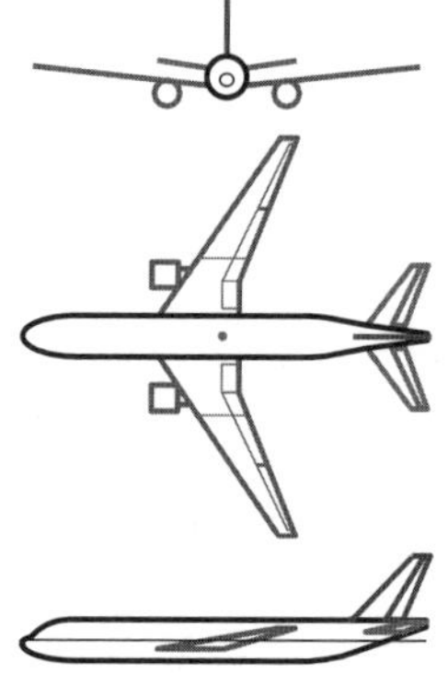

図 4.3-9(c)　機体3図面

エレベータ操作に対するピッチ角の極・零点は下記のようである．固有角振動数は 1.17（rad/s），0.119（rad/s）である．**図 4.3-9（d）**はそれを図にしたものである．**図 4.3-9（e）**はボード線図である．0.1（rad/s）付近で応答のピークがあるが，減衰のわるい長周期モードといわれる振動根である．

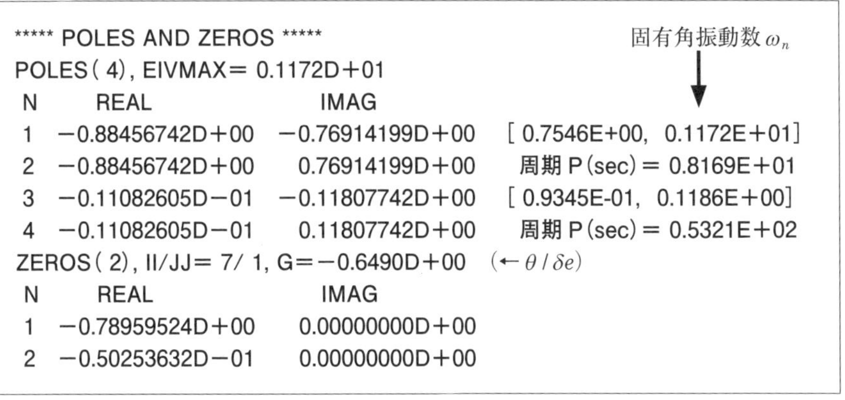

```
***** POLES AND ZEROS *****                                        固有角振動数 ωn
POLES( 4), EIVMAX= 0.1172D+01
 N        REAL                  IMAG
 1  −0.88456742D+00   −0.76914199D+00   [ 0.7546E+00,  0.1172E+01]
 2  −0.88456742D+00    0.76914199D+00    周期 P(sec)= 0.8169E+01
 3  −0.11082605D−01   −0.11807742D+00   [ 0.9345E-01,  0.1186E+00]
 4  −0.11082605D−01    0.11807742D+00    周期 P(sec)= 0.5321E+02
ZEROS( 2), II/JJ= 7/ 1, G=−0.6490D+00   (← θ / δe)
 N        REAL                  IMAG
 1  −0.78959524D+00    0.00000000D+00
 2  −0.50253632D−01    0.00000000D+00
```

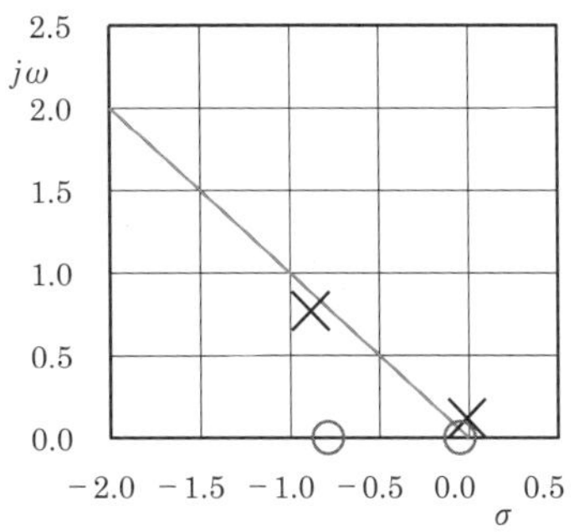

図 **4.3-9(d)**　飛行機の$\theta/\delta e$の極・零点

(EIGE. 演習 4.3-9.Y190406.DAT)

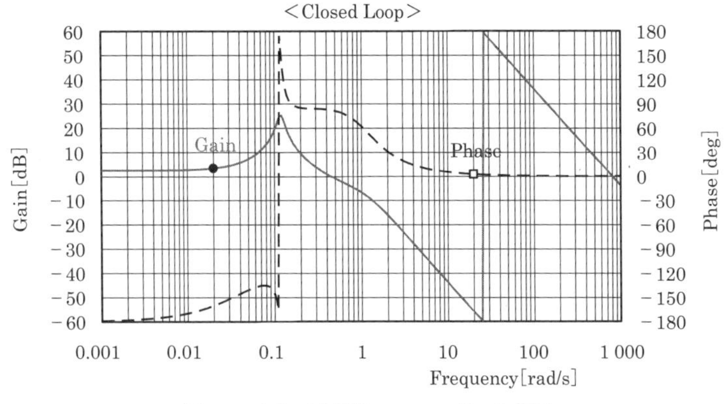

図 **4.3-9(e)**　飛行機の$\theta/\delta e$のボード線図

図 4.3-9（f）は，2～6 秒にエレベータを操作した場合の応答である．機体の速度 u は低下と増加を約 50 秒の周期で繰り返すが，いずれ定常状態では u および α は元の釣り合い状態の値に戻る．

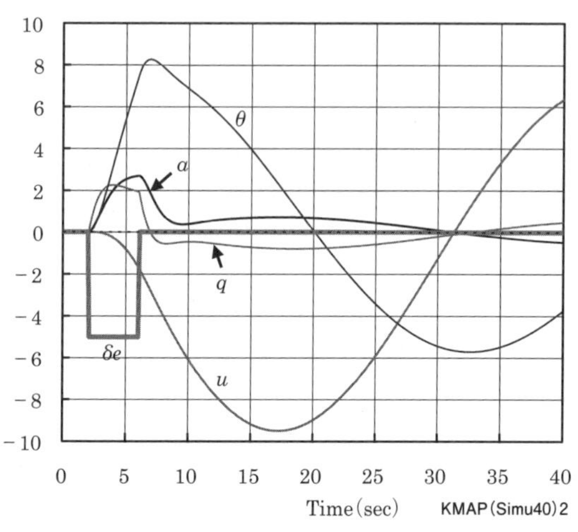

図 4.3-9(f)　飛行機のエレベータ入力応答

演習 4.3-10　自動車のハンドル操作時の運動

図 4.3-10（a）に示すように，自動車の 2 輪車モデルにより，ハンドル操作時の前輪タイヤの舵角 δ に対する自動車の運動方程式を求めよ[A36)]．

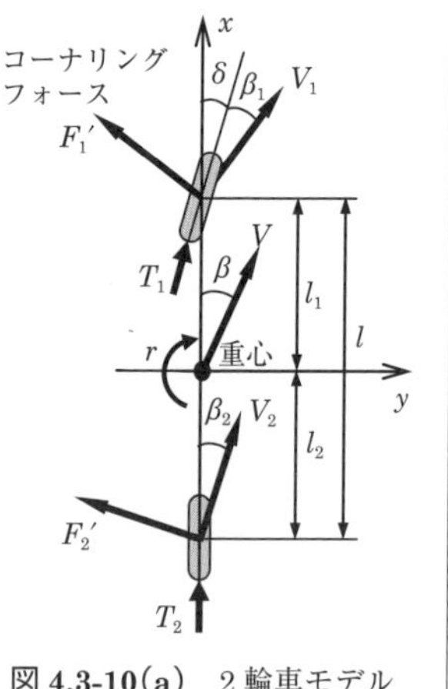

図 4.3-10(a)　2 輪車モデル

【解】 図**4.3-10（a）**に示すように，車両に固定したx，y座標系による運動方程式を求める．前輪タイヤの舵角をδ，重心の**横滑り角**をβ，重心の**ヨー角速度**をr，前輪および後輪タイヤの横滑り角をβ_1およびβ_2，重心，前輪および後輪の速度をV，V_1およびV_2とする．F_1'およびF_2'は前輪および後輪の**コーナリングフォース**（タイヤの速度方向と直角方向の力），T_1およびT_2は推進力である．運動はx軸およびy軸における水平面内の運動と仮定する．

車両に固定したx，y座標系は回転座標系であるから，運動を考えるときは通常のニュートンの運動方程式に角速度rに関する項が追加される．その結果，並進運動方程式は次のように与えられる[D5]．

$$\begin{cases} m\left(\dot{u}-rv\right)=F_x \\ m\left(\dot{v}+ru\right)=F_y \end{cases} \tag{1}$$

ここで，mは自動車の質量，uおよびvは重心の速度Vのx方向およびy方向の成分，F_xおよびF_yはx方向およびy方向に作用する力である．また，重心まわりの回転運動の方程式は次のように与えられる．

$$I_z\dot{r}=N \tag{2}$$

ここで，I_zはz軸まわりの慣性モーメント，Nはz軸まわりのモーメントである．

図**4.3-10（a）**から，x方向およびy方向に作用する力を求め（1）式に代入すると，並進運動の方程式が次のように得られる．

$$\begin{cases} m(\dot{u}-rv)=F_1'\sin(\delta+\beta_1)+F_2'\sin\beta_2+T_1\cos\delta+T_2 \\ m(\dot{v}+ru)=-F_1'\cos(\delta+\beta_1)-F_2'\cos\beta_2+T_1\sin\delta \end{cases} \tag{3}$$

また，z軸まわりの運動方程式は次のように得られる．

$$I_z\dot{r}=-F_1'\,l_1\cos(\delta+\beta_1)+F_2'\,l_2\cos\beta_2+T_1\,l_1\sin\delta \tag{4}$$

いま，β，β_1，β_2，δおよびrは小さいと仮定すると

$$u\approx V,\quad v\approx V\beta,\quad \dot{v}\approx V\dot{\beta},\quad rv\approx 0 \tag{5}$$

と近似できる．ここで，速度Vは一定とすると，(3)式のx方向の運動方程式から

$$T_1+T_2\approx -F_1'\cdot(\delta+\beta_1)-F_2'\cdot\beta_2 \ll -F_1'-F_2' \tag{6}$$

従って，F_1'，F_2' に対して T_1，T_2 は小さい値であることがわかる．このとき，y 方向の運動方程式は次のように表すことができる．

$$mV(\dot{\beta}+r)=-F_1'-F_2' \tag{7}$$

また，z 軸まわりの運動方程式は次のようになる．

$$I_z\dot{r}=-F_1'\,l_1+F_2'\,l_2 \tag{8}$$

一方，前輪および後輪の y 方向の速度は次のように表される．

$$\begin{cases} v_{1y}=V_1\sin(\delta+\beta_1)=V\sin\beta+r\,l_1 \\ v_{2y}=V_2\sin\beta_2=V\sin\beta-r\,l_2 \end{cases} \tag{9}$$

ここで，β，β_1，β_2 および δ は小さいとし，また $V_1\approx V_2\approx V$ とすると次の関係式が得られる．

$$\begin{cases} \beta_1\approx\beta+r\,l_1/V-\delta \\ \beta_2\approx\beta-r\,l_2/V \end{cases} \tag{10}$$

コーナリングフォース F_1' および F_2' は，**コーナリングパワー** K_1 および K_2 を用いると，(10) 式を考慮して次のように表される．

$$\begin{cases} F_1'=K_1\cdot\beta_1\ =K_1\cdot(\beta+\dfrac{r\,l_1}{V}-\delta) \\ F_2'=K_2\cdot\beta_2\ =K_2\cdot(\beta-\dfrac{r\,l_2}{V}) \end{cases} \tag{11}$$

このとき，(7) 式の y 方向の運動方程式と (8) 式の z 軸まわりの運動方程式は次のように表される．

$$\begin{cases} \dot{\beta}=-\dfrac{K_1+K_2}{mV}\beta-\left(1+\dfrac{K_1\,l_1-K_2\,l_2}{mV^2}\right)r+\dfrac{K_1}{mV}\delta \\ \dot{r}=-\dfrac{K_1\,l_1-K_2\,l_2}{I_z}\beta-\dfrac{K_1\,l_1^2+K_2\,l_2^2}{I_zV}\,r+\dfrac{K_1\,l_1}{I_z}\delta \end{cases} \tag{12}$$

この (12) 式が自動車の水平面内の運動（速度 V 一定）を記述する基本的な運動方程式である．ただし，K_1 および K_2 は前輪 2 つおよび後輪 2 つのコーナリングパワーである．また，この式を行列で表すと次のようになる．

$$\begin{bmatrix}\dot{\beta}\\ \dot{r}\end{bmatrix}=\overset{(A_p\text{ 行列})}{\begin{bmatrix}-\dfrac{K_1+K_2}{mV} & -1-\dfrac{K_1 l_1-K_2 l_2}{mV^2}\\ -\dfrac{K_1 l_1-K_2 l_2}{I_z} & -\dfrac{K_1 l_1^2+K_2 l_2^2}{I_z V}\end{bmatrix}}\cdot\begin{bmatrix}\beta\\ r\end{bmatrix}+\overset{(B_2\text{ 行列})}{\begin{bmatrix}\dfrac{K_1}{mV}\\ \dfrac{K_1 l_1}{I_z}\end{bmatrix}}\delta \tag{13}$$

さて，次のケースを考えてみよう[F1]．

$$\begin{cases} m=1\,100\ (\text{kg}),\ I_z=1\,600\ (\text{kg}\cdot\text{m}^2),\ K_1=32\,000\ (\text{N/rad}),\\ K_2=45\,000\ (\text{N/rad}),\ l_1=1.15\ (\text{m}),\ l_2=1.35\ (\text{m}),\\ \text{速度}\ V=100\ \text{km/h}\end{cases} \tag{14}$$

（13）式の状態方程式について，解析結果を以下に示す．

前輪タイヤの舵角 δ に対するヨー角速度 r の極・零点は下記のようである．固有角振動数は 4.6（rad/s）である．**図 4.3-10（b）**はそれを図にしたものである．ハンドル操作による旋回角速度は周期 1.6 秒の安定な振動モードである．**図 4.3-10（c）**はボード線図である．

```
***** POLES AND ZEROS *****                                  固有角振動数 ωn
POLES ( 2), EIVMAX= 0.4646D+01                                        ↓
 N       REAL                IMAG
 1  −0.26566154D+01  −0.38115386D+01   [ 0.5718E+00,  0.4646E+01]
 2  −0.26566154D+01   0.38115386D+01    周期 P(sec) = 0.1648E+01
ZEROS ( 1), II/JJ= 5/ 1, G= 0.2300D+02   (← r / δ)
 N       REAL                IMAG
 1  −0.31990218D+01   0.00000000D+00
```

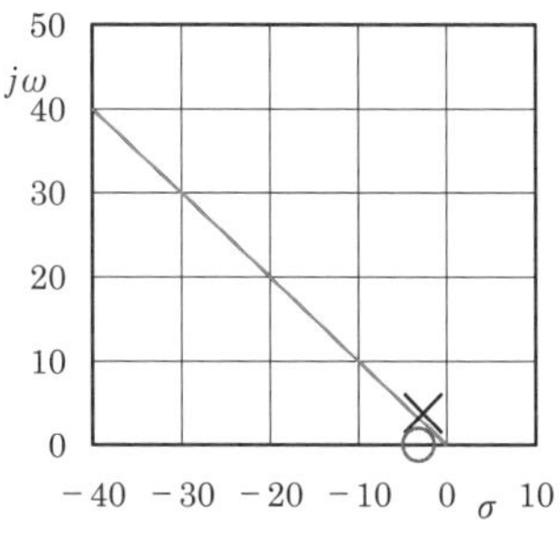

図 4.3-10(b)　自動車の r/δ の極・零点
（EIGE. 演習 4.3-10.Y190123.DAT）

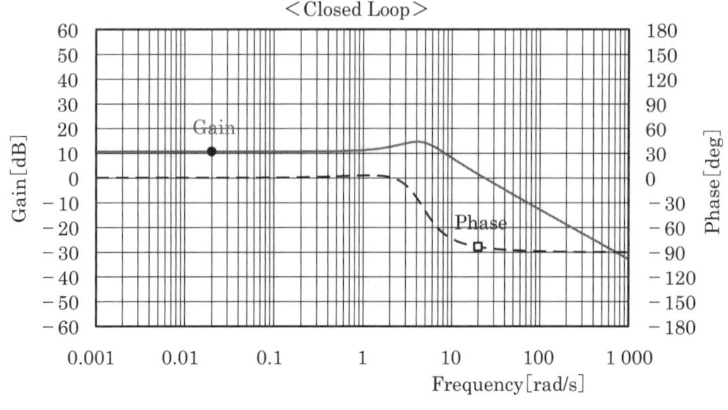

図 **4.3-10(c)**　自動車の r/δ のボード線図

図 **4.3-10（d）** は δ 操作応答シミュレーション，図 **4.3-10（e）** は走行軌跡である．これから，ハンドル操作応答が安定であることがわかる．

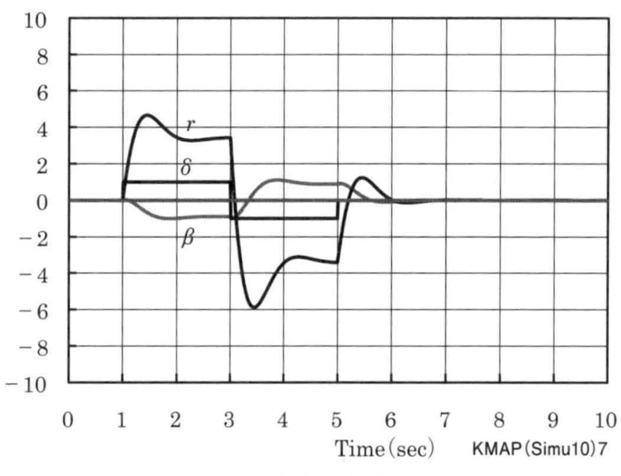

図 **4.3-10(d)**　δ操作応答
(EIGE. 演習 4.3-10A.Y190123.DAT)

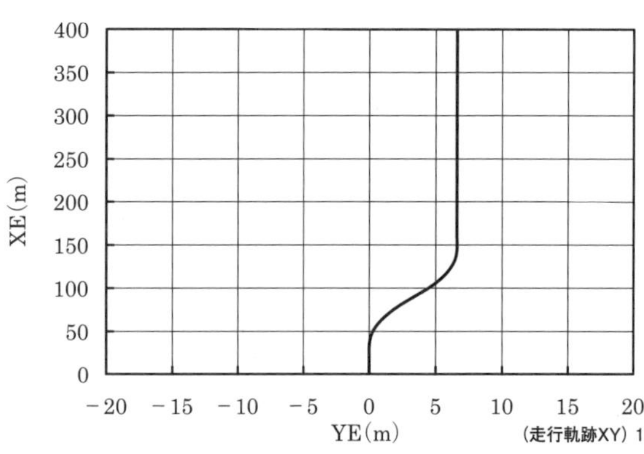

図 **4.3-10（e）**　走行軌跡

演習 4.3-11 船の水平面内の操舵による運動

図 **4.3-11**（**a**）に示すように，船の運動を船体に固定した座標系により，操舵に対する水平面内の運動方程式を求めよ[A36)]．

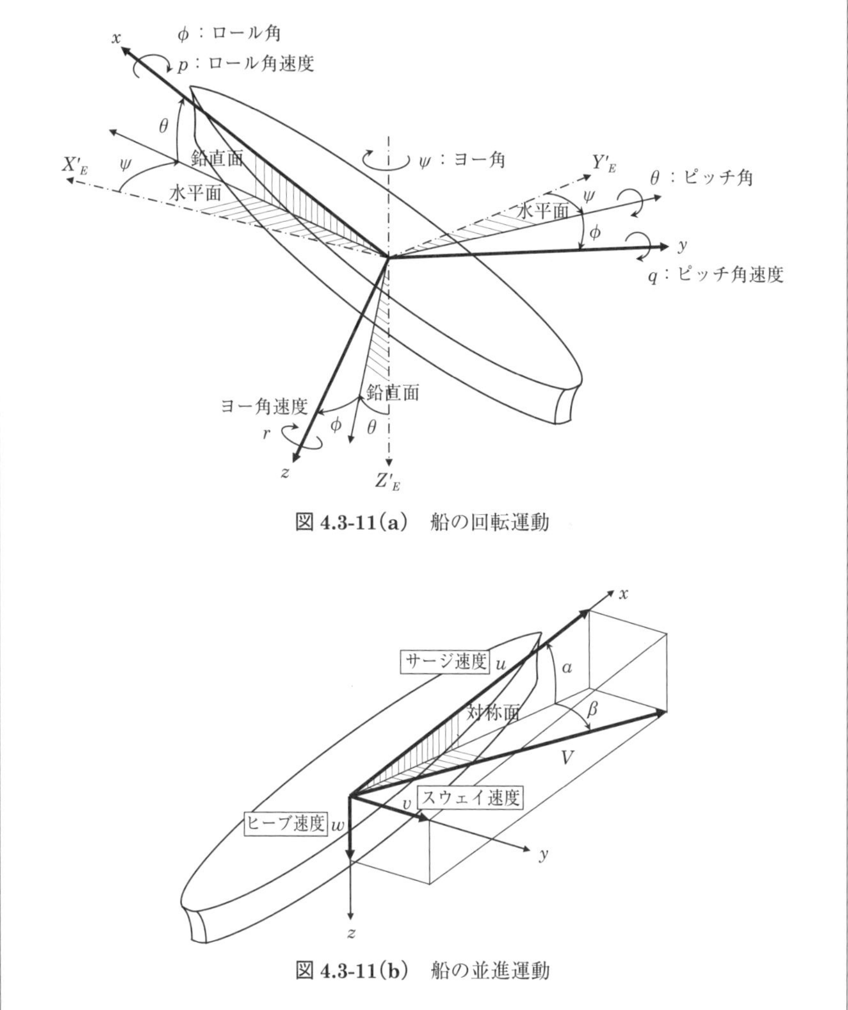

図 **4.3-11**(**a**) 船の回転運動

図 **4.3-11**(**b**) 船の並進運動

【解】 図 **4.3-11**（**a**）および図 **4.3-11**（**b**）に示すように，航空機と同じ船体に固定した座標系で考える．x，y，z 軸方向の速度 u，v，w はそれぞれ**サージ速度**，**スウェイ速度**，**ヒーブ速度**といい，その合速度は V である．また，β は**横**

流れ角または**偏角**という．

ここでは，ヒーブ運動 w，ロール運動 p およびピッチ運動 q は 0 と仮定し，水平面内の運動（サージ運動 u, スウェイ運動 v およびヨー運動 r）のみを考える．いま，v および r は u に比較して小さいとすると，サージ運動 u はスウェイ運動 v およびヨー運動 r とは連成しないと考えてよいので省略して，スウェイ運動 v とヨー運動 r による水平面内の運動が次のように得られる[D5),E4)]．

$$\begin{cases} (m+m_y)\,\dot{v} = -(m+m_x)\,ru \quad + Y_1 \\ (I_z+J_z)\,\dot{r} \;=\; (m_x-m_y)uv + N_1 \end{cases} \tag{1}$$

ここで，m は質量，m_x，m_y は**付加質量**の x，y 成分，I_z は慣性モーメント，J_z は**付加慣性モーメント**の z 成分，Y_1 および N_1 は付加質量および付加慣性モーメント以外の船体に働く y 方向外力および z 軸まわりのモーメントである．付加質量とは，船体が運動するとき，船体のまわりの流体も運動して流体力を発生するが，この流体力の質量相当分である．

水平面内を運動する船体に作用する力およびモーメントは，次のようなものがある[E3)]．

① 水面上の船体に作用する流体力（風による風圧力）

② 水面下の船体に作用する流体力（海流，船体運動による力，操舵力）

③ 流体力以外の外力（エンジン推進力など）

以下では，②および③の内，船体運動による力，操舵 δ による力，エンジン推進力 T_E を考える．このとき，付加質量および付加慣性モーメント以外に船体に作用する力 Y_1 およびモーメント N_1 は，状態変数の変化の線形項の影響のみを考慮すると，次のように表される．

$$\begin{cases} Y_1 \;= Y_v\,v + Y_{\dot{r}}\,\dot{r} + Y_r\,r + Y_\delta\,\delta \\ N_1 = N_{\dot{v}}\,\dot{v} + N_v\,v + N_r\,r + N_\delta\,\delta \end{cases} \tag{2}$$

ここで，$Y_{\dot{r}}$ および $N_{\dot{v}}$ は微小であるので省略し，(1) 式の運動方程式に代入すると次のようになる．

$$\begin{cases} (m+m_y)\,\dot{v} = -(m+m_x)\,ru \quad + Y_v\,v \;+ Y_r\,r \;+ Y_\delta\,\delta \\ (I_z+J_z)\,\dot{r} \;=\; (m_x-m_y)uv + N_v\,v + N_r\,r + N_\delta\,\delta \end{cases} \tag{3}$$

ここで，$m+m_x$，$m+m_y$，I_z+J_z は，それぞれ x 方向**見掛質量**，y 方向見掛質量，z 軸まわり**見掛慣性モーメント**とよばれる．

いま，速度 V は一定，横流れ角 β は大きくないとすると，次のように近似できる.

$$u \fallingdotseq V, \quad v \fallingdotseq V\beta \tag{4}$$

このとき, (3) 式は次のようになる.

$$\begin{cases} \dot{\beta} = \dfrac{Y_\beta}{(m+m_y)\,V}\beta + \dfrac{\{Y_r-(m+m_x)V\}}{(m+m_y)\,V}r + \dfrac{Y_\delta}{(m+m_y)\,V}\delta \\ \dot{r} = \dfrac{\{N_\beta+(m_x-m_y)V^2\}}{I_z+J_z}\beta + \dfrac{N_r}{I_z+J_z}r + \dfrac{N_\delta}{I_z+J_z}\delta \end{cases} \tag{5}$$

一方, 水平面内の運動の場合は, **図 4.3-11 (a)** から $\dot{\psi}$ は r に等しいので, 次のように表すことができる. ただし, 横流れ外乱 β_G も考慮する.

$$\begin{cases} \dot{\beta} = \bar{Y}_\beta(\beta+\beta_G) + \bar{Y}_r r + \bar{Y}_\delta \delta \\ \dot{r} = \bar{N}_\beta(\beta+\beta_G) + \bar{N}_r r + \bar{N}_\delta \delta \\ \dot{\psi} = r \end{cases} \tag{6}$$

状態方程式で表すと次のようになる.

$$\begin{array}{cc} (A_p\ 行列) & (B_2\ 行列) \end{array}$$

$$\begin{bmatrix} \dot{\beta} \\ \dot{r} \\ \dot{\psi} \end{bmatrix} = \begin{bmatrix} \bar{Y}_\beta & \bar{Y}_r & 0 \\ \bar{N}_\beta & \bar{N}_r & 0 \\ 0 & 1 & 0 \end{bmatrix} \cdot \begin{bmatrix} \beta \\ r \\ \psi \end{bmatrix} + \begin{bmatrix} \bar{Y}_\delta & \bar{Y}_\beta \\ \bar{N}_\delta & \bar{N}_\beta \\ 0 & 0 \end{bmatrix} \cdot \begin{bmatrix} \delta \\ \beta_G \end{bmatrix} \tag{7}$$

ただし,

$$\begin{cases} \bar{Y}_\beta = \dfrac{Y_\beta}{(m+m_y)\,V}, \quad \bar{Y}_r = \dfrac{Y_r-(m+m_x)V}{(m+m_y)\,V}, \quad \bar{Y}_\delta = \dfrac{Y_\delta}{(m+m_y)\,V} \\ \bar{N}_\beta = \dfrac{N_\beta+(m_x-m_y)V^2}{I_z+J_z}, \quad \bar{N}_r = \dfrac{N_r}{I_z+J_z}, \quad \bar{N}_\delta = \dfrac{N_\delta}{I_z+J_z} \end{cases} \tag{8}$$

である.

船の水平面内の運動特性としては, 保針性 (方向安定性) と旋回性能である. 保針性は方向が変化しない性質であり, 旋回性能は舵をとったときに曲がりやすいかどうかの性質である. 両者の特性をバランスよく満足させる必要がある.

さて, 次のケースを考えてみよう [A36].

$$\begin{cases} \text{重量}\ W=30\,000\ (\text{tf})\ (\text{質量}\ m=30\times10^6\ (\text{kg})),\ \text{長さ}\ L=170\ (\text{m}), \\ \text{幅}\ B=24\ (\text{m}),\ \text{水の密度}\ \rho=999\ (\text{kg/m}^3),\ \text{速度}\ V=5\ (\text{m/s}) \end{cases} \tag{9}$$

(7) 式の状態方程式について，解析結果を以下に示す．

操舵 δ に対するヨー角 ψ の極・零点は下記のようである．極は 3 つの実根で，その 1 つは不安定である．**図 4.3-11 (c)** はそれを図にしたものである．

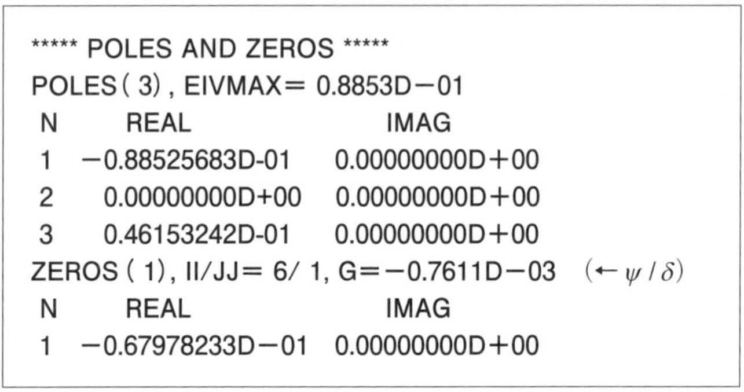

```
***** POLES AND ZEROS *****
POLES( 3) , EIVMAX= 0.8853D-01
 N        REAL                  IMAG
 1   -0.88525683D-01     0.00000000D+00
 2     0.00000000D+00    0.00000000D+00
 3     0.46153242D-01    0.00000000D+00
ZEROS ( 1), II/JJ= 6/ 1, G=-0.7611D-03   (← ψ/δ)
 N        REAL                  IMAG
 1   -0.67978233D-01     0.00000000D+00
```

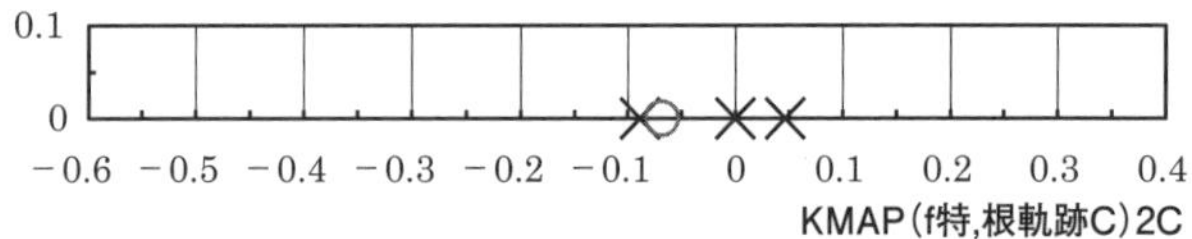

図 4.3-11(c)　船の ψ/δ の極・零点
(EIGE. 演習 4.3-11.Y190124.DAT)

図 4.3-11 (d) は，$\delta=-20°$ のステップ入力時の応答特性である．船は非振動不安定であるから，機首 (ψ) を右に回転し続ける．ただし，本計算は線形近似であるので，横流れ角 β が小さい部分のみが信頼できるものである．**図 4.3-11 (e)** は，運動軌跡であるが，船は時計回りに旋回している様子がわかる．

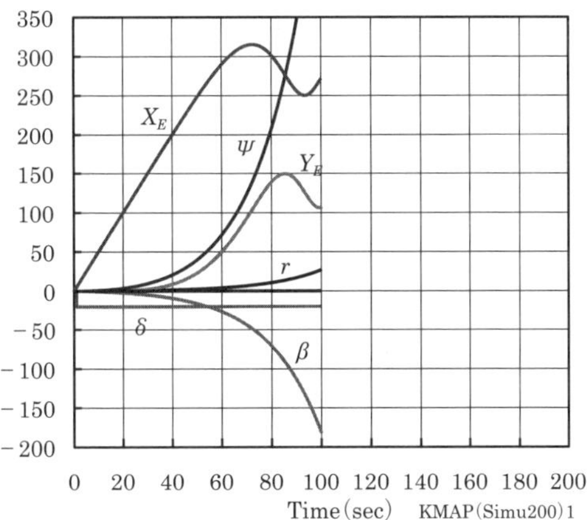

図 **4.3-11(d)**　δ操作応答
(EIGE. 演習 4.3-11A.Y190124.DAT)

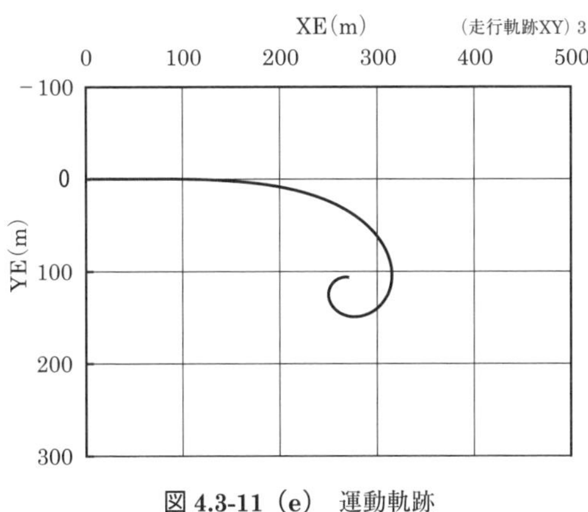

図 **4.3-11（e）**　運動軌跡

図 **4.3-11（f）** は，図 **4.3-11（e）** の運動軌跡の初期部分を拡大したものである．操舵直後には，重心の軌跡は旋回する側と反対方向に若干移動している．この重心が外側へ押し出される現象は**キック**といわれる．

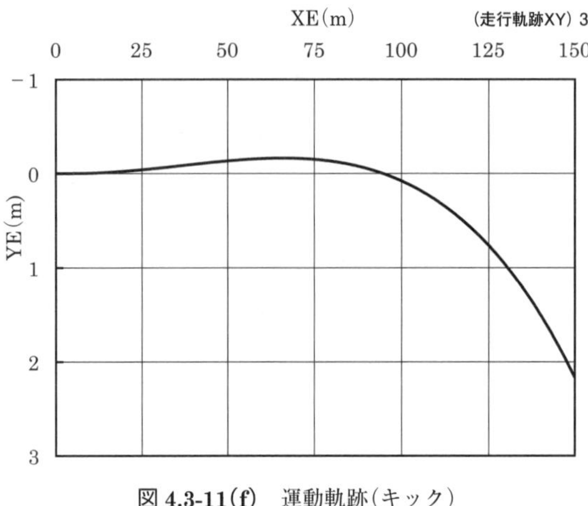

図 4.3-11(f)　運動軌跡(キック)

第５章　線形フィードバック制御

フィードバック制御は，第１章で述べたように，システムの運動方程式の固有値が適切な範囲にない場合に，その固有値を変化させて特性を改善するための方法である．このように，フィードバック制御は特性改善に威力を発揮するが，問題点が１つある．それは，フィードバックゲインを上げていくと必ずシステムは不安定になるということである．これは，システムの極の数が零点の数よりも３つ以上の場合であるが，通常のシステムでは３以上になるため，不安定にならないように注意が必要である．本章では，線形フィードバック制御の設計法について演習を通して学ぶ．

5.1　フィードバック制御は必ず不安定になる

(1) フィードバック制御系の伝達関数

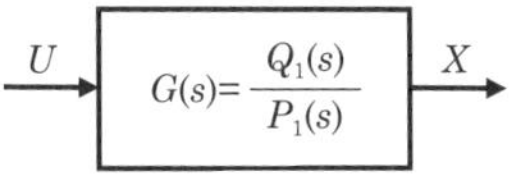

$$U \rightarrow \boxed{G(s)=\frac{Q_1(s)}{P_1(s)}} \rightarrow X$$

図 5.1-1　伝達関数

いま，図 **5.1-1** の伝達関数を $G(s)$ として，この極が次のようであるとする．

$$s=\sigma_1 \pm j\omega_1, \quad p_1, \quad p_2 \tag{5.1-1}$$

このとき，伝達関数は次のように表される．

$$G(s)=\frac{Q_1(s)}{P_1(s)}=\frac{Q_1(s)}{(s-\sigma_1-j\omega_1)(s-\sigma_1+j\omega_1)(s-p_1)(s-p_2)} \tag{5.1-2}$$

この伝達関数は次の時間関数に対応するものである．

$$g(t)=2r\,e^{\sigma_1 t}\cdot\cos(\omega_1 t+\phi)+k_1 e^{p_1 t}+k_2 e^{p_2 t} \tag{5.1-3}$$

ここで，右辺第１項は（5.1-2）式の分母の複素数の極 $s=\sigma_1 \pm j\omega_1$ に対応するもの，また右辺第２項および第３項は（5.1-2）式の分母の実数極 $s=p_1$，p_2 に対応するものである．r，ϕ，k_1 および k_2 は実数である．この式から，σ_1，p_1 および p_2 がすべて負の値のときにこのシステムが安定となることがわかる．すなわち，図 **5.1-2** に示すように，制御系が安定となるためには，すべての極がラプラス平面上の左半面にある必要がある．

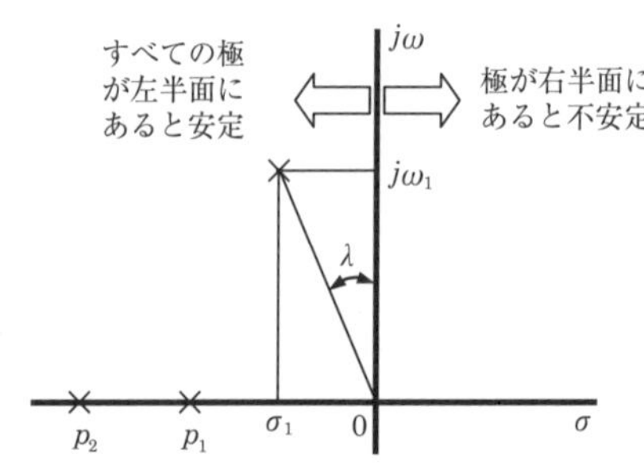

図 5.1-2　安定なシステム

図 5.1-2 において，原点から複素極に引いた直線の角度を λ とすると，振動モードの減衰比は $\zeta = \sin\lambda$ で表される．すなわち，角度 λ が小さい場合には振動モードは安定が悪く改善が必要となる．このとき，**図 5.1-3** に示すように，入力 U に対する被制御系の応答 X に伝達関数を掛けて入力 U に戻すと，安定を改善することができる．このシステムは**線形フィードバック制御系**といわれる．フィードバックを行ったときの入力 U_c に対する応答 X の関係式を**閉ループ（クローズドループ）伝達関数**という．

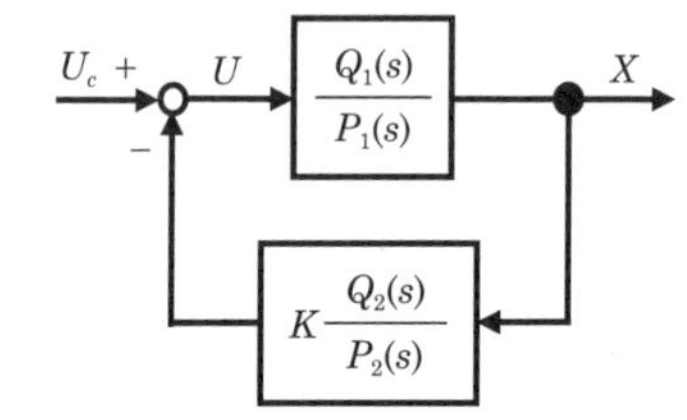

図 5.1-3　線形フィードバック制御系

図 5.1-3 のある点（例えば U）で切り離して，その入力から出力までフィードバックループを一巡してすべての関数を掛け合わせたものを**一巡伝達関数**という．**図 5.1-3** では次式で表される．

$$\textbf{一巡伝達関数：}\ W(s) = K\frac{Q_1}{P_1}\cdot\frac{Q_2}{P_2} \tag{5.1-4}$$

これは**開ループ（オープンループ）伝達関数**ともいわれる．

さて，フィードバック制御系において，閉ループ伝達関数は一巡伝達関数 $W(s)$ を用いて次のようにして得られる．

> **閉ループ伝達関数：**
> **分子＝フィードバックを切った場合の伝達関数**
> **分母＝** $1+W(\mathrm{s})$**，（**$W(\mathrm{s})$ **は一巡伝達関数）**

(5.1-5)

これから，**図 5.1-3** の閉ループ伝達関数は次式で表される．

$$\frac{X}{U_c} = \frac{Q_1/P_1}{1+K(Q_1/P_1)(Q_2/P_2)} = \frac{Q_1P_2}{P_1P_2+KQ_1Q_2} \tag{5.1-6}$$

従って，このフィードバック制御系の極（特性根）は

$$P_1P_2 + KQ_1Q_2 = 0 \tag{5.1-7}$$

を s について解くことによって得られる．

一方，フィードバック制御系の零点は，(5.1-6) 式の分子

$$Q_1P_2 = 0 \tag{5.1-8}$$

から直ちに得られる．すなわち，零点はフィードバック前の零点（$Q_1 = 0$）と，フィードバックループの極（$P_2 = 0$）で構成される．

(2) 極・零点と根軌跡は安全設計の基本中の基本

フィードバック制御系の閉ループ伝達関数の極は，(5.1-7) 式からフィードバックゲイン K が零のときは一巡伝達関数の極（$P_1P_2 = 0$）であり，フィードバックゲイン K が無限大のときは一巡伝達関数の零点（$Q_1Q_2 = 0$）である．すなわち，フィードバックゲイン K を零から無限大まで変化させると，閉ループ伝達関数の極は一巡伝達関数の極から出発し，一巡伝達関数の零点に到達する．このときの極の軌跡を**根軌跡**という．根軌跡が描けると，ゲインを増やした場合に閉ループ制御系の極がどのように動き，システムが安定かどうかを知ることができる．

根軌跡は極から零点に移動するが，一巡伝達関数の**極・零点の次数差**（極の数を n，零点の数を m とすると次数差は $n-m$）の数だけの根軌跡は無限遠に移動する．この無限遠に移動する漸近線の方向 ϕ は次式で与えられる．

$$\phi = \pm \frac{k\pi}{n-m} \quad , \quad (k = 1, 3, 5, \cdots) \tag{5.1-9}$$

次数差（$n-m$）が 3 以上になると，ϕ が 90° 以下となるため，フィードバックゲインを上げていくと根軌跡は**図 5.1-4** のように必ず右半面に入り込み不安定となる．

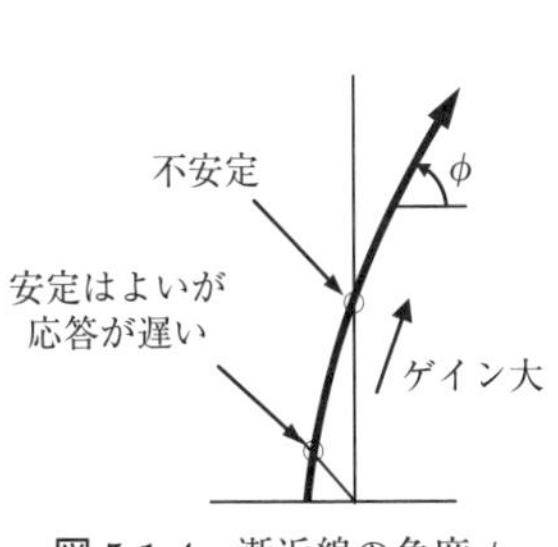

図 5.1-4　漸近線の角度 ϕ

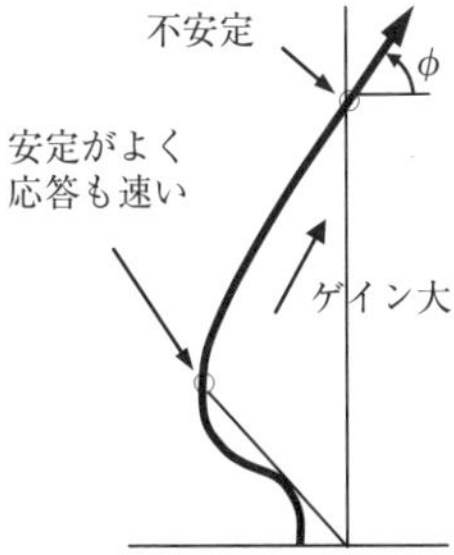

図 5.1-5　根軌跡の安定化

通常の制御対象は2次遅れ以上の動特性を持つので，これを2次遅れの動特性を持つアクチュエータでフィードバック制御を行うと，一巡伝達関数の次数差はほとんど3以上になる．従って，フィードバックゲインをあげていくと**図 5.1-4** のように必ず不安定になるわけである．それでは，安定なフィードバック制御系はどのように設計したらよいのであろうか．それは，**図 5.1-5** のように根軌跡が右半面に入るまでの軌跡を一度極力左側に移動させて，フィードバックゲインを適切な値にすることで実現される．

フィードバックゲイン変化による**根軌跡（極の動き）を把握**しておくことは制御系の**安定化のため重要**である．

以下，根軌跡の性質について若干説明を加える．（**根軌跡は**パソコンで簡単に求めることができるので**手計算で求める必要はない**が，その性質を知っておくと設計の見通しがよくなる）

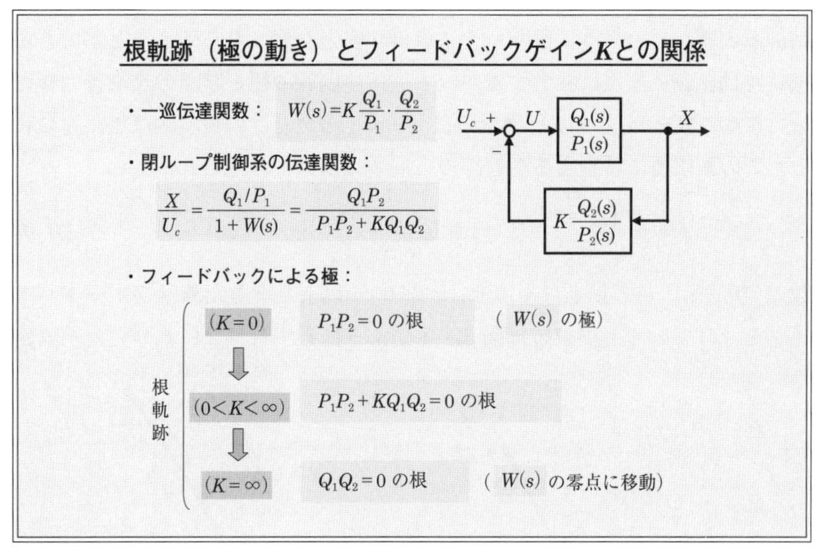

図 **5.1-6**　根軌跡とフィードバックゲイン

根軌跡は上記のように，フィードバックゲイン K を0から∞まで変化させたときの特性根（極）の動きであるが，根軌跡が満足すべき条件は次式である．

$$W(s) = -1 \Rightarrow \begin{cases} \angle W(s) = \pm k\pi \quad (k = 1,3,5,\cdots) \quad \textbf{(角条件)} \\ |W(s)| = 1 \,\textbf{(絶対値条件)} \end{cases} \quad (5.1\text{-}10)$$

ここで，一巡伝達関数 $W(s)$ はゲイン K を掛けたものであるので，絶対値条件は満足されるので，結局根軌跡の条件は角条件のみを満足する s の軌跡である．図 **5.1-7** に根軌跡の例を，図 **5.1-8** に根軌跡の角条件を表した図を示す．

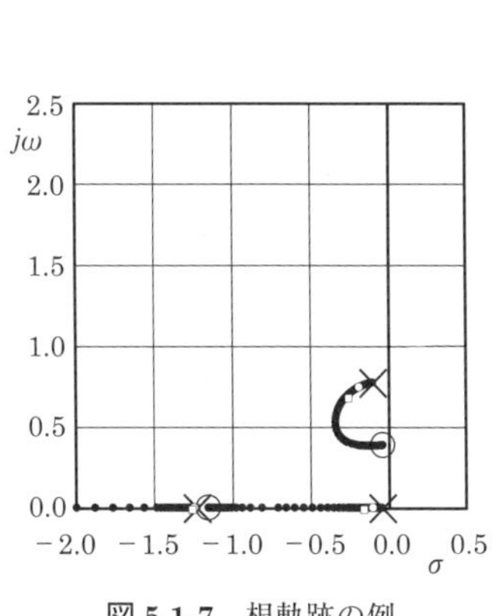

図 **5.1-7**　根軌跡の例

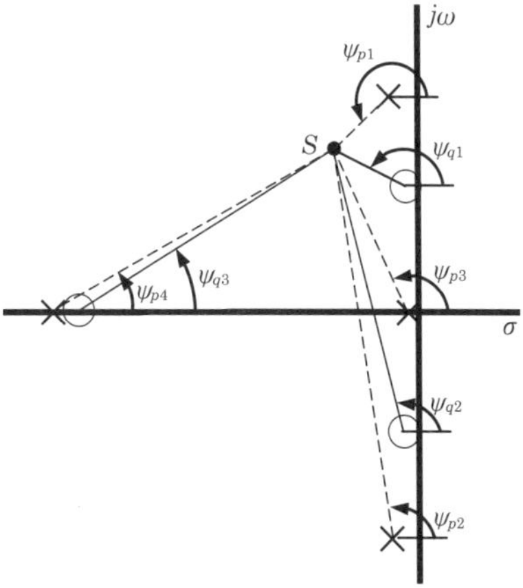

図 **5.1-8**　根軌跡の角条件

根軌跡には以下のような性質がある．

① 根軌跡は実軸（横軸）に関して対称である．

② 根軌跡は，一巡伝達関数の極（図 **5.1-7** の×印）に始まり，ゲインの増大とともに一巡伝達関数の零点（○印）および無限遠点（零点がない場合）に終わる．

③ 一巡伝達関数の複素数の極または零点は，実軸上の根軌跡には影響を与えない．（実軸の極・零点だけで決まる）

④ 実軸上の根軌跡上の点から見て，実軸上右側の極および零点の数の合計は奇数である（図 **5.1-9**）．

⑤ 極の数を n，零点の数を m とすると，根軌跡の漸近線の方向 ϕ は次式で与えられる（図 **5.1-10**）．

$$\phi = \pm\frac{k\pi}{n-m} \quad , \quad (k = 1,3,5,\cdots) \tag{5.1-11}$$

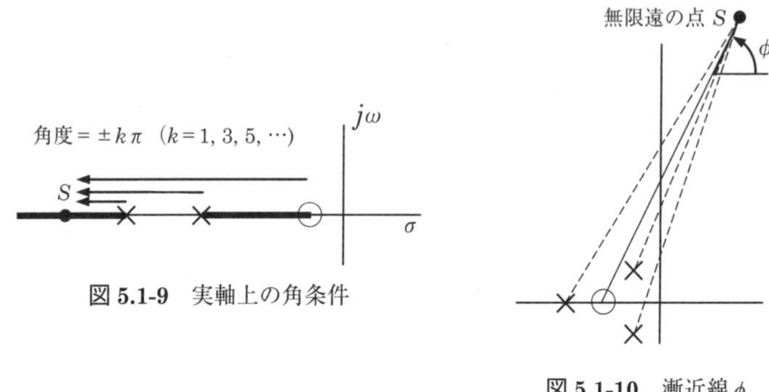

図 5.1-9　実軸上の角条件

図 5.1-10　漸近線 ϕ

(3) ゲイン余裕と位相余裕の設計基準値の設定は重要

一巡伝達関数 $W(s)$ の極は右半面にはないとすると，ベクトル軌跡 $W(j\omega)$ を描く（これは**ナイキスト線図**といわれる）ことにより，フィードバック制御系（閉ループ制御系）が安定かどうかを次の簡略化された**ナイキストの安定判別法**により判定できる．

> $s = j\omega$（$\omega = 0 \sim \infty$）と移動させたときにナイキスト線図 $W(j\omega)$ が -1.0 の点を左に見て $\omega = \infty$ に至れば安定，右に見れば不安定．

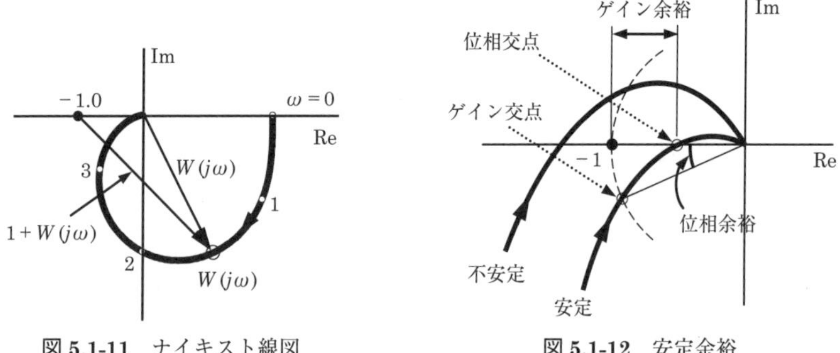

図 5.1-11　ナイキスト線図

図 5.1-12　安定余裕

フィードバック制御系が安定の場合には，**図 5.1-12** から次の 2 つの安定指標が定義できる．

> **ゲイン余裕**
>
> ナイキスト線図の位相が－180°（**位相交点**）のとき，
> ゲインが 1 になるまでの余裕量（dB）
>
> **位相余裕**
>
> ナイキスト線図のゲインが 1（**ゲイン交点**）のとき，
> 位相が－180° になるまでの余裕量（deg）

これらゲイン余裕と位相余裕に対して設計基準値を設定しておくことは，システムを安全に設計するために重要なことである．

ナイキスト線図による安定判別の考え方を，一巡伝達関数 $W(j\omega)$ のベクトル軌跡の替わりに，ゲイン $20 \cdot \log|W(j\omega)|$ と位相 $\angle W(j\omega)$ を周波数 ω に対して描いたボード線図に適用することにより，安定判別を行うことができる（**図 5.1-13**）．

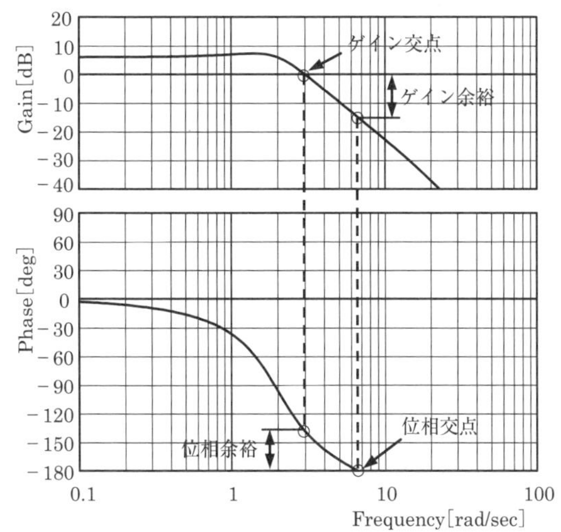

図 5.1-13　一巡伝達関数のボード線図による安定判別

制御系の安定性解析の方法

① 制御系が安定どうか　⇒　特性根（極）の位置で判断
（根軌跡の確認は重要）
② 安定余裕　⇒　一巡伝達関数のボード線図
(ゲイン余裕と位相余裕の設計基準値を設定すること)

（ラウス，フルビッツの安定判別法や
ナイキスト線図（ベクトル軌跡）は使わない）

（参考）航空機の飛行制御系の安定性設計基準では，ゲイン余裕 6（dB），位相余裕 45°以上が設定されている．これまで幾多の困難の末に開発された航空機設計のノウハウ，経験に基づいて設定された値である．極・零点，根軌跡，安定余裕（ゲイン余裕と位相余裕）は安全設計の基本中の基本である．古典制御とレッテルを貼って軽視しないことが重要である．

5.2　フィードバック制御系設計法

いよいよフィードバック制御系の設計法の話である．第1章でも述べたように，制御とはシステムの固有値を適切な位置に変化させることである．具体的には，入力に対するシステム出力の応答が設計目標を満足するように，システムの極・零点配置を決定することである．逆に言うと，システムの極・零点が決まると，システムの特性がすべて決まってしまうことになる．

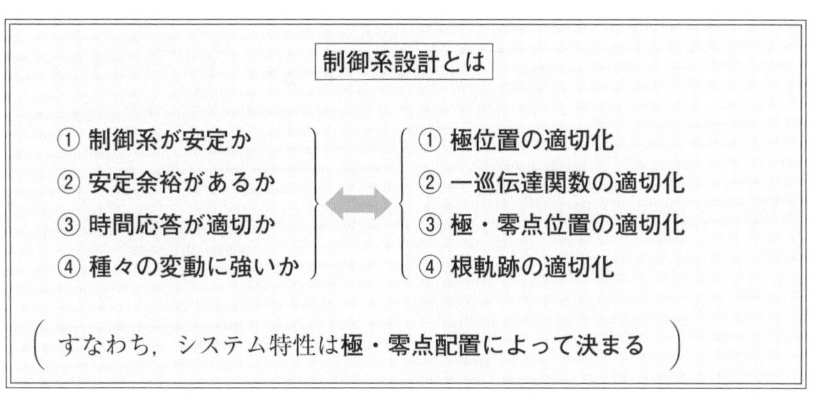

次に，本書で利用する制御系設計の方法について述べる．

5.2.1　従来の設計法

(1) 安定判別法

昔は制御系の安定性については，システムの特性方程式をラプラス空間上の高次方程式で表し，その係数を用いてラウス，フルビッツの安定判別法で安定かどうかを見極めたりしていた．これは，当時はコンピュータが簡単に使えない時代であり有用な方法であった．また，一巡伝達関数を求めて，ラプラス空間上でナイキスト線図（ベクトル軌跡）を描いて $s=-1.0$ のまわりを回るかどうかで判断するナイキストの安定判別法が使われてきた．しかし，ナイキスト線図はシステムが複雑になると難しい判断が必要になる．これに対して，制御系が安定かどうかの判断は，システムの極を求めてその位置がラプラス空間上の左半面にあるかどうかを確認するのが最も確実な方法である．従って，ラウス，フルビッツの安定判別法やナイキスト線図による安定判別法は使用しないほうがよい．

（参考）ナイキスト線図による安定判別法が難しい例

図 5.2-1 のフィードバック制御系を考える．根軌跡を図 **5.2-2**，極・零点を図 **5.2-3** に示す．

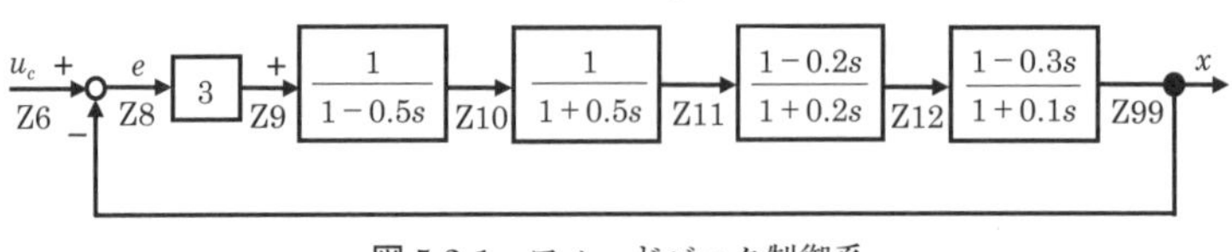

図 5.2-1　フィードバック制御系

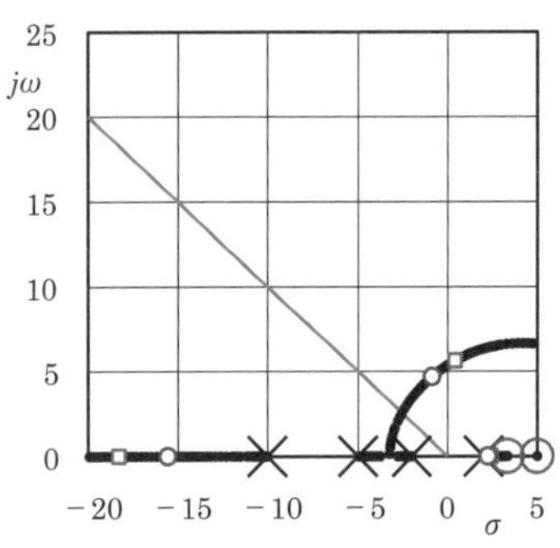

図 5.2-2　根軌跡
（EIGE. 例題 5.2.1（1）.Y190320.DAT）

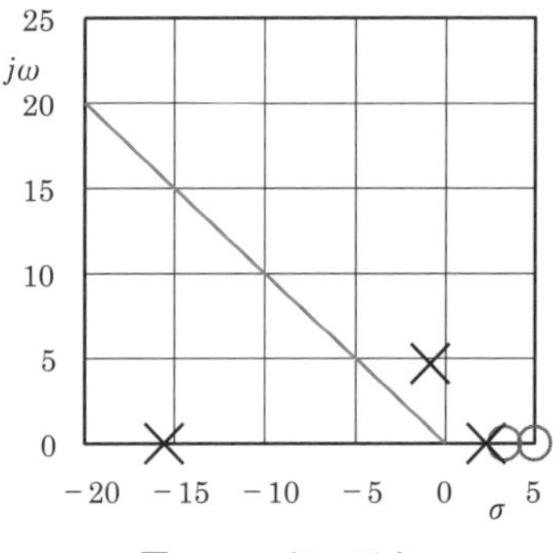

図 5.2-3　極・零点

図 5.2-3 から，このシステムは不安定（$s=2.3$）であることがわかる．一方，ナイキスト線図は**図 5.2-4** であるが，**図 5.1-11** に述べた簡略化されたナイキスト線図では，このシステムは安定と判定されてしまう．このように，一巡伝達関数に不安定極を持つ場合は，ナイキスト判別法は判断が難しいことがわかる．

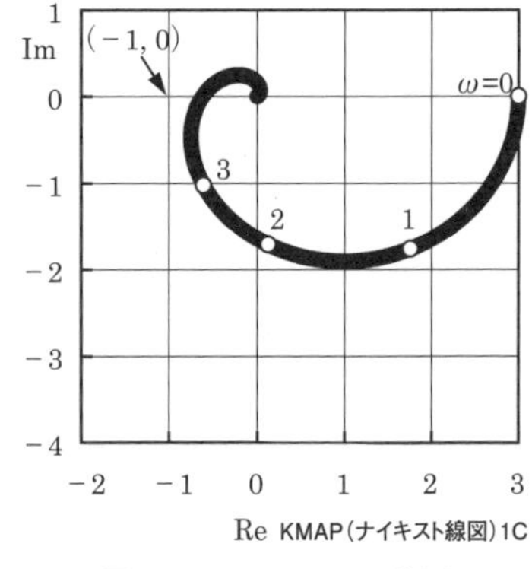

図 5.2-4　ナイキスト線図

(2) 直列補償による性能改善

制御性能としては，安定性，速応性，定常性を適切にすることが求められる．具体的には，次のような特性を確保する必要がある．

【安定性】ゲイン余裕と位相余裕
（航空機の制御系ではゲイン余裕 6（dB），位相余裕 45°）
【速応性】ゲイン交点周波数 ω_c，バンド幅 ω_b を大きくする
（外乱の影響のため大き過ぎないようにする）
【定常性】低周波数のゲインを大きくして定常偏差を小さくする

補償要素としては，次式のリードラグフィルタが用いられる．

$$K\frac{1+T_2s}{1+T_1s}\text{，}(T_1>T_2\text{：位相遅れ，}T_1<T_2\text{：位相進み}) \tag{5.2-1}$$

図 5.2-5 および**図 5.2-6** は，補償要素の位相遅れおよび位相進みの例である．これらの補償要素が**図 5.2-7** のように，直列に挿入された直結フィードバック制御系について考えてみよう．

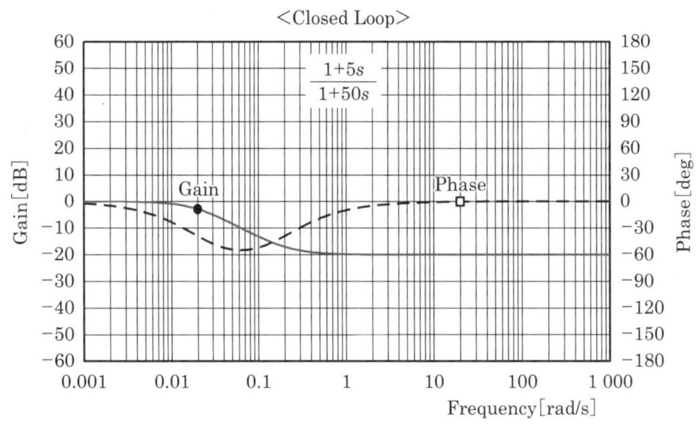

図 5.2-5　補償要素（位相遅れ）（極の ω が小）

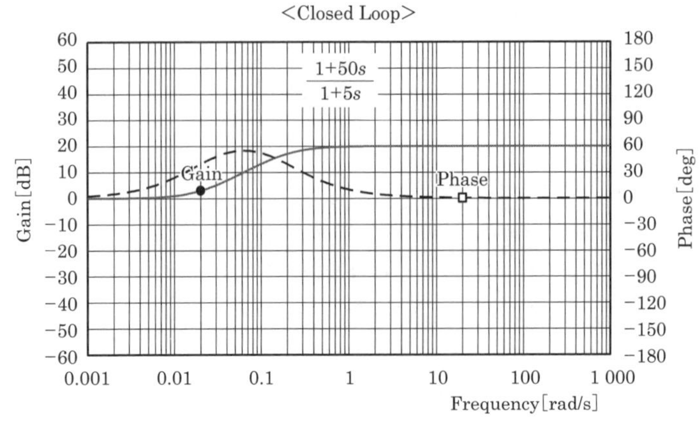

図 5.2-6　補償要素（位相進み）（零点の ω が小）

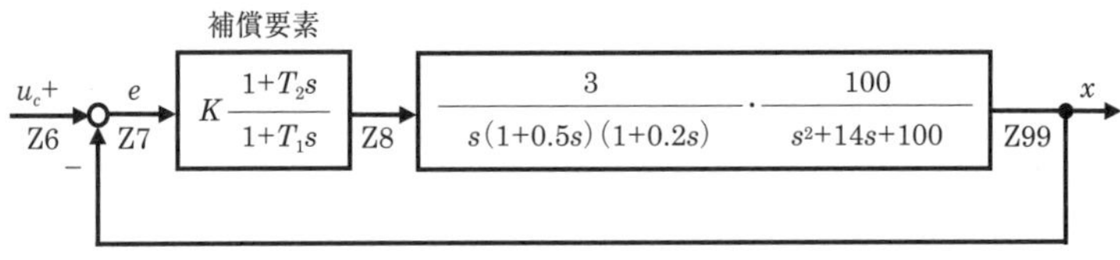

図 5.2-7　直結フィードバック制御系

1）位相遅れ補償

まず，補償要素がない場合の**図 5.2-7** の制御系の極・零点（零点はなし）を**図 5.2-8** に，一巡伝達関数の周波数特性を**図 5.2-9** に示す．この場合の安定余裕は次のようである．

$$\text{ゲイン余裕} = 1.6\ (\text{dB}),$$
$$\text{位相余裕} = 7.5° \qquad (5.2\text{-}2)$$

安定性は不足していることがわかる．

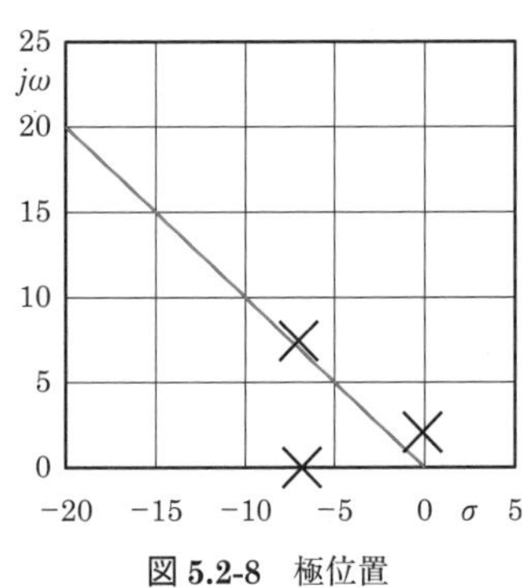

図 5.2-8　極位置

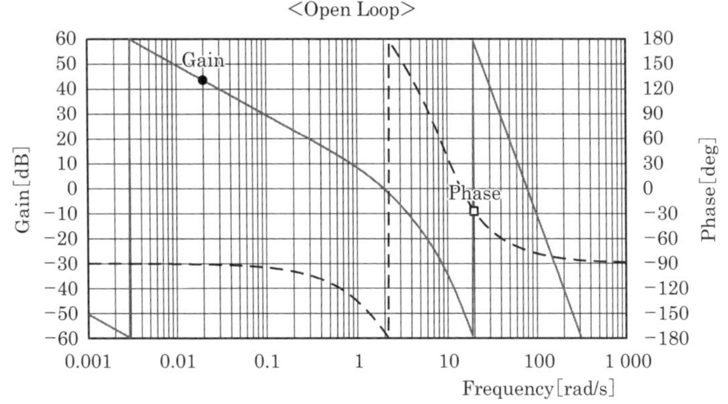

図 5.2-9 一巡伝達関数（補償なし）
（EIGE. 例題 5.2.1（2）.Y190321.DAT）

次に，位相遅れの補償要素（$K=2$，$T_1=50$，$T_2=5$）を追加した場合の極・零点を図 **5.2.-10** に示す．この場合の安定余裕は次のようである．

$$\text{ゲイン余裕} = 14.5\ (\text{dB}),\quad \text{位相余裕} = 45.1^\circ \qquad (5.2\text{-}3)$$

安定性は増えており十分安定になっていることがわかる．

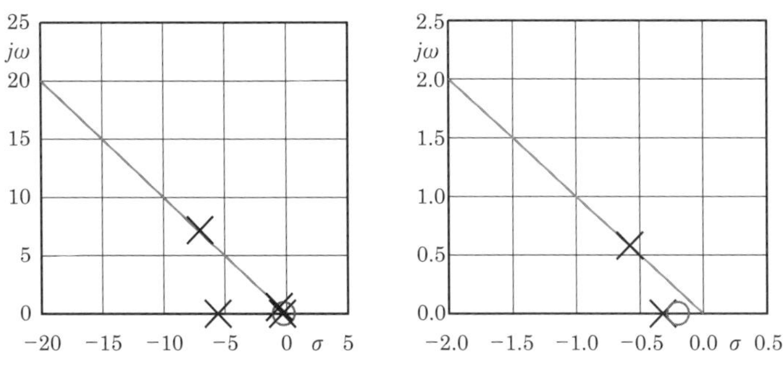

図 5.2-10 極・零点（位相遅れ補償有り）
（EIGE. 例題 5.2.1（2）B.Y190321.DAT）

どうして安定余裕が増加したのかをみるために，図 **5.2-11** の一巡伝達関数の周波数特性でみてみよう．補償要素によって，ゲイン交点周波数（ゲインが 0（dB））が 2（rad/s）から 0.6（rad/s）に低くなっているが，この周波数で位相が大きく回復していることがわかる．一方，位相が −180° のときのゲインは 15（dB）

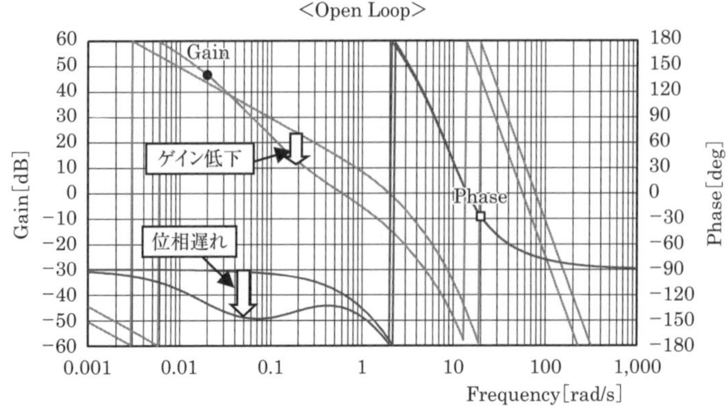

図 **5.2-11**　一巡伝達関数極（位相遅れ補償有り）

ほど低下しているため，ゲイン余裕が増加する．また，補償要素の $K=2$ によりゲインが増加しているため，低周波数のゲインも 6（dB）増加している．

位相遅れ補償の効果は，図 **5.2-12** の根軌跡をみるとよくわかる．原点付近の極はゲインの増加とともに左に大きく迂回して，安定領域に移動していく様子がわかる．また，ゲインが2倍になっても十分安定であることがわかる．

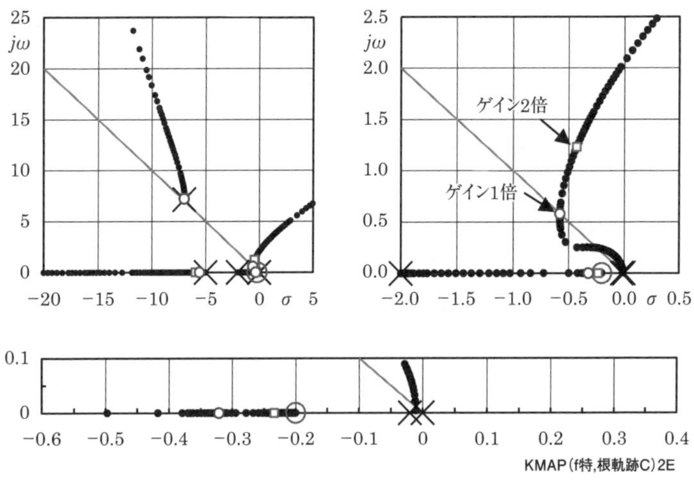

図 **5.2-12**　根軌跡（位相遅れ補償有り）

2）位相進み補償

次に，位相進み補償の場合について考える．
位相進みの補償要素（$K=0.03$，$T_1=5$，$T_2=50$）を追加した場合の極・零点を**図 5.2-13** に示す．この場合の安定余裕は次のようである．

$$\text{ゲイン余裕}=13.1\ (\text{dB}),\ \text{位相余裕}=65.2^\circ \tag{5.2-4}$$

安定性は増えており十分安定になっていることがわかる．

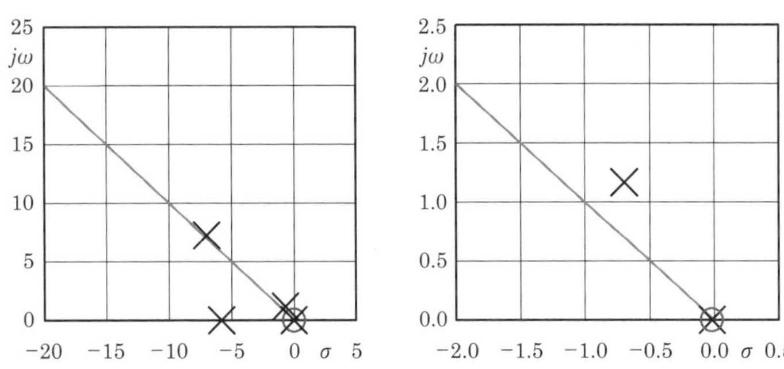

図 5.2-13　極・零点（位相進み補償有り）
（EIGE. 例題 5.2.1 (2) C.Y190321.DAT）

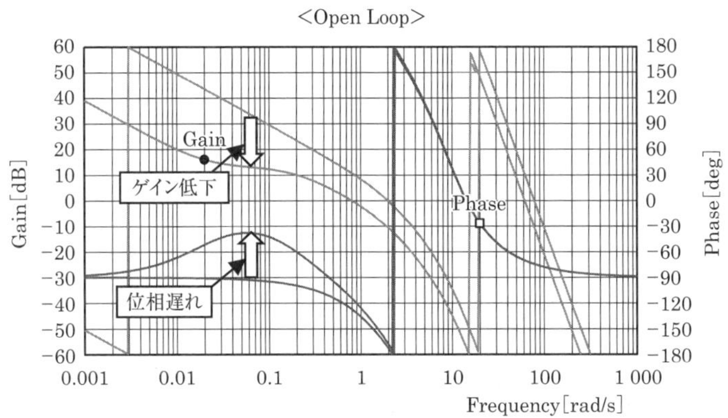

図 5.2-14　一巡伝達関数極（位相進み補償有り）

図 5.2-14 の一巡伝達関数の周波数特性をみると，補償要素によってゲイン交点周波数が 2（rad/s）から 0.7（rad/s）に低くなっているが，この周波数で位相が大きく回復していることがわかる．一方，位相が −180° のときのゲインは 10

(dB) ほど低下しているため，ゲイン余裕が増加している．位相進み補償の場合でゲインが低下しているのは，補償要素の $K=0.03$ によりゲインが 30 (dB) 下がるためである．このため，低周波数のゲインも 30 (dB) 低下している．

図 5.2-15 は，根軌跡である．ゲインの増加とともに振動極になるが最初から安定領域であることがわかる．また，ゲインが2倍になっても十分安定であることがわかる．ただし，これ以上ゲインを上げると，振動極の減衰比が小さくなるので注意が必要である．

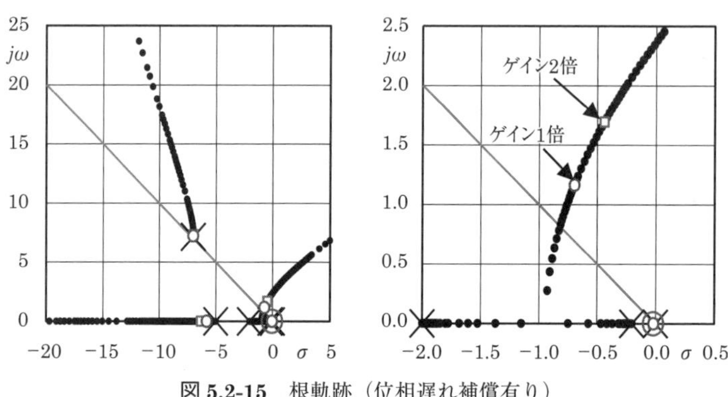

図 5.2-15　根軌跡（位相遅れ補償有り）

直列補償による性能改善は，極1つ零点1つの簡単な伝達関数であるリードラグフィルタを用いているが，例題からもわかるように性能改善効果は大きい．従って，従来の多くの教科書で詳しく説明されている．しかし，実際の設計にはかなり試行錯誤が必要であり，経験も必要である．位相遅れと位相進みの両方を用いる場合はさらに複雑になる．

> **直列補償による性能改善効果は大きい**．そのため，従来から使われてきた設計法である．
>
> ⇒しかし，かなり**試行錯誤が必要であり経験も必要**である．
>
> ゲイン曲線と位相曲線は互いに関係があるため，所望の性能にするのは難しい作業である．
>
> （後述する**ゲイン最適化法**では，制御性能を満足するように**リードラグフィルタを自動的に決定**できる）

(3) 定常偏差について

定常偏差とは，図**5.2-16**のフィードバック制御系において，入力 u_c に対して時間が十分経過したときの偏差 $e=u_c-x$ の値である．

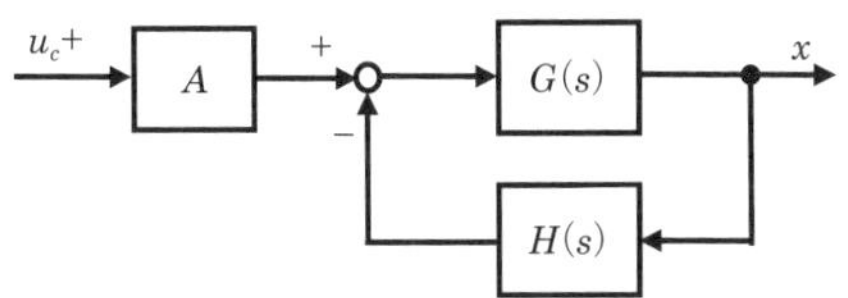

図**5.2-16**　フィードバック制御系

1）定常位置偏差

図**5.2-16**から，入力 $U_c(s)$ に対する出力 $X(s)$ および偏差 $E(s)$ は次のように表される．

$$X(s)=\frac{A\cdot G(s)}{1+G(s)\cdot H(s)}U_c(s) \tag{5.2-5}$$

$$E(s)=U_c(s)-X(s)=\left\{1-\frac{A\cdot G(s)}{1+G(s)\cdot H(s)}\right\}U_c(s)\ =\frac{1+G(s)\cdot\{H(s)-A\}}{1+G(s)\cdot H(s)}U_c(s) \tag{5.2-6}$$

いま入力は大きさ1のステップ入力とすると，$U_c(s)=1/s$ であるから，最終値の定理より出力 x および**定常位置偏差** e_p が次のように得られる．

$$\begin{cases} x\ =\lim_{s\to 0} s\cdot\dfrac{A\cdot G(s)}{1+G(s)\cdot H(s)}\cdot\dfrac{1}{s}\ =\dfrac{A\cdot G(0)}{1+K_p}\ =1-e_p \\ e_p\ =\lim_{s\to 0} s\cdot\dfrac{1+G(s)\cdot\{H(s)-A\}}{1+G(s)\cdot H(s)}\cdot\dfrac{1}{s}\ =1-x \\ K_p=\lim_{s\to 0} G(s)\cdot H(s)\ =G(0)\cdot H(0) \end{cases} \tag{5.2-7}$$

ここで，K_p は**定常位置偏差定数**といわれる．

いま，次のような例題を考えてみる．

$$G(s)=\frac{2}{1+2s},\quad H(s)=\frac{1}{1+4s} \tag{5.2-8}$$

$$\begin{cases} A=\dfrac{3}{2}\ \text{のとき，}\quad K_p=2,\quad x=\dfrac{A\times 2}{1+2}=1,\quad e_p=1-x=0 \\ A=1\ \text{のとき，}\quad K_p=2,\quad x=\dfrac{A\times 2}{1+2}=\dfrac{2}{3},\quad e_p=1-x=\dfrac{1}{3} \end{cases} \tag{5.2-9}$$

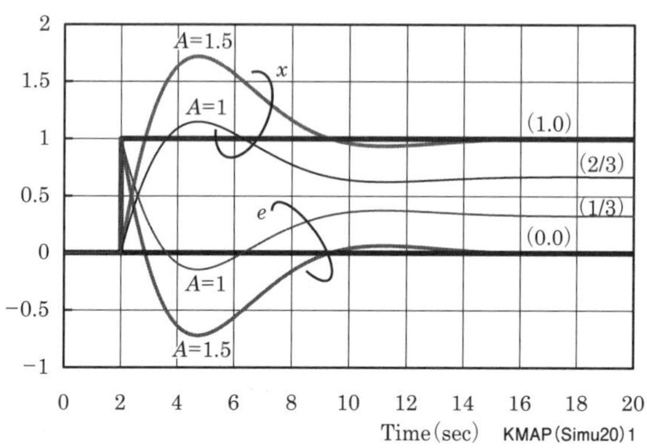

図 **5.2-17**　定常位置偏差の例
(EIGE. 例題 5.2.1 (3) B.Y190322.DAT)

> ・**定常位置偏差定数** K_p は，一巡伝達関数を $s\to 0$ としたもの
> ・**定常位置偏差** e_p は，入力と出力との差で $1-A\cdot G(0)/(1+K_p)$
> ・**係数** A を $(1+K_p)/G(0)$ に選ぶと**出力** x **を 1.0 に回復できる**

2）定常速度偏差

入力 $U_c(s)$ がランプ入力（一定の速度で入力が変化）の場合の偏差を**定常速度偏差**という．いま $U_c(s)=1/s^2$ であるから，最終値の定理より定常速度偏差 e_v が次のように得られる．

$$\begin{cases} e_v=\lim\limits_{s\to 0} s\cdot\dfrac{1+G(s)\cdot\{H(s)-A\}}{1+G(s)\cdot H(s)}\cdot\dfrac{1}{s^2}=\lim\limits_{s\to 0}\dfrac{1+G(s)\cdot\{H(s)-A\}}{sG(s)\cdot H(s)} \\ \quad =\dfrac{1}{K_v}+\lim\limits_{s\to 0}\dfrac{H(s)-A}{sH(s)} \\ K_v=\lim\limits_{s\to 0} sG(s)\cdot H(s) \end{cases} \tag{5.2-10}$$

ここで，K_v は**定常速度偏差定数**といわれる．

いま，伝達関数 $G(s)$ は 1 形（分母に s の 1 次項がある）とする．ここでは，次式とする．

$$G(s) = \frac{2}{s(1+2s)} \tag{5.2-11}$$

このとき，(5.2-10) 式の定常速度偏差 e_v の式が一定値を持つためには，フィードバック項の $H(s)$ と係数 A に関して，$(H(s)-A)$ の分子が定数項を持たないことが必要である．（もちろん，$H(s)=A=1$ でもよい）

ここでは，次のようにする．

$$\begin{cases} H(s) = \dfrac{1+4s}{1+s}, \quad A = 1 \\ \therefore H(s) - A = \dfrac{1+4s}{1+s} - 1 = \dfrac{1+4s-1-s}{1+s} = \dfrac{3s}{1+s} \end{cases} \tag{5.2-12}$$

このとき，定常速度偏差 e_v は次のようになる．

$$e_v = \frac{1}{K_v} + \lim_{s\to 0}\frac{H(s)-A}{sH(s)} = \frac{1}{2} + \lim_{s\to 0}\frac{3s}{s(1+4s)} = \frac{1}{2} + \lim_{s\to 0}\frac{3}{1+4s} = 3.5 \tag{5.2-13}$$

このケースのシミュレーション結果を**図 5.2-18** に示す．

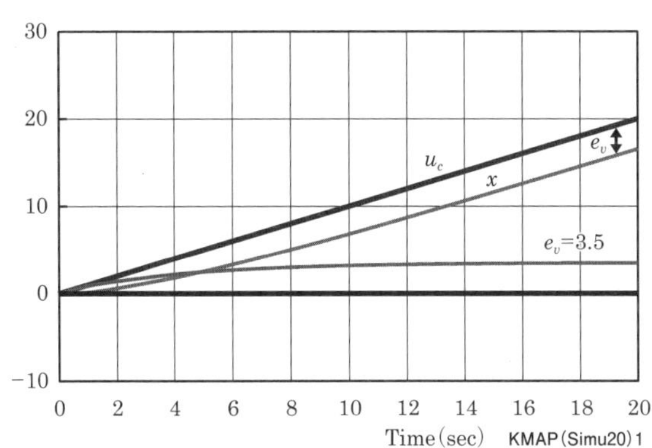

図 **5.2-18**　定常速度偏差の例

（EIGE. 例題 5.2.1 (3) D.Y190322.DAT）

3）定常加速度偏差

入力 $U_c(s)$ が一定の加速度で変化する場合の偏差を**定常加速度偏差**という．ここでは，直結フィードバック $H(s)=1$ とし，また $A=1$ とする．入力は $u_c=t^2/2$ とすると，$u_c(s)=1/s^3$ であるから最終値の定理より定常加速度偏差 e_a が次のように得られる．

$$\begin{cases} e_a = \lim_{s\to 0} s\cdot\dfrac{1+G(s)\cdot\{H(s)-A\}}{1+G(s)\cdot H(s)}\cdot\dfrac{1}{s^3} = \lim_{s\to 0}\dfrac{1}{s^2G(s)} = \dfrac{1}{K_a} \\ K_a = \lim_{s\to 0} s^2G(s) \end{cases} \tag{5.2-14}$$

ここで，K_a は**定常加速度偏差定数**といわれる．

いま，伝達関数 $G(s)$ は2形とする．ここでは，次式とする．

$$G(s)=\frac{0.1(1+4s)}{s^2(1+s)},\qquad \therefore\ K_a=0.1 \tag{5.2-15}$$

このとき，定常加速度偏差 e_a は次のようになる．

$$e_a=\frac{1}{K_a}=10 \tag{5.2-16}$$

このケースのシミュレーション結果を図**5.2-19**に示す．

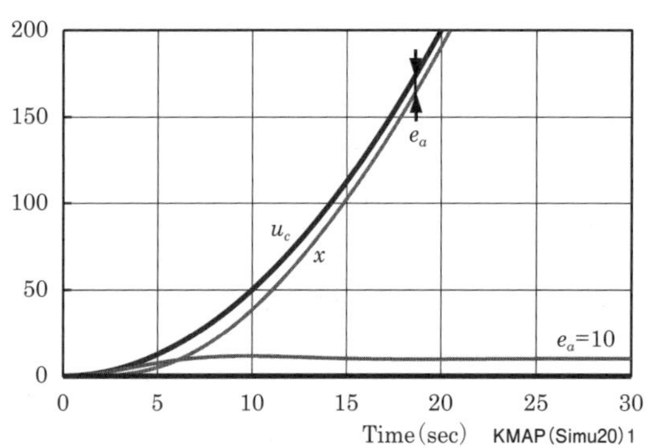

図**5.2-19**　定常加速度偏差の例
（EIGE. 例題5.2.1 (3) E.Y190322.DAT）

5.2.2　現代制御理論による設計法

(1) 最適レギュレータ（LQR）

1970年代に発展期を迎えた現代制御理論は，会社においても使われるようになったが，それは**最適レギュレータ**（LQR：linear quadratic regulator）の登場が大きな役割を果たしたといえる．最適レギュレータは理論的にも比較的わかりやすく，コンピュータによって容易に解が得られることから，学会においても産業界から多くの発表が行われるようになった．しかし，最適レギュレータには問題点もあった．それは，アクチュエータや伝達関数の制御則などは考慮できないことや，制御対象のすべての状態変数をフィードバックする必要があることである．実際の制御系は，操作するためのアクチュエータが必要である．また，すべての状態変数が使えないことも多い．すべての状態変数が使えない場合の対策としては，**オブザーバ**（状態観測器）を設計してそれで補うという方式が用いられる．しかし，システムが複雑になるとともに，制御系の安定性も影響を受けることになる．オブザーバについては後で述べる．

実際の設計においては，設計の第一段階として，アクチュエータなどは考慮しないで最適レギュレータの設計を行い，その後にアクチュエータを追加して性能を評価して，フィードバックゲインを修正調整していくことなどが行われる．

1）最適レギュレータの設計法[A31)]

まず，最適レギュレータの設計法について説明する．いま次式で表される制御対象を考える．

$$\begin{cases} \dot{x} = Ax + Bu \\ y = Cx \end{cases} \tag{5.2-17}$$

ここで，x は状態変数ベクトル，u は制御入力ベクトル，A はシステム状態行列，B は制御入力行列，C は出力行列である．このとき，次式で表される 2 次形式評価関数

$$J = \int_0^\infty (x^T Q x + u^T R u)\,dt \tag{5.2-18}$$

を考える．ただし，Q，R は正値対称の重み行列である．評価関数に出力 y を用いる場合は

$$y^T Q_y y = x^T C^T Q_y C x \tag{5.2-19}$$

であるので，Q_y を重み行列として

$$Q = C^T Q_y C \tag{5.2-20}$$

の関係を用いる．

さて，(5.2-18) 式を最小にする制御入力ベクトル u を求める．これは (5.2-17) 式を拘束条件とする最小化問題であるから，ラグランジュの未定乗数ベクトル $p(t)$ を用いて次式を考える．

$$J_1 = \int_0^T \left\{ x^T Q x + u^T R u + p^T (Ax + Bu - \dot{x}) \right\} dt \tag{5.2-21}$$

被積分関数を次式

$$F = x^T Q x + u^T R u + p^T (Ax + Bu - \dot{x}) \tag{5.2-22}$$

とおき，変分法のオイラーの方程式

$$\frac{d}{dt}\left(\frac{\partial F}{\partial \dot{x}}\right) = \frac{\partial F}{\partial x}, \quad \frac{d}{dt}\left(\frac{\partial F}{\partial \dot{u}}\right) = \frac{\partial F}{\partial u} \tag{5.2-23}$$

を適用すると次式を得る．

$$-\dot{p} = Q x + A^T p, \quad 0 = Ru + B^T p, \quad \therefore u = -R^{-1} B^T p \tag{5.2-24}$$

(5.2-24) 式と (5.2-17) 式から

$$\begin{bmatrix} \dot{x} \\ \dot{p} \end{bmatrix} = \begin{bmatrix} A & -BR^{-1}B^T \\ -Q & -A^T \end{bmatrix} \begin{bmatrix} x \\ p \end{bmatrix} \tag{5.2-25}$$

と表せる．(5.2-24) 式の制御入力 u は，状態変数 x のフィードバックとして求めたいので次のようにおく．

$$p(t) = P(t) x(t) \tag{5.2-26}$$

このとき，(5.2-25) 式から

$$\dot{x} = Ax - BR^{-1}B^T Px, \quad \dot{P}x + P\dot{x} = -Qx - A^T Px \tag{5.2-27}$$

となる．(5.2-27) 式の第２式に第１式を代入すると次式が得られる．

$$(\dot{P} + PA + A^T P - PBR^{-1}B^T P + Q)x = 0 \tag{5.2-28}$$

この式が x の種々の初期状態に対して常に成り立つための条件として

$$\dot{P} + PA + A^T P - PBR^{-1}B^T P + Q = 0 \tag{5.2-29}$$

を得る．この方程式を**リカッチ方程式**という．ここで，(5.2-21) 式の有限時間 0 ～ T の評価関数において，T を∞とすると，$P(\infty)$ は有限の定数に収束する．これを改めて P と書くと，(5.2-18) 式の無限時間の評価関数を最小とするフィードバック制御則が次式で与えられる．

$$u = -R^{-1}B^{T}Px \tag{5.2-30}$$

この式の P は次式の代数形行列リカッチ方程式

$$PA + A^{T}P - PBR^{-1}B^{T}P + Q = 0 \tag{5.2-31}$$

の正値対称な解である．(5.2-30) 式および (5.2-31) 式で与えられるフィードバック制御系が最適レギュレータといわれるものである．

2) 最適レギュレータによる設計例 [A40)]

次の例題を最適レギュレータで設計してみよう．**図 5.2-20** は，飛行機のロール角制御系である．横・方向系の状態変数の横滑り角 β，ロール角速度 p，ヨー角速度 r，ロール角 ϕ のすべてをエルロン δa およびラダー δr にフィードバックする．飛行機のダイナミクスに関してはすべての状態変数をフィードバックするが，アクチュエータダイナミクスの状態変数はフィードバックしない．まずアクチュ

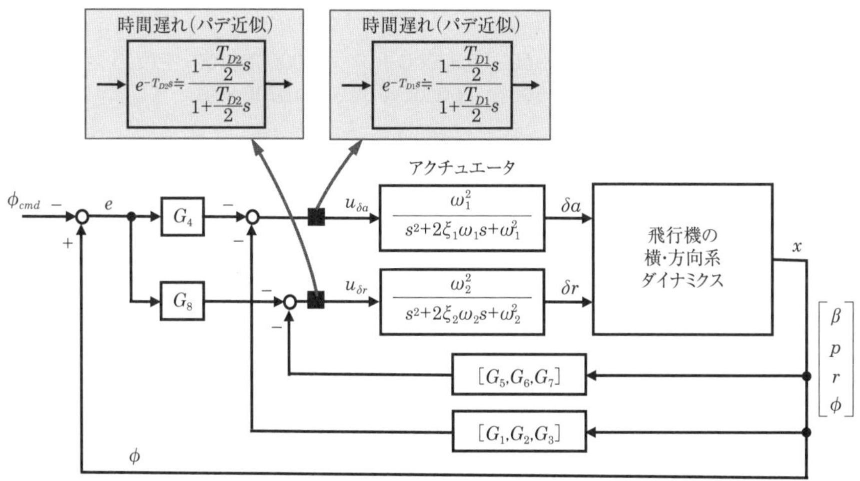

図 **5.2-20** 飛行機のロール角制御系

エータや時間遅れは考慮しないで設計し，後で減衰比 0.7，固有角振動数 20（rad/s）のアクチュエータと 0.1（秒）の時間遅れを追加して制御性能への影響をみる．

設計は，ロール角制御系の８個のフィードバックゲイン $G_1 \sim G_8$ を決めることである．まず状態方程式と応答を次のようにおく．

$$\begin{cases} \dot{x} = A_p x + B_2 u \\ y = \begin{bmatrix} \beta \\ \phi \end{bmatrix} = C_p x, \quad C_p = \begin{bmatrix} 1 & 0 & 0 & 0 \\ 0 & 0 & 0 & 1 \end{bmatrix} \end{cases} \tag{5.2-32}$$

ここで，x は状態変数ベクトル，u は制御入力ベクトル，y は評価関数用応答ベクトル，A_p はシステム状態行列，B_2 は制御入力行列，C_p は評価関数用応答設定行列である．本演習の例題では次のデータとする．

```
....AP....... NI=  4  NJ=  4
 -0.1505D+00    0.2363D-01  -0.1000D+01   0.1129D+00
 -0.1021D+02   -0.1852D+01   0.9083D+00   0.0000D+00
  0.1252D+01   -0.1032D-01  -0.1855D+00   0.0000D+00
  0.0000D+00    0.1000D+01   0.2364D-01   0.0000D+00

....B2....... NI=  4  NJ=  2
  0.0000D+00    0.2699D-01
 -0.3868D+01    0.2926D+00
 -0.9398D-01   -0.1098D+01
  0.0000D+00    0.0000D+00

....CP....... NI=  2  NJ=  4
 0.1000D+01  0.0000D+00  0.0000D+00  0.0000D+00
 0.0000D+00  0.0000D+00  0.0000D+00  0.1000D+01
```

評価関数は

$$J = \int_0^\infty (y^T Q_y y + u^T R u) dt \tag{5.2-33}$$

である．いま，Q_y，R の重みは次のように仮定する．

```
----< 最適レギュレータ > (重み Qy, R) ----
  [ 1] ....Qy ( 1, 1) =  0.1000000E+01
  [ 2] ....Qy ( 2, 2) =  0.1000000E+03
  [ 3] .... R ( 1, 1) =  0.1000000E+01
```

[4] .... R (2, 2) = 0.1000000E+01

このとき，フィードバックゲインが次のように得られる．

$$\begin{cases} G_1 = 2.65, \quad G_2 = -1.84, \quad G_3 = -0.527, \quad G_4 = -9.96, \\ G_5 = 1.53, \quad G_6 = 0.00757, \quad G_7 = -1.52, \quad G_8 = 0.630 \end{cases} \tag{5.2-34}$$

図 5.2-21 は，制御対象に（5.2-34）式のゲインをフィードバックした場合の根軌跡である．小さい○印はゲイン 1 倍（ノミナルゲイン）の場合，小さい□印はゲイン 2 倍の場合である．この制御系は極・零点の次数差が 1 であるので，ゲインが無限大となっても不安定にならない．**図 5.2-21** の根軌跡の出発点は一巡伝達関数の極であるが，$s=0.45$ に不安定極がある．これは，ラダー系を閉じたときに発生する極である．

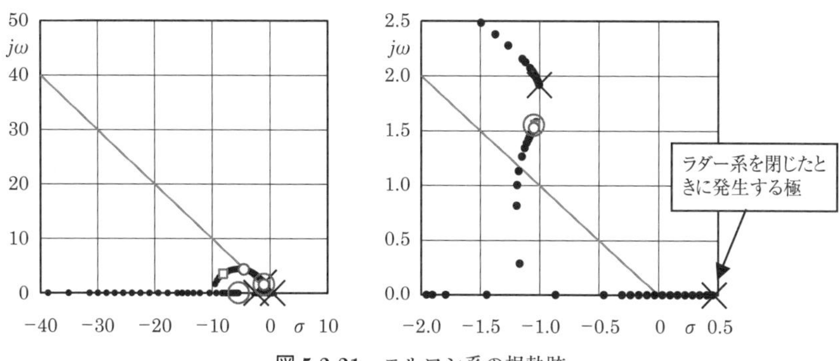

図 5.2-21　エルロン系の根軌跡
(CDES. 演習 6.2-3.Y190302.DAT)

図 5.2-22 は，制御対象に（5.2-34）式のゲインをフィードバックした状態でのコマンドに対するロール角の極（×）・零点（○）である．安定な極配置となっていることがわかる．**図 5.2-23** にロール角コマンドのシミュレーション結果を示すが応答は良好で，20（kt）の横風外乱に対してもロール角の応答は小さいものとなっている．

このように，制御対象のみの場合の最適レギュレータによる状態フィードバック制御系は良い性能を示すことがわかる．

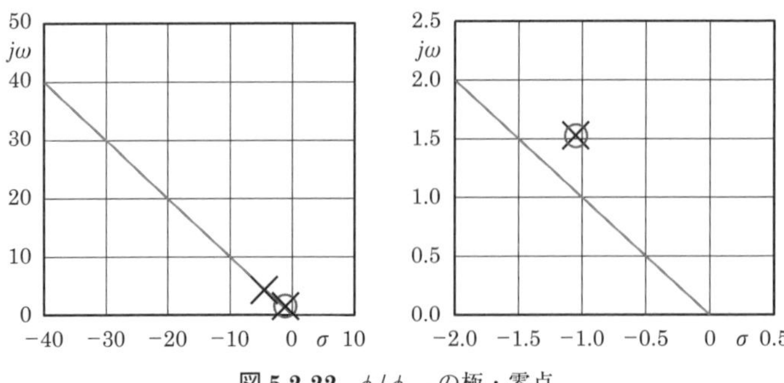

図 5.2-22　ϕ / ϕ_{cmd} の極・零点

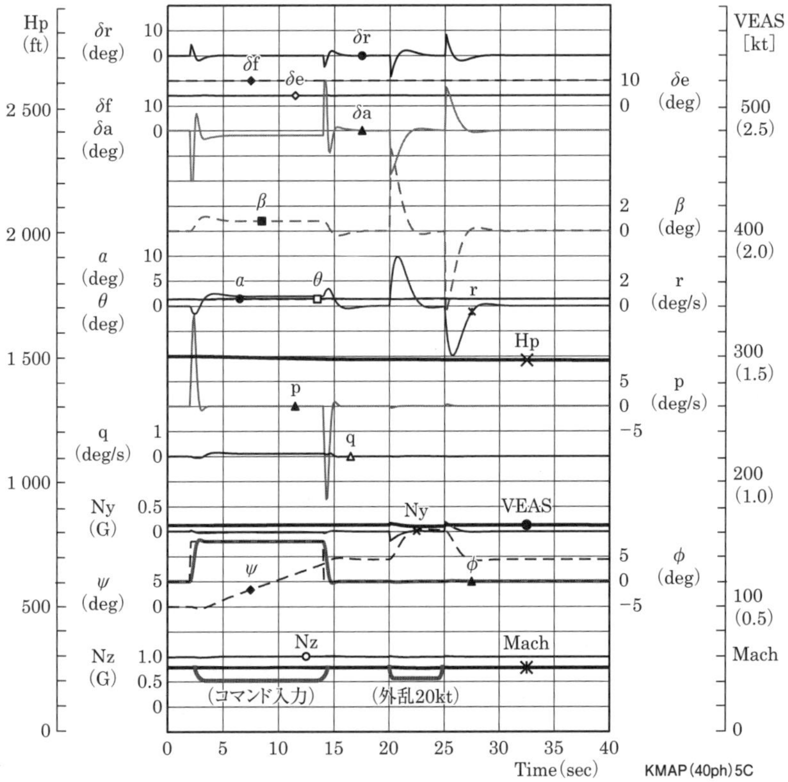

図 5.2-23　ロール角コマンドシミュレーション

次に，この制御系に対して，減衰比 0.7，固有角振動数 20（rad/s）のアクチュエータと 0.1（秒）の時間遅れを追加してみたのが**図 5.2-24** の根軌跡である．0.1（秒）の時間遅れは，線形解析では 1 次のパデ近似で模擬しているので右半面 $s=20$ に零点を持つ．このため根軌跡は $s=20$ の点を中心として右半面に回り込むによう移動して不安定化していく．ゲイン 1 倍（小さな○印）では不安定となっている．**図 5.2-25** は ϕ/ϕ_{cmd} の極・零点であるが，不安定となっていることが確認できる．

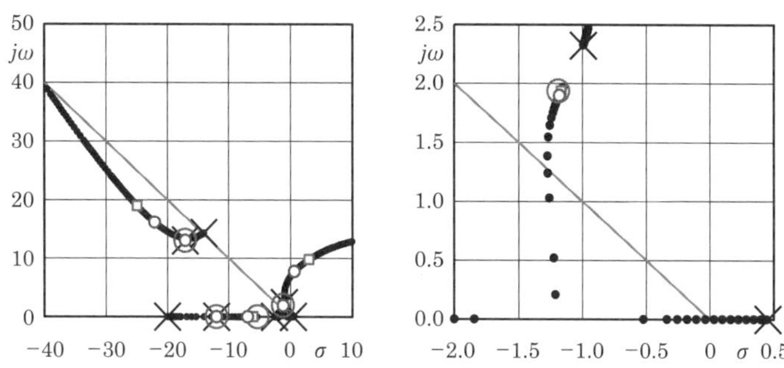

図 5.2-24　エルロン系の根軌跡（アクチュエータと時間遅れ 100ms 考慮）
（CDES. 演習 6.2-3A.Y190302.DAT）

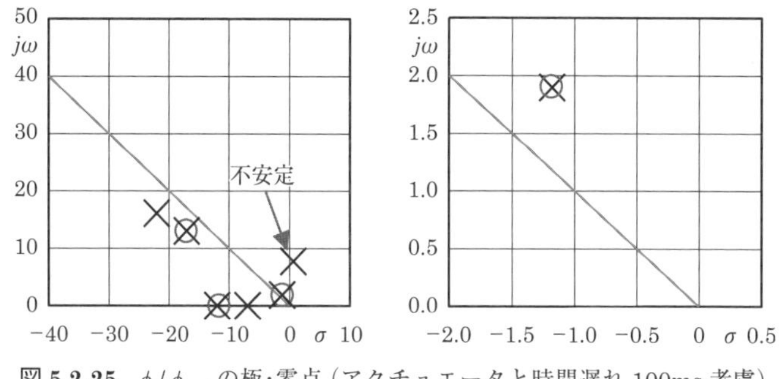

図 5.2-25　ϕ/ϕ_{cmd} の極・零点（アクチュエータと時間遅れ 100ms 考慮）

図 5.2-26 は，シミュレーション結果であるが，約 1Hz の振動が発生していることが確認できる．この振動は，**図 5.2-25** の不安定極に対応するものである．

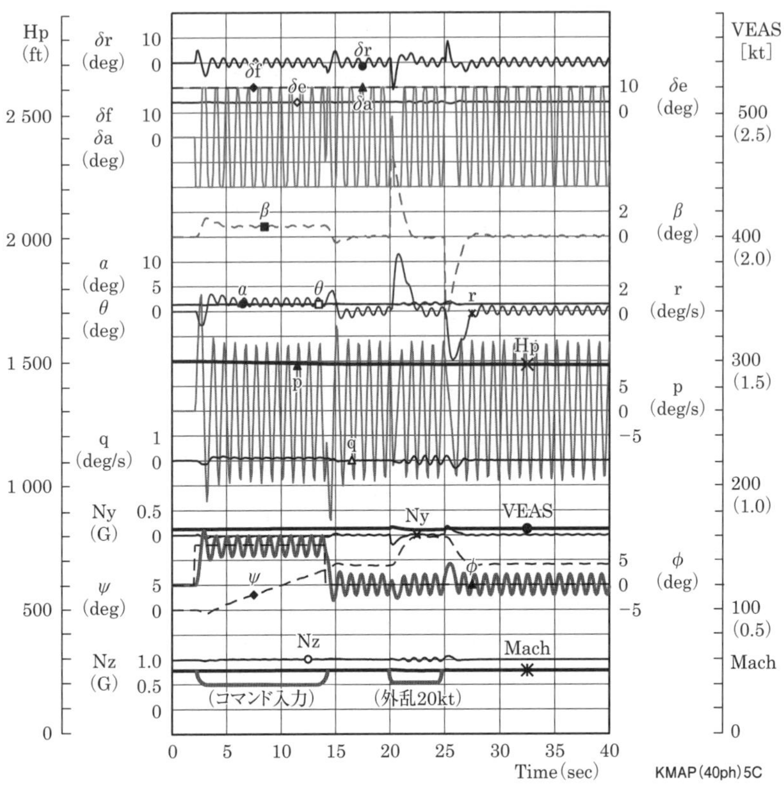

図 **5.2-26**　ϕ / ϕ_{cmd} の極・零点（アクチュエータと時間遅れ 100ms 考慮）

最適レギュレータはすべての状態変数が必要

最適レギュレータは状態フィードバック（すべての状態変数をフィードバック）**によって良好な性能を発揮する**

しかし，次の**問題点**がある

⇒・アクチュエータを考慮できない

（後で追加すると性能が劣化する）

・すべての状態変数が得られない場合，オブザーバを用いるがシステムが複雑となり安定性も影響を受けるなお，本問題に対しては，5.2.3 節に示す「モンテカルロ法によるゲイン最適化設計法」を用いると，アクチュエータと時間遅れを設計時に考慮して設計できる.

(2) 積分型最適制御（LQI）[A31), D12)]

目標入力に対して定常偏差なく追従するように，制御量と目標値の差の積分を状態方程式に追加した**積分型最適制御**（LQI：linar quadratic integral）について述べる.

1）積分型最適制御の設計法

いま，制御対象の状態方程式が次のように表されるとする.

$$\begin{cases} \dot{x} = Ax + Bu \\ y = Cx \end{cases} \tag{5.2-35}$$

ここで，x は状態変数ベクトル，u は制御入力ベクトル，y は目標入力に追従させる制御量ベクトル，A はシステム状態行列，B は制御入力行列，C は追従制御量設定行列である.

目標値 y_m と制御変数 y の差を e，フィードバック制御則を次式，また $x(\infty)$ および $u(\infty)$ は一定値として $x(t)$，$u(t)$ との差を次式

$$\begin{cases} e = y_m - y = y_m - Cx \\ u = -Fx + K\int e dt \\ w = \begin{bmatrix} x(t) - x(\infty) \\ u(t) - u(\infty) \end{bmatrix} \end{cases} \tag{5.2-36}$$

とおくと，次の状態方程式が得られる.

$$\dot{w} = \begin{bmatrix} A & B \\ 0 & 0 \end{bmatrix} w + \begin{bmatrix} 0 \\ I \end{bmatrix} v \tag{5.2-37}$$

ただし，

$$v = -\tilde{F}w, \quad \tilde{F} = \begin{bmatrix} F & K \end{bmatrix} \cdot \begin{bmatrix} A & B \\ C & 0 \end{bmatrix} \tag{5.2-38}$$

である.（5.2-38）式の v は（5.2-37）式の状態フィードバックであるから，次式の評価関数

$$J=\int_0^\infty \left(w^T Q w + v^T R v\right) dt \tag{5.2-39}$$

を最小とするフィードバックゲイン $\widetilde{F}$ が，最適レギュレータと同様に得られる．その結果，(5.2-36) 式のフィードバック制御則 u のゲイン F および K が次のように得られる．

$$\begin{bmatrix} F & K \end{bmatrix} = \widetilde{F} \cdot \begin{bmatrix} A & B \\ C & 0 \end{bmatrix}^{-1} \tag{5.2-40}$$

2) 積分型最適制御による設計例

次の例題を積分型最適制御で設計してみよう．**図 5.2-27** は，積分型最適制御による航空機のピッチ角制御の例である．ピッチ角コマンド θ_m にピッチ角 θ を追従させる制御系を設計する．アクチュエータは設計時には省略するが，制御性能を評価する際には考慮する．

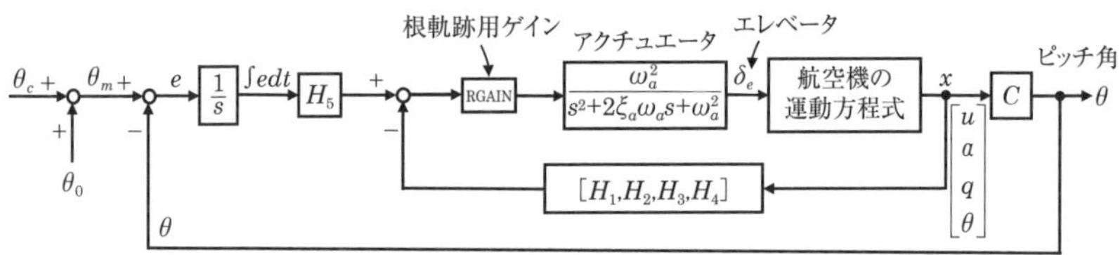

図 5.2-27　積分型最適制御による航空機のピッチ角制御

LQI 法の評価関数の重みを次のように設定する．

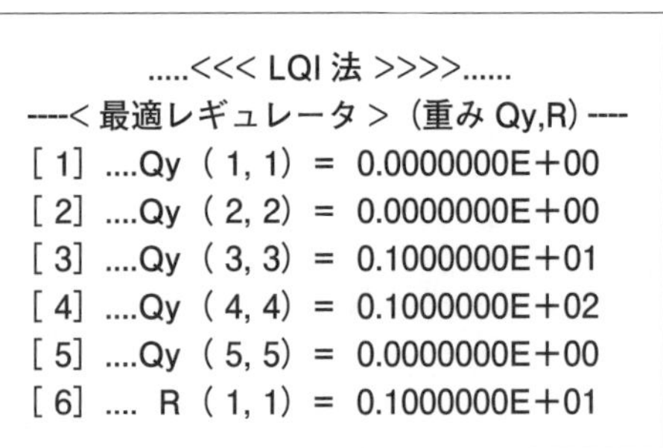
.....<<< LQI 法 >>>>......
----< 最適レギュレータ >（重み Qy,R）----
[1] ....Qy（ 1, 1） = 0.0000000E+00
[2] ....Qy（ 2, 2） = 0.0000000E+00
[3] ....Qy（ 3, 3） = 0.1000000E+01
[4] ....Qy（ 4, 4） = 0.1000000E+02
[5] ....Qy（ 5, 5） = 0.0000000E+00
[6] .... R（ 1, 1） = 0.1000000E+01

その結果，次のようにフィードバックゲインが得られる．

F; (u=−F·X) ... NI= 1 NJ= 5
−0.4297D−01 0.7773D+00 −0.3057D+01 −0.5192D+01 −0.3162D+01

図 5.2-28 は，得られたフィードバックゲインを用いて制御系を構成し，さらにアクチュエータを考慮した場合の根軌跡であるが，極（小さな○印）は安定な位置に移動されていることがわかる．**図 5.2-29** は実際の θ / θ_m の極・零点配置である．

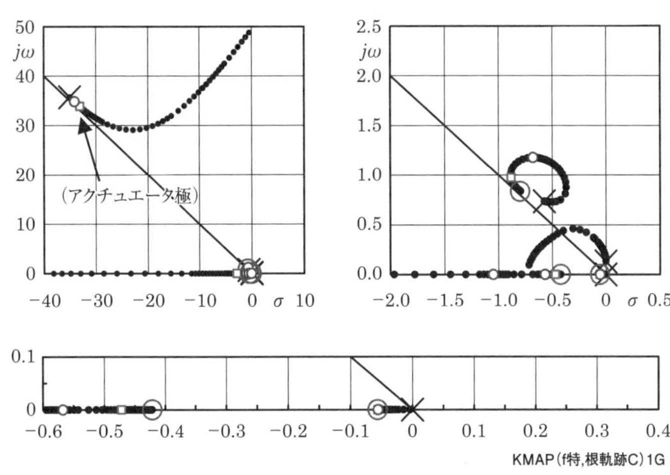

図 **5.2-28**　根軌跡
(積分型最適制御（LQI）ピッチ角制御 .Y130120.DAT)

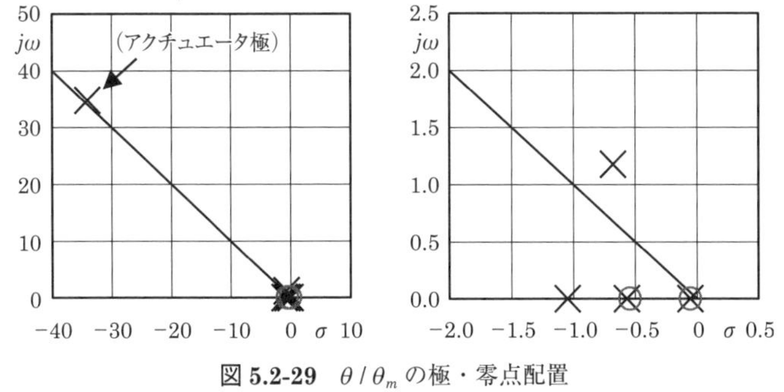

図 **5.2-29**　θ / θ_m の極・零点配置

図 5.2-30 にピッチ角制御のシミュレーション結果を示すが，ピッチ角を 2° 上げるコマンド（図中の破線）に対して，ピッチ角 θ が追従していることが確認できる．

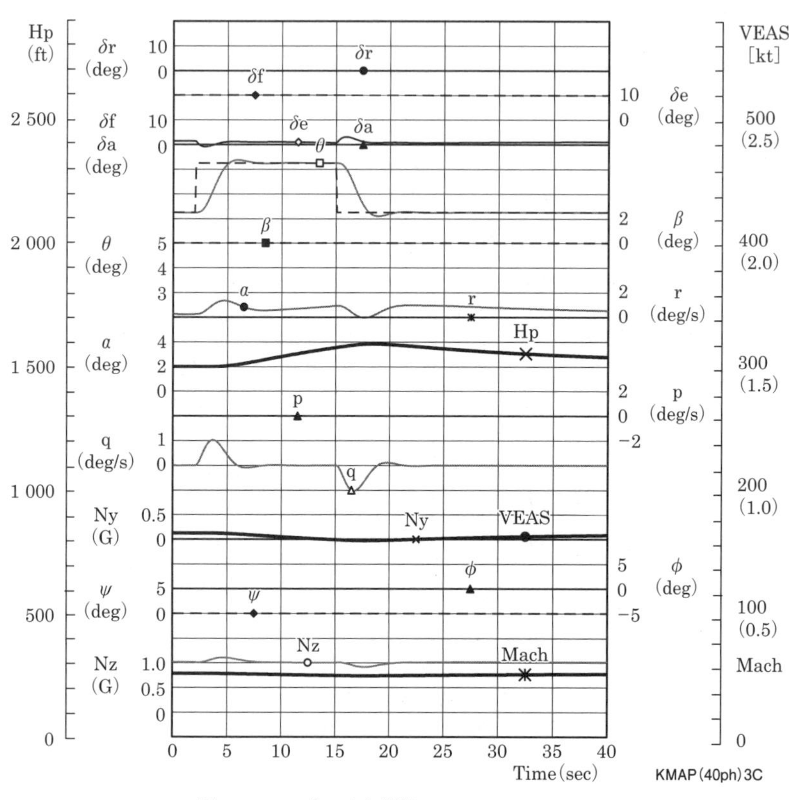

図 **5.2-30**　ピッチ角制御のシミュレーション

(3) オブザーバ D12)

直接観測できない状態変数がある場合，その変数の状態を推定する方法として**オブザーバ**がある．オブザーバを用いて制御問題を解いてみる．

1) オブザーバの設計法

図 5.2-31 は，最小次元オブザーバを含んだ制御対象である．

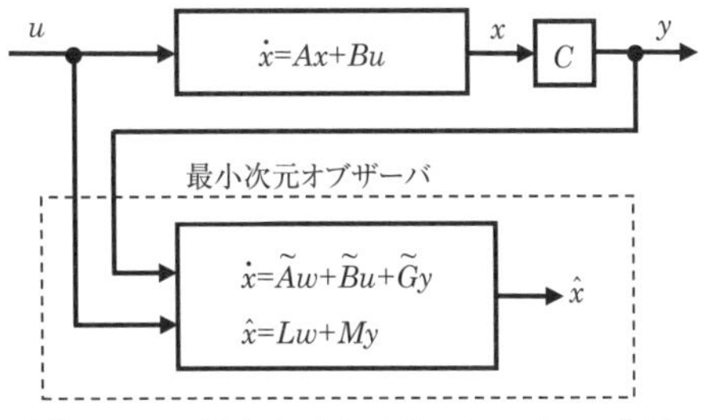

図 **5.2-31**　最小次元オブザーバのブロック図

いま制御対象は次式とする．

$$\begin{cases} \dot{x} = Ax + Bu \\ y = Cx \end{cases} \tag{5.2-41}$$

ここで，x は状態変数ベクトル，u は制御入力ベクトル，$A(n \times n)$はシステム状態行列，$B(n \times m)$は制御入力行列，$C(r \times n)$は出力行列である．r 個の出力 y は観測できる状態変数であるとし，残りの$(n-r)$個の状態変数 w は観測できないとして，次の最小次元オブザーバを考える．

$$\begin{cases} \dot{w} = \widetilde{A}w + \widetilde{B}u + \widetilde{G}y \\ \hat{x} = Lw + My \end{cases} \tag{5.2-42}$$

ここで，$\hat{x}$ は観測できる変数も含めた状態変数である．

いま，行列 T を導入して，Tx で表される状態変数を推定するものとする．そこで，次式をつくると

$$\dot{w} - T\dot{x} = \widetilde{A}(w - Tx) + (\widetilde{A}T + \widetilde{G}C - TA)x + (\widetilde{B} - TB)u \tag{5.2-43}$$

となる．一方，

$$\hat{x} - x = L(w - Tx) + (LT + MC - I)x \tag{5.2-44}$$

となるので，ここで次の条件式

$$\begin{cases} \widetilde{A}T = TA - \widetilde{G}C \\ \widetilde{B} = TB \qquad \text{（オブザーバが満たすべき条件）} \\ LT + MC = I \end{cases} \tag{5.2-45}$$

を仮定すると，(5.2-43) 式および (5.2-44) 式は次のようになる．

$$\begin{cases} \dot{w} - T\dot{x} = \widetilde{A}(w - Tx) \\ \hat{x} - x = L(w - Tx) \end{cases} \tag{5.2-46}$$

（5.2-46）式は，$\widetilde{A}$ のすべての固有値が安定のとき，任意の初期値 w_0 および x_0 に対して，t→∞のとき $w(t)\to Tx(t)$ および $\hat{x}(t)\to x$ が実現される．

最小次元オブザーバの具体的な設計は次のように行う．

① W が正則となるように V を選ぶ．

$$W=\begin{bmatrix} V \\ C \end{bmatrix},\ \text{ただし，}\ V:(n-r)\times n \tag{5.2-47}$$

② 次式を計算．

$$\begin{cases} WAW^{-1}=\begin{bmatrix} F_{11} & F_{12} \\ F_{21} & F_{22} \end{bmatrix} \\ F_{11}:(n-r)\times(n-r), \qquad F_{12}:(n-r)\times r \\ F_{21}: \qquad r\times(n-r), \qquad F_{22}: \qquad r\times r \end{cases} \tag{5.2-48}$$

③ 次式を計算．

$$\begin{cases} \widetilde{A}=F_{11}+U_1F_{21} \\ \widetilde{B}=B_{11}+U_1B_{21} \\ \widetilde{G}=F_{12}+U_1F_{22}-\widetilde{A}U_1 \end{cases},\quad \begin{cases} \begin{bmatrix} L_1 & L_2 \end{bmatrix}=W^{-1} \\ L=L_1 \\ M=L_2-L_1U_1 \end{cases} \tag{5.2-49}$$

ここで，U_1 は $(n-r)\times r$ 次元の行列であるが，自由に決めてよいので，システム行列 $\widetilde{A}$ の極を極配置法などにより，安定な配置になるように U_1 を決定する．

④ 推定値 $\hat{x}$（観測できる状態変数も含む）

$$\begin{cases} \dot{w}=\widetilde{A}w+\widetilde{B}u+\widetilde{G}y \\ \hat{x}=Lw+My \end{cases} \quad \text{（最小次元オブザーバ）} \tag{5.2-50}$$

⑤ 状態フィードバック

いま，次のような状態フィードバックを考える．

$$u=-F\hat{x}+G_pu_0 \tag{5.2-51}$$

ここで，F は状態フィードバックのゲインである．このとき，（5.2-51）式を（5.2-41）式および（5.2-50）式に代入すると次のように表すことができる．

$$\begin{bmatrix} \dot{x} \\ \dot{w} \end{bmatrix}=\begin{bmatrix} A-BFMC & -BFL \\ \widetilde{G}C-\widetilde{B}FMC & \widetilde{A}-\widetilde{B}FL \end{bmatrix}\cdot\begin{bmatrix} x \\ w \end{bmatrix}+\begin{bmatrix} BG_p \\ \widetilde{B}G_p \end{bmatrix}u_0 \tag{5.2-52}$$

いま，次の変数変換式

$$\begin{bmatrix} x \\ w \end{bmatrix} = \begin{bmatrix} I & 0 \\ T & I \end{bmatrix} \cdot \xi, \quad \text{ただし,} \quad \begin{bmatrix} I & 0 \\ T & I \end{bmatrix}^{-1} = \begin{bmatrix} I & 0 \\ -T & I \end{bmatrix} \tag{5.2-53}$$

を用いて，(5.2-52) 式を変換してみる．このとき，(5.2-45) 式のオブザーバが満たすべき条件を考慮すると，次式を得る．

$$\dot{\xi} = \begin{bmatrix} A - BF & -BFL \\ 0 & \widetilde{A} \end{bmatrix} \cdot \xi + \begin{bmatrix} BG_p \\ 0 \end{bmatrix} \cdot u_0 \tag{5.2-54}$$

これは，オブザーバを含んだ状態フィードバック制御系の極は，オブザーバがないときの極とオブザーバ単体の極が独立に現れることを示している．すなわち，オブザーバをフィードバックの中に追加しても，すべてが観測できるとして状態フィードバックしたときの極は変化しないことを示している．また，オブザーバの極も状態フィードバックによって影響を受けない．

2) オブザーバを用いた設計例

図 5.2-32 に示す航空機のラダー制御系を考える．直接観測できる状態変数はロール角速度 p およびヨー角速度 r であり，横滑り角 β とロール角 ϕ は観測できないとして，最小次元オブザーバを用いて状態を推定することで状態フィードバックを実現する．

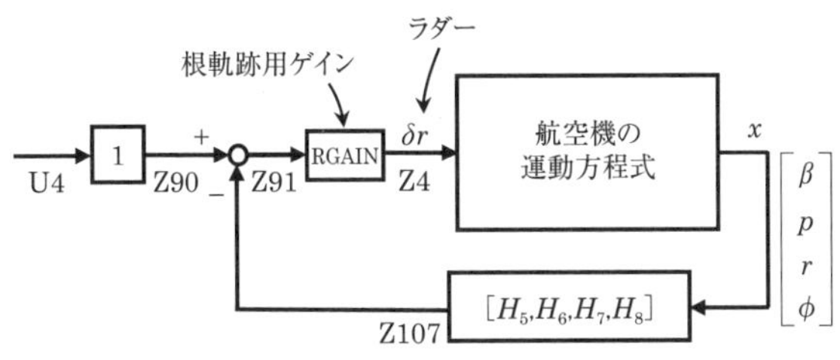

図 5.2-32 航空機のラダー制御系

制御対象の AP および B2 行列は次のようである．

```
*** AP    ... NI=  4  NJ=  4
 -0.9800D-01    0.1091D+00   -0.1000D+01    0.1123D+00
```

```
 -0.1579D+01  -0.1124D+01   0.2368D+00   0.0000D+00
  0.3153D+00  -0.1172D+00  -0.2327D+00   0.0000D+00
  0.0000D+00   0.1000D+01   0.1095D+00   0.0000D+00
*** B2   ... NI=  4  NJ=  1
  0.1780D-01
  0.3466D-01
 -0.2499D+00
  0.0000D+00
```

次に，C 行列により，観測できる状態変数の p および r を定義する．また V 行列を次のように設定する．

```
*** C     ... NI=  2  NJ=  4
 0.0000D+00   0.1000D+01   0.0000D+00   0.0000D+00
 0.0000D+00   0.0000D+00   0.1000D+01   0.0000D+00
*** V     ... NI=  2  NJ=  4
 0.1000D+01   0.0000D+00   0.0000D+00   0.0000D+00
 0.0000D+00   0.0000D+00   0.0000D+00   0.1000D+01
```

ここで，最小次元オブザーバの極を $s=-15,\ -10$ と指定すると，$\widetilde{A}$, $\widetilde{B}$, $\widetilde{G}$, L, M 行列（表示は AW，BW，GW，L1，M 行列）が次のようになる．

```
**AW      ... NI=  2  NJ=  2
 -0.2500D+02   0.1123D+00
 -0.1336D+04   0.0000D+00
**BW      ... NI=  2  NJ=  1
  0.5644D+00
  0.2932D+02
**GW      ... NI=  2  NJ=  2
  0.2817D+03   0.2735D+01
  0.2012D+05   0.2004D+03
**L1      ... NI=  4  NJ=  2
  0.1000D+01   0.0000D+00
  0.0000D+00   0.0000D+00
  0.0000D+00   0.0000D+00
  0.0000D+00   0.1000D+01
**M       ... NI=  4  NJ=  2
 -0.1577D+02   0.0000D+00
  0.1000D+01   0.0000D+00
```

```
   0.0000D+00   0.1000D+01
  -0.8459D+03   0.0000D+00
```

このとき，最小次元オブザーバの極およびフィードバックゲインが次のように表示される．

```
----- OBSERVER POLE（AW）-----
************************* POLES *************************
POLES（ 2），EIVMAX=  0.150D+02
   N        REAL              IMAG
   1   -0.15000000D+02   0.00000000D+00
   2   -0.10000000D+02   0.00000000D+00

-- フィードバックゲイン ---
**FB ゲイン ... NI=  1  NJ=  4
  0.9503D+01   -0.2805D+01   -0.9895D+01   -0.2867D+01
```

オブザーバを用いた状態フィードバック制御系は図 **5.2-33** のようになる．

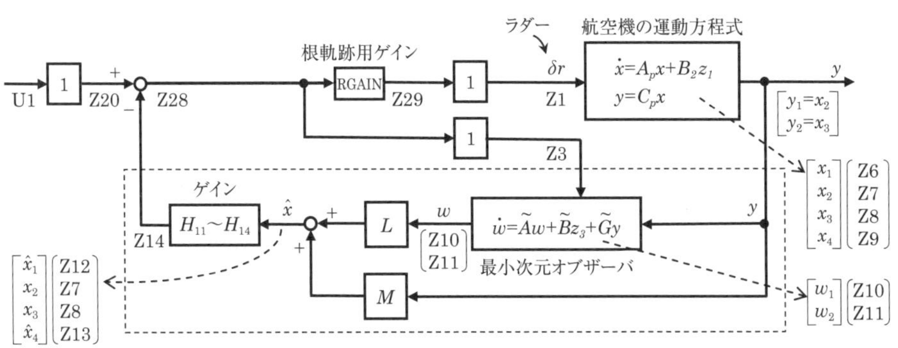

図 **5.2-33**　オブザーバを用いた状態フィードバック制御系

次に，オブザーバを含んだ制御系解析を行うため，制御対象の初期値を設定する．ここでは，次のようにしてみる．

$$\begin{cases} \mathrm{X0}(1)=1.5(\beta_0), & \mathrm{X0}(2)=0(p_0), \\ \mathrm{X0}(3)=0(\mathrm{r}_0), & \mathrm{X0}(4)=1(\phi_0) \end{cases} \tag{5.2-55}$$

なお，オブザーバ初期値は０である．観測できないβとϕを最小次元オブザーバで推定して，状態フィードバックした場合の極は次のようである．最初の２つの極は，指定したオブザーバの極（$s=-15,\ -10$）である．後の４つの極は，極配置で指定した極（$s=-1.5,\ -1\pm j,\ -0.5$）である．このように，オブザーバをフィードバック内に追加してもお互いの極は干渉しない．

```
***** POLES AND ZEROS *****
POLES ( 6) , EIVMAX=   0.1500D+02
 N       REAL                  IMAG
 1   -0.15000000D+02     0.00000000D+00
 2   -0.10000000D+02     0.00000000D+00
 3   -0.14993639D+01     0.00000000D+00
 4   -0.99988108D+00    -0.99978097D+00 [ 0.7071E+00, 0.1414E+01]
 5   -0.99988108D+00     0.99978097D+00  周期 P (sec) = 0.6285E+01
 6   -0.50026658D+00     0.00000000D+00
ZEROS ( 5) , II/JJ= 6/ 1, G=-0.2499D+00
 N       REAL                  IMAG
 1   -0.15000000D+02     0.00000000D+00
 2   -0.10000000D+02     0.00000000D+00
 3   -0.11373441D+01     0.00000000D+00
 4   -0.39226290D-01    -0.38736540D+00 [ 0.1007E+00, 0.3893E+00]
 5   -0.39226290D-01     0.38736540D+00
```

図 5.2-34 は，状態フィードバックによって極が移動していく様子を示したものである．**図 5.2-35** は実際の r/U_1 の極・零点である．追加したオブザーバの影響を受けることなく，極が指定された位置に配置されたことが確認できる．

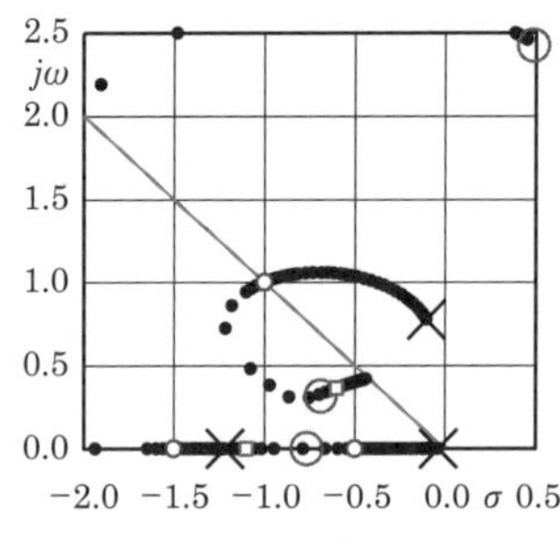

図 5.2-34　根軌跡
(EIGE. ラダー極配置にオブザーバ 11.Y130216.DAT)

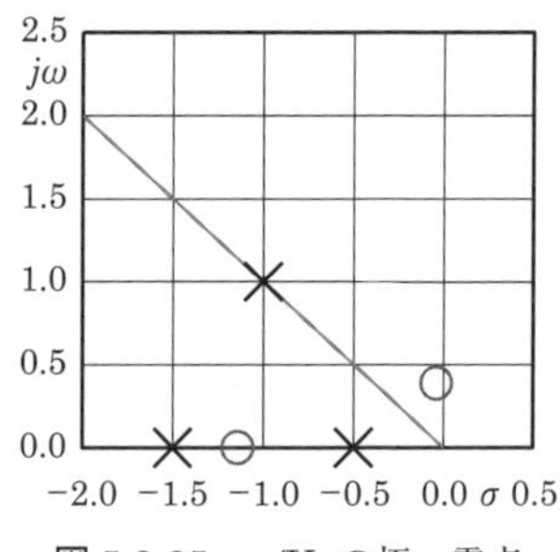

図 5.2-35　r/U_1 の極・零点

図 5.2-36 は，$\beta_0=1.5°$ および $\phi_0=1°$ の初期値を与えたときのシミュレーション結果である．両者ともオブザーバによる推定値が状態変数に追従していく様子がわかる．

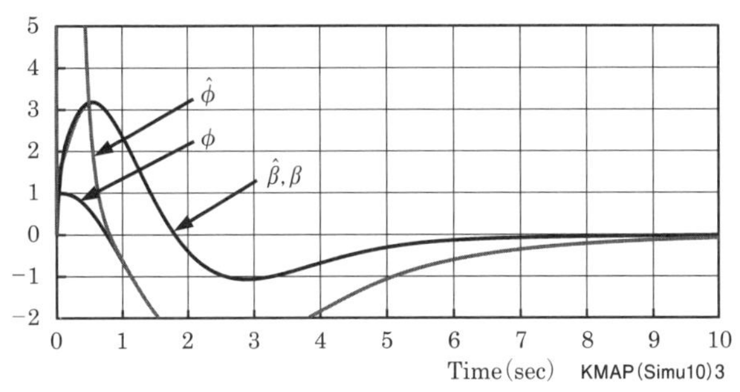

図 5.2-36　シミュレーション（初期値 $\beta_0=1.5°$，$\phi_0=1°$）

3）オブザーバはシステム変動に弱いので注意

上記例題において，観測できない状態変数を最小次元オブザーバにより推定して状態フィードバックを実現することを示した．その結果，状態フィードバックで実現された極配置がオブザーバにより影響されないように，オブザーバの極が追加されることが示された．従って，オブザーバの極をなるべく遠くに配置することで，本来の状態フィードバックによる応答特性を変えない特性にできる．

ところが，オブザーバには注意する点がある．設計した状態から，例えばアクチュエータを追加した場合には大きな影響を受ける．**図 5.2-37** は，固有角振動数 $\omega_a=100$（rad/s）（約 16Hz）のアクチュエータを追加した場合の極・零点で

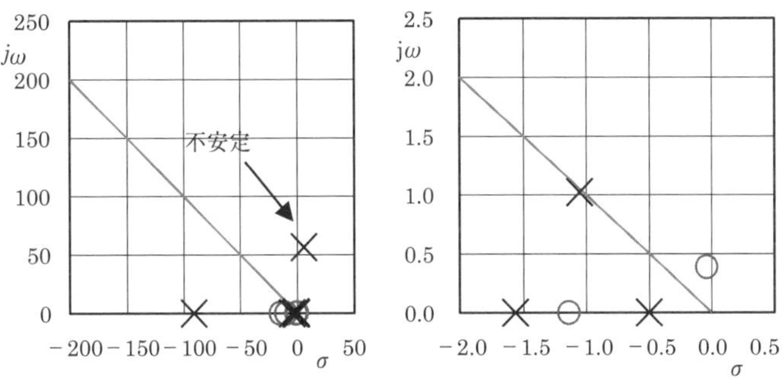

図 5.2-37　アクチュエータ追加時の r/U1 の極・零点
（$\zeta_a=0.7$，$\omega_a=100$rad/s）

ある．アクチュエータは十分よい特性であるが，図からわかるように不安定となっていることがわかる．

> **オブザーバはシステム変動に弱いので注意**
>
> オブザーバを利用して状態フィードバックを実現する場合には，設計時の状態から**システムが変動した場合**（**アクチュエータ追加等**），**安定性が大きく影響を受ける**ので注意が必要である．

5.2.3　モンテカルロ法によるゲイン最適化設計法 A40)，A41)

以降，コンピュータ時代の設計法として**モンテカルロ法**を応用した設計法を利用していく．これは，**“モンテカルロ法によるゲイン最適化設計法”**，略して**“ゲイン最適化法”**という設計法である．この方法は，難しい理論は必要なく，目的を満足する制御系のフィードバックゲインが簡単に求められる．従来の制御系設

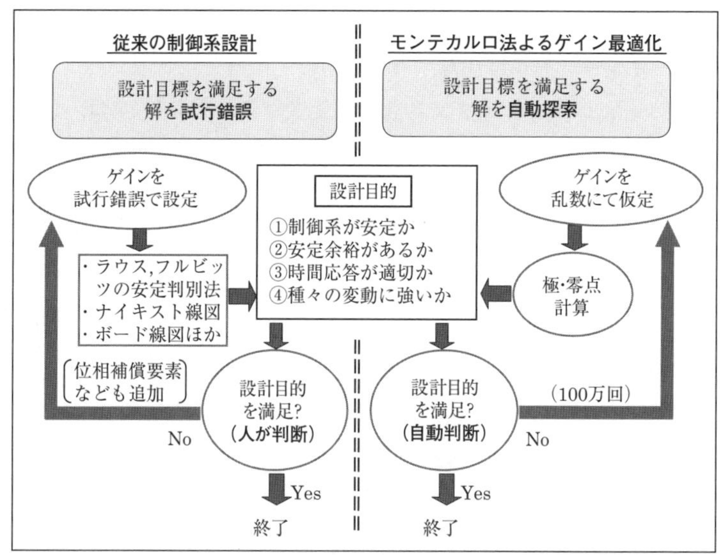

図 **5.2-38**　従来の設計法とゲイン最適化法の比較

計法とゲイン最適化法を比較すると**図 5.2-38** のようになる．その原理は簡単で，これまで人間が試行錯誤的に行ってきたゲイン最適化作業をコンピュータに任せる方式である．繰り返し回数は問題によって異なるが，100 万回行っても普通のパソコンで数分～10 分程度で最適化が完了する．

モンテカルロ法によるゲイン最適化設計法について，その方法の概略を以下に述べる．

(1) 制御系の構成

モンテカルロ法によるゲイン最適化設計法は，その制御系の構成に特徴がある．**図 5.2-39** はその構成例である．まず制御対象（ここでは航空機の運動方程式）が状態方程式（または伝達関数でもよい）で設定される．航空機の場合，線形制御系の設計時は線形化された状態方程式が使用されるが，シミュレーション評価時は非線形運動方程式をそのまま用いて実施される．その制御対象を操作するためのアクチュエータは伝達関数（この例では 2 次遅れ）で設定する．制御対象を制御するための法則（**制御則**という）は，3.7 節で述べた伝達関数の基本要素を組み合わせて構成される．**図 5.2-39** の例に示すように，基本要素の入出力に Z 番号を付して，その番号をつなげることで複雑な制御則も簡単に構築することができる．

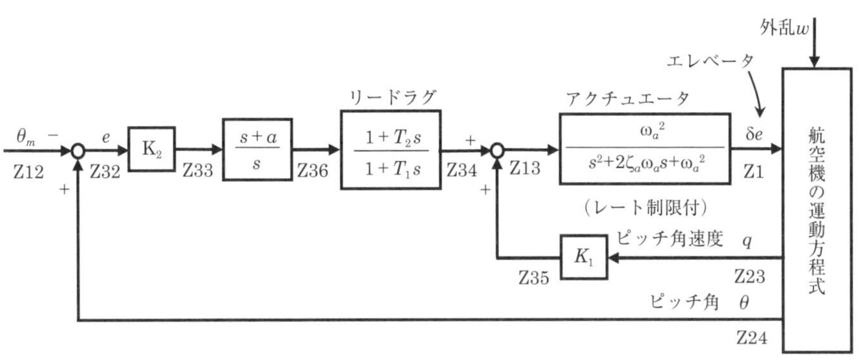

図 5.2-39　ゲイン最適化法による制御系の構成例

(2) 最適ゲインの導出

フィードバックゲインや各種フィルタ（伝達関数）からなる制御則が設計目的を満足するように，ゲインやフィルタの時定数を最適化する方法は次のように行う．求めたい制御則のゲインやフィルタの時定数を，乱数を用いて組み合わせを設定して，制御系の極・零点を計算する．その結果を用いて，設計目的を満足するとともに，(5.2-56) 式の評価関数を最小とする組み合わせを最適解とする．これがゲイン最適化法である．

$$J = \sum_{i=1}^{n} \left(\zeta_i - 0.7071 \right)^2 - \text{重み係数} \times \sqrt{\sigma_i^{\,2} + \omega_i^{\,2}} \qquad (5.2\text{-}56)$$

ここで，ζ_{i} はラプラス平面の上半面の極の減衰比である．また，実数極の場合は $\zeta_{\mathrm{i}}=1$ としている．式内の数字の 0.7071 は，左 45° ライン上にある極の減衰比である（図 **5.2-40**，図 **5.2-41**）．この 45° の傾きは変更することもできる．重み係数は，極位置をなるべく原点から遠い位置にして応答を速めるためのものである．$\sigma_{\mathrm{i}}+j\omega_{\mathrm{i}}$ は極位置を表すが，極が実軸上の場合は重み係数を 1/10 としている．なお，この重みを考慮する範囲（rad/s）を入力するようにしている．範囲を限定することで，アクチュエータなどの遠い極が選択されてしまうことを避けるためである．このようにして，フィードバック制御系の極をラプラス平面上の左 45° ライン上で原点から離れるような位置が選択される．

図 **5.2-40** は，ゲイン探索の例で，小さな●印が極の最適値である．このとき得られたフィードバックゲインを用いて根軌跡を描いたものが図 **5.2-41** である．ノミナルゲインとして得られた極の位置が左 45° ライン上にきていることが確認できる．閉ループ極が左 45° ライン上にあると，応答が振動的にはならない良好な位置である．このような根軌跡を実現するのは人間の能力では無理であるが，ゲイン最適化法では 100 万の組み合わせの中からこのような根軌跡を実現するフィードバックゲインを自動的に導き出してくれる．

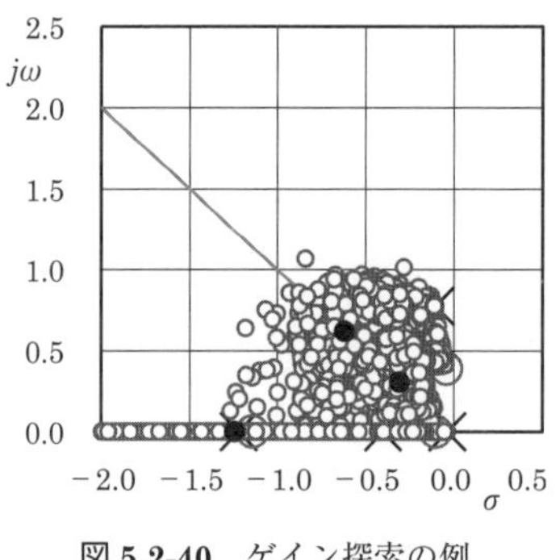

図 **5.2-40**　ゲイン探索の例

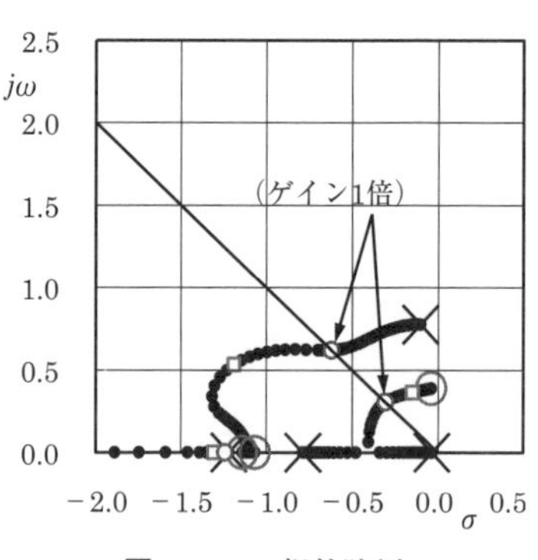

図 **5.2-41**　根軌跡例

ゲイン最適化法の特徴として，制御則のゲインだけでなくフィルタの時定数も最適化できること，またそれらをすべて選択する必要はなく最適化したいものを選んで設定できることが上げられる．例えば，あるゲインは予め高めに設定して固定として，それ以外のゲインやフィルタの時定数を最適化していくことも可能であり，柔軟性のある設計法である．最適化するゲインを指定する方法は，例えば**図 5.2-42** に示すようなリードラグの時定数 T_1 および T_2 を最適化する場合，**図 5.2-43** に示すように，インプットデータ上で時定数が設定されている行数を，探索範囲を設定する箇所に指定すればよい．

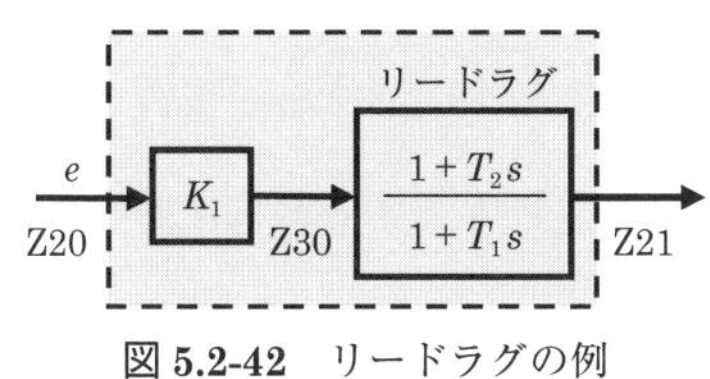

図 **5.2-42**　リードラグの例

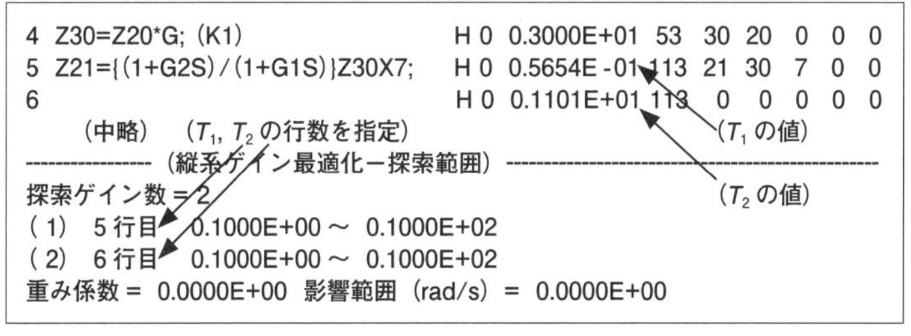

```
4  Z30=Z20*G; (K1)                  H 0  0.3000E+01  53   30  20   0  0  0
5  Z21={(1+G2S)/(1+G1S)}Z30X7;      H 0  0.5654E-01  113  21  30   7  0  0
6                                   H 0  0.1101E+01  113   0   0   0  0  0
      (中略)   (T1, T2 の行数を指定)                       (T1 の値)
---------------- (縦系ゲイン最適化ー探索範囲) ----------------------------
探索ゲイン数 = 2                                          (T2 の値)
( 1)  5 行目   0.1000E+00 ～  0.1000E+02
( 2)  6 行目   0.1000E+00 ～  0.1000E+02
重み係数 =  0.0000E+00  影響範囲 (rad/s) =  0.0000E+00
```

図 **5.2-43**　リードラグの時定数を最適化する例

(3) モンテカルロ法によるゲイン最適化設計法の特徴

この設計法は，モンテカルロ法であるので柔軟な応用範囲の広い方法である．この方法によってできることをまとめてみると次のようである．

① アクチュエータを考慮して設計できる

② 出力フィードバック方式であるのでオブザーバは不要

③ 時間遅れを考慮して設計できる

④ 制御則のゲインだけでなくフィルタの時定数も最適化できる

⑤　安定かどうかを極位置により厳密に評価できる
⑥　ロバスト安定問題においても保守的でない解が得られる
⑦　外乱に対して低感度な制御系が簡単に得られる
⑧　多目的の設計要求を満足する制御系が簡単に得られる
⑨　安定余裕要求を満足する制御系が簡単に設計できる
⑩　極の実部領域を指定した制御系が簡単に設計できる
⑪　極位置を指定した制御系が簡単に設計できる
⑫　コントロール舵角量を制限した制御系が簡単に設計できる
⑬　制御則内ゲイン等の中で最適化するものを選択できる
⑭　非線形最適化問題が簡単に解ける
⑮　非線形システムを安定化する制御系が簡単に設計できる
⑯　線形解析と非線形シミュレーション解析が同時にできる

(4) 現代制御理論とゲイン最適化法の比較

最適レギュレータ，**H_∞制御，線形行列不等式 LMI**（Linear Matrix Inequality）制御など，現代制御理論といわれる方法とゲイン最適化法とを比較すると次のようである．

①　現代制御理論は，制御目的が複雑になるにつれて，難解な理論的展開が必要となる．これに対してゲイン最適化法は，モンテカルロ法による繰り返し計算をコンピュータが行い，制御目的に合う解を自動的に探し出してくれる簡単な方法である．

②　現代制御理論は，制御対象の状態変数とアクチュエータダイナミクスのすべてを用いて制御する，いわゆる状態フィードバックが基本となっている．状態量がすべて得られない場合にはオブザーバ等を用いた推定機能が必要となり，システムが複雑になる．これに対してゲイン最適化法は，制御則は任意に設定でき，それらの中で最適化したいゲインを選択できる柔軟な方法である．

③　現代制御理論は種々の条件や制約があったり，条件によっては解が求まらないこともある．これに対してゲイン最適化法は，特に使用条件や制約などはない．ただし，制御目的が厳し過ぎると解が求まらないのはもちろんである．

5.3　（演習）制御対象が伝達関数のフィードバック制御

制御対象が伝達関数の場合，いわゆる1入力1出力の制御系となる．ここでは，フィードバック制御系にゲインのみを追加した場合とゲインとリードラグを追加した場合の制御性能について述べる．

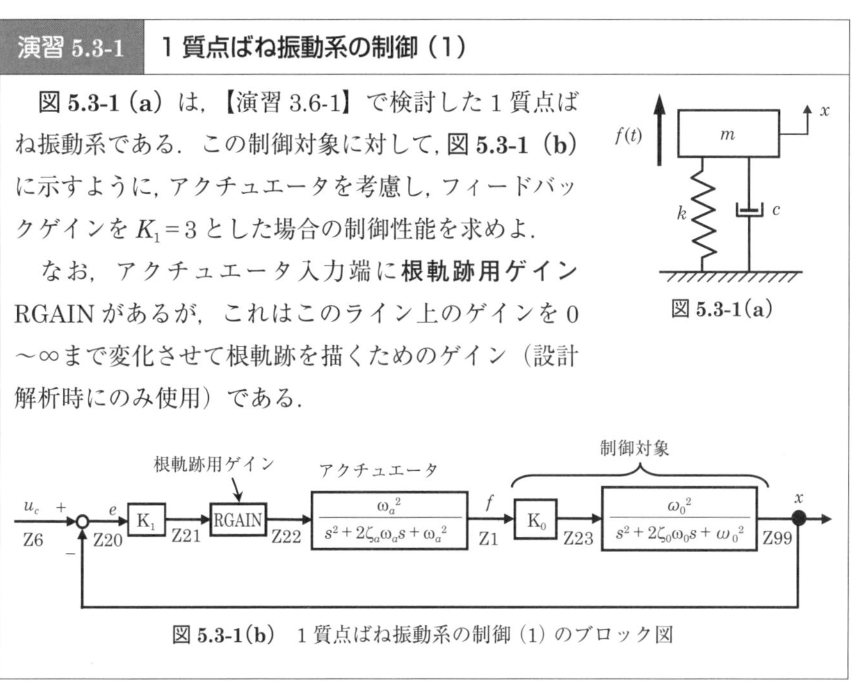

演習 5.3-1　1質点ばね振動系の制御（1）

図 5.3-1（a） は，【演習 3.6-1】で検討した1質点ばね振動系である．この制御対象に対して，**図 5.3-1（b）** に示すように，アクチュエータを考慮し，フィードバックゲインを $K_1 = 3$ とした場合の制御性能を求めよ．

なお，アクチュエータ入力端に**根軌跡用ゲイン** RGAIN があるが，これはこのライン上のゲインを0〜∞まで変化させて根軌跡を描くためのゲイン（設計解析時にのみ使用）である．

図 5.3-1(a)

$$\frac{\omega_a^2}{s^2 + 2\zeta_a\omega_a s + \omega_a^2} \qquad \frac{\omega_0^2}{s^2 + 2\zeta_0\omega_0 s + \omega_0^2}$$

図 5.3-1(b)　1質点ばね振動系の制御（1）のブロック図

【解】　**図 5.3-1（a）** の制御対象は，【演習 3.6-1】で求めたデータを用いる．またアクチュエータは次に示す値を用いる．

$$\begin{cases} K_0 = 0.5\ (\text{m/N}),\ \zeta_0 = 0.25\ (-),\ \omega_0 = 1\ (\text{rad/s}) \\ \zeta_a = 0.7\ (-),\ \omega_a = 10\ (\text{rad/s}),\ K_1 = 3\ (\text{N/m}) \end{cases} \tag{1}$$

このデータを用いて解析した結果を以下に示す．

図 5.3-1（c） に示すように，一巡伝達関数の極は4個，零点は0個で次数差は4である．従って，根軌跡の漸近線の方向は（5.1-11）式から

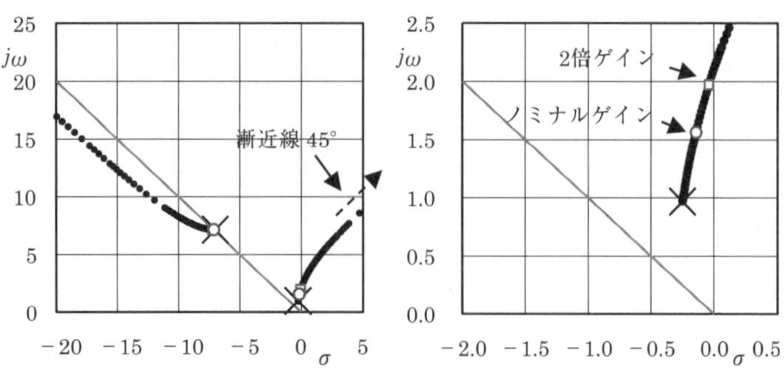

図 **5.3-1(c)**　根軌跡
(EIGE. 演習 5.3-1.Y190126.DAT)

$$\phi = \pm\frac{\pi}{4-0} = \pm 45° \tag{2}$$

となる．その結果，**図 5.3-1（c）**に示すように，極が右半面に入り込んでいくことがわかる．もし，極と零点の次数差が 2 であれば，漸近線の方向は 90° となるため，極は右半面に入らないので不安定は生じない．しかし，次数差が 3 以上になると漸近線は 60° 以下にとなるため必ず右半面に入ってしまうことになる．一巡伝達関数の極が 1 つ増えると位相が 90° ずつ遅れる．これに対して零点の数が 1 つ増えると位相が 90° ずつ進む．すなわち，次数差×90° だけ位相が遅れることになるが，**図 5.3-1（d）**からわかるように，このケースでは 360° 遅れることになる．

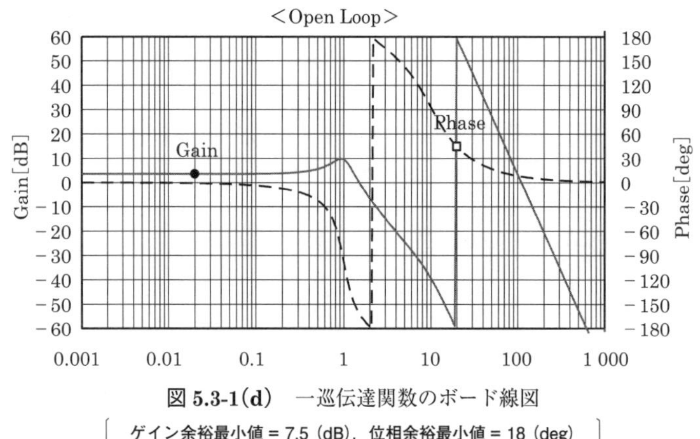

図 **5.3-1(d)**　一巡伝達関数のボード線図
［ゲイン余裕最小値 = 7.5 (dB)，位相余裕最小値 = 18 (deg)］

図 5.3-1（d）から，安定余裕は上記のようになる．**図 5.3-1（c）**の虚軸上の点は一巡伝達関数の位相が－180°になる点である．その点の周波数は約 2（rad/s）であるが，**図 5.3-1（d）**で 2（rad/s）のときの位相が－180°であることが確認できる．なお，ゲイン余裕が 7.5 dB あるため，ゲインを 2 倍（6dB）にしてもまだ安定であることがわかる．このケースはゲイン余裕は悪くはないが，位相余裕は 18°と少なく改善が必要である．

図 5.3-1（e）から，ノミナルゲイン（$K_1=3$（N/m））の極がかなり虚軸に近い位置にあり振動の減衰比が小さいことがわかる．**図 5.3-1（c）**の根軌跡も直ちに右半面に向かっており，根軌跡の形がよくないことがわかる．**図 5.3-1（f）**は，閉ループのボード線図である．**図 5.3-1（g）**は，ステップ入力の応答であるが，減衰がよくないことが確認できる．いずれにしても改善が必要である．

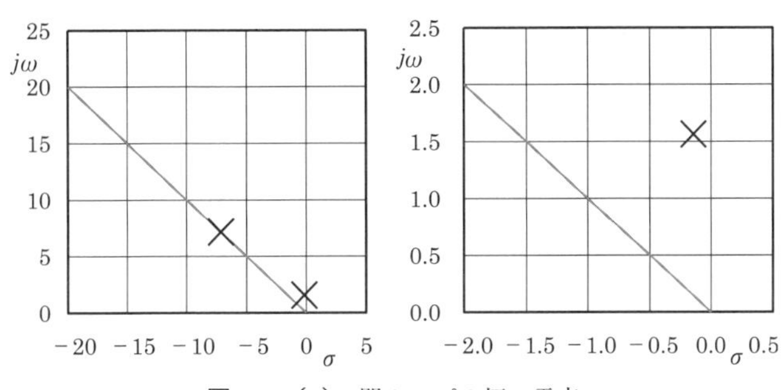

図 5.3-1(e)　閉ループの極・零点

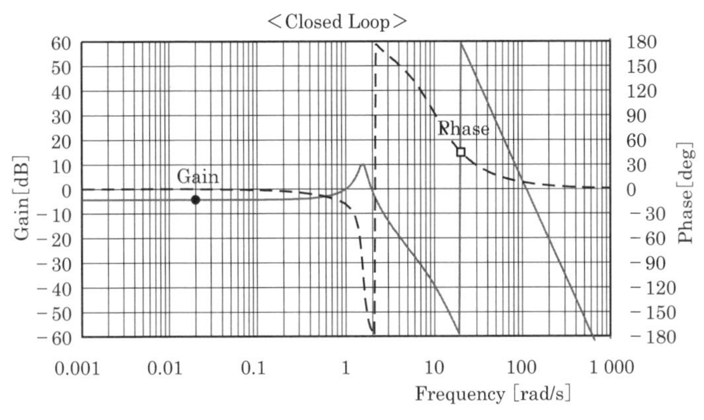

図 5.3-1(f)　閉ループのボード線図

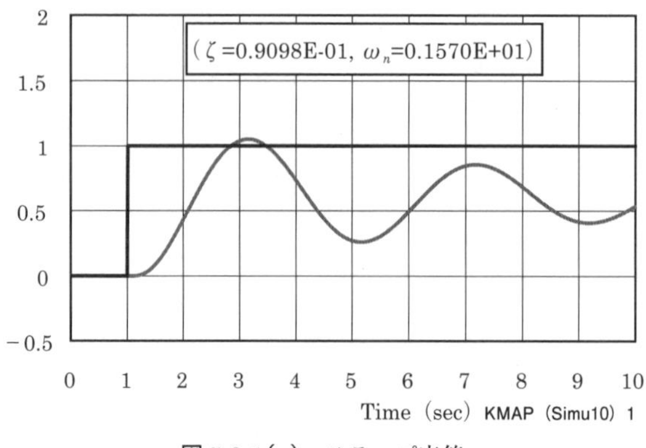

図 **5.3-1(g)**　ステップ応答

フィードバック制御はゲインだけでは改善は難しい

フィードバック制御系を改善するには，一巡伝達関数の極と零点の**次数差を小さくすることが重要**．そのためには，リードラグのように零点を持つ要素を用いるとよい．

リードラグは，極1個と零点1個を追加できる**簡単な伝達関数**であるが，**安定化に効果がある**．

演習 5.3-2　1質点ばね振動系の制御（2）

【演習 5.3-1】で検討したゲインのみのフィードバック制御系は，位相余裕も少なく，根軌跡の形もよくないため，制御性能の改善が必要である．そこで，**図 5.3-2 (b)** に示すようにゲインの他にリードラグ要素を追加して検討せよ．

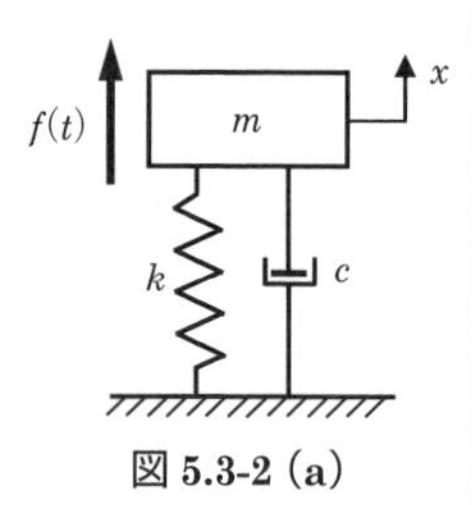

図 **5.3-2 (a)**

また，制御性能を評価するため，外乱入力 w に対する応答も計算せよ．

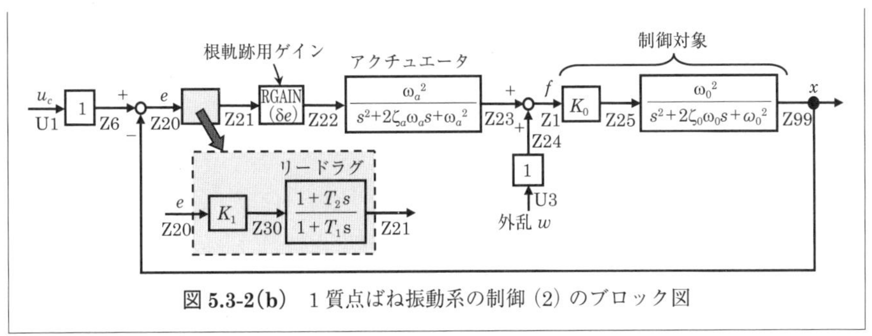

図 **5.3-2(b)**　1 質点ばね振動系の制御 (2) のブロック図

【解】　データは【演習 5.3-1】と同じ次のデータを用いる.

$$\begin{cases} K_0 = 0.5\ (\mathrm{m/N}),\ \zeta_0 = 0.25\ (-),\ \omega_0 = 1\ (\mathrm{rad/s}) \\ \zeta_a = 0.7\ (-),\ \omega_a = 10\ (\mathrm{rad/s}),\ K_1 = 3\ (\mathrm{N/m}) \end{cases} \tag{1}$$

このデータを用いて，5.2 節で述べたモンテカルロ法によるゲイン最適化設計法を用いて，リードラグの時定数 T_1 と T_2 を求める．図 **5.3-2 (c)** は，その探索状況である．得られたリードラグの時定数は次のようであった．

$$T_1 = 0.0565\ (秒),\ T_2 = 1.110\ (秒) \tag{2}$$

最適化の探索は 100 万の組み合わせにて実施したが，普通のパソコンで 50 秒程度で計算が終了した．

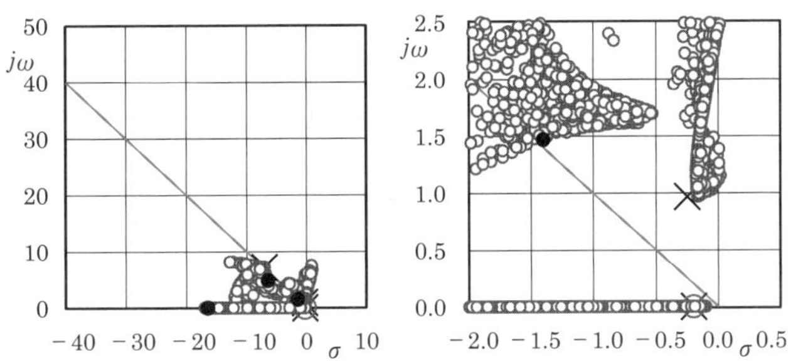

図 **5.3-2(c)**　最適ゲイン探索
(EIGE. 演習 5.3-2.Y190126.DAT)

図 5.3-2（d）は，最適化で得られた時定数のリードラグを用いたフィードバック制御系の根軌跡である．【演習 5.3-1】の根軌跡の**図 5.3-1（c）**が直ちに右半面（不安定の方向）に移動したのに対して，**図 5.3-2（d）**の根軌跡では，まず左上方に移動して極を左 45° ライン上に移動させていることがわかる．なお，一巡伝達関数の極（×印）は 5 個，零点（○印）は 1 個であり次数差は 4 で変わらない．従って，最終的には根軌跡の漸近線の方向は 45° となり，右半面に移動することは【演習 5.3-1】と同じである．これは，**図 5.1-5** にて根軌跡の安定化について述べたように，根軌跡をまず左に移動させて安定余裕を増やす形を作りだすことが重要である．このような簡単なリードラグを追加して適切に時定数を設定すると，ゲイン余裕 14（dB），位相余裕 59° と十分に安定性を有する制御系が得られることがわかる．

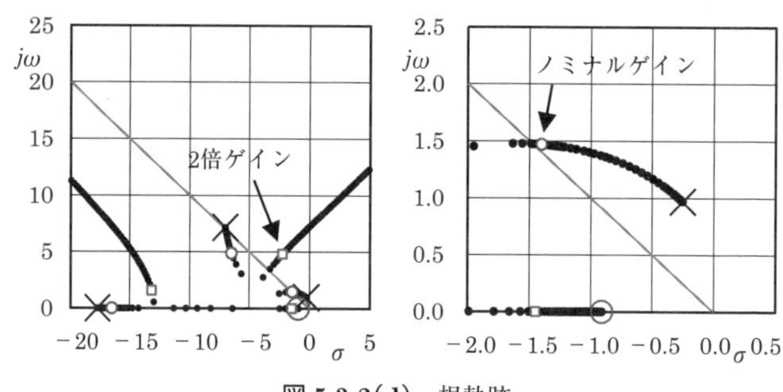

図 5.3-2(d)　根軌跡

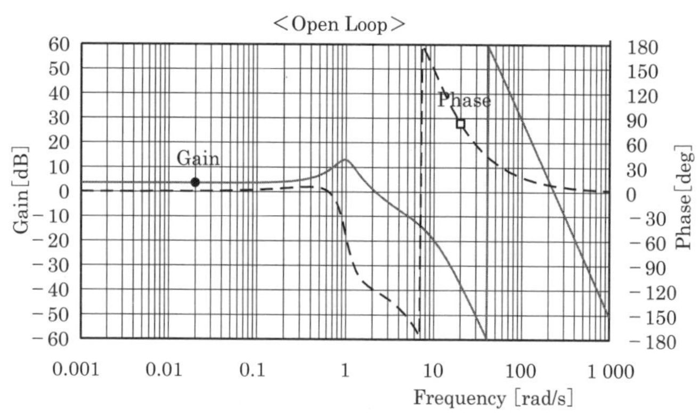

図 5.3-2(e)　一巡伝達関数のボード線図
（ゲイン余裕最小値 = 14（dB），位相余裕最小値 = 59（deg））

なぜこれほどの効果があるのか, 次に考えてみる．**図 5.3-2（f）** および**図 5.3-2（g）** は，リードラグ追加の効果について，根軌跡の動きを比較したものである．まず，**図 5.3-2（f）** は，リードラグなしの場合（演習 5.3-1）の根軌跡である．制御対象の極とアクチュエータの極の 2 つの複素極があるが零点はない．このため，2 つの複素極はお互い反発しあって離れていき，制御対象の極は右半面に 45° の漸近線で進んでいくことになる. このシステムではゲイン K_1 のみのフィードバックでは全く効果はなく，むしろ減衰比をより悪化させることになる．

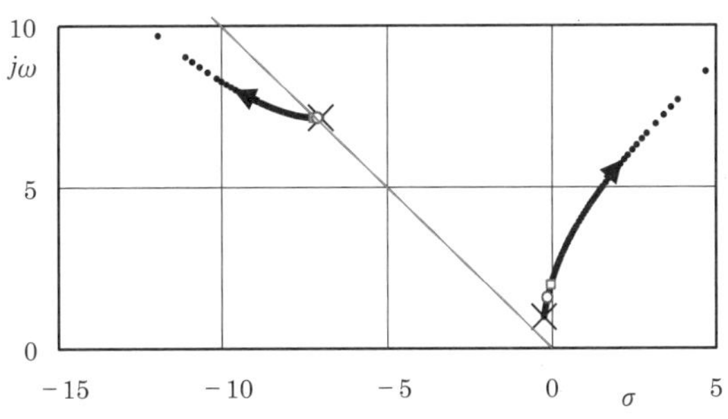

図 5.3-2(f) リードラグなし（演習 5.3-1）の根軌跡

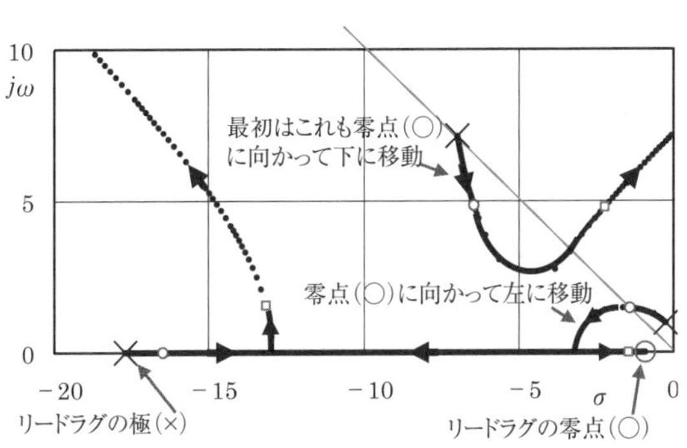

図 5.3-2(g) リードラグ有り（本演習）の根軌跡

これに対して，**図 5.3-2（g）** は次のようなリードラグを追加したものである．

$$\frac{1+T_2 s}{1+T_1 s}=\frac{1+1.110s}{1+0.0565s},\quad (\text{極}:s=-17.7,\ \text{零点}:s=-0.908) \tag{3}$$

このリードラグは，零点の ω が低いので，**位相進み補償**である．これは，ある周波数から位相が進むがその後もとに戻り，同時にある周波数以降ゲインが増加したままとなる特性を持つ．このリードラグが追加されることにより，**図 5.3-2 (g)** に示すように，原点付近に零点（○印），原点から遠い位置に極（×印）が追加されることになる．根軌跡は極（×）から零点（○）にあたかも“水が流れるように”進む性質があるので，原点付近にあった制御対象の複素極は左側へ円を描いて進み，実軸上で二手にわかれて一方は零点の方へ，もう一方は左側に進む．この左側へ円を描いて進む過程で，ノミナルゲイン（$K_1 = 3$（N/m））のときに，制御対象の極が左 45° ライン上に移動する．このように，リードラグを追加することにより，次数差は変化しないものの，零点が追加されることによって制御対象の極をよい位置に移動することが可能となる．

従来の設計法では，同様に一巡伝達関数に位相進み補償を追加して，**ゲイン交点周波数**（ゲインが 0（dB）となる周波数）を高くして即応性を増して性能を上げることを行っている．しかし，ボード線図上でこの設計検討をするのは複雑であり，難しい作業となる．これに対して，モンテカルロ法によるゲイン最適化設計法を用いると，これらの一連の作業をパソコンにて自動的に計算させることができる．

フィードバック制御にはリードラグが有効

リードラグは，極 1 個と零点 1 個を追加できる 1 次 /1 次の**簡単な伝達関数**であるが，フィードバック制御系の**安定化**に非常に**効果がある**．

次に，閉ループ x / u_c の特性をみてみよう．**図 5.3-2 (h)** は，この極・零点の図である．制御対象の極は，設計目的どおり左 45° ライン上に移動され，減衰比は約 0.7 の十分大きな値となっていることがわかる．この制御対象の極の他には，アクチュエータの極とリードラグの極があり，極は合計 5 個である．零点はリードラグの零点 1 個である．この零点は原点近くにあるため，**図 5.3-2 (i)** のシミュレーションに示すように，応答の最初のピーク値（行き過ぎ量）が大きく，時間応答に大きな影響を及ぼすことがわかる．（外乱については後述）

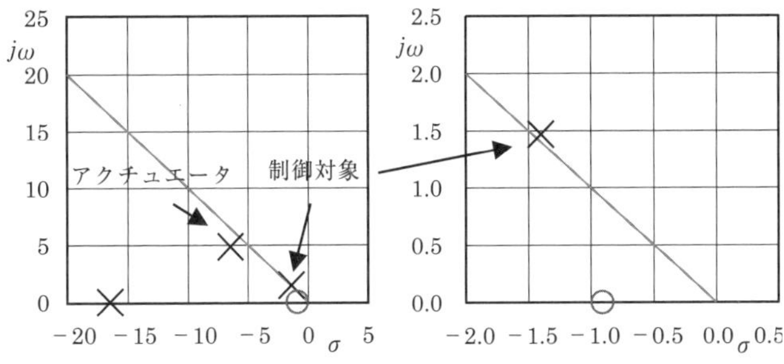

図 **5.3-2(h)**　閉ループ x/u_c の極・零点

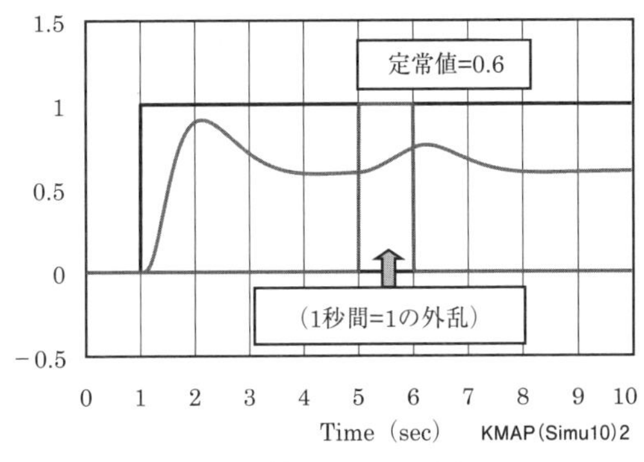

図 **5.3-2(i)**　ステップ応答

そこで，図 **5.3-2（i）** のピーク値のオーバーシュートを改善するために，図 **5.3-2（h）** の原点近くの零点をフィードフォワードの極でキャンセルすることを考える．フィードフォワードとは，図 **5.3-2（j）** に示すようにフィードバック制御系の外側にある一方通行の要素である．

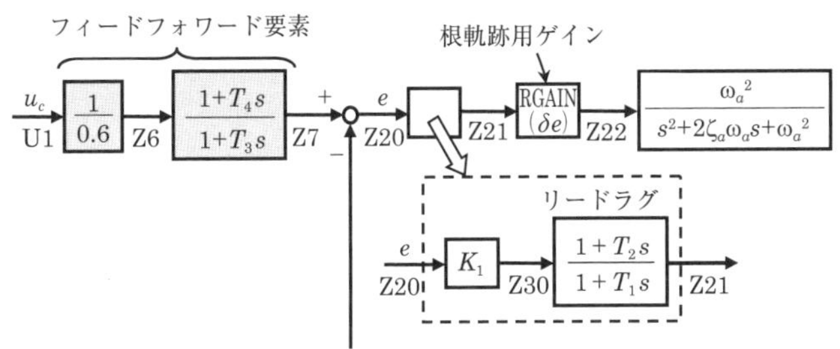

図 **5.3-2(j)**　フィードフォワード要素（F/F）追加

具体的には，**図 5.3-2（h）**の $s=-16.5$ の極と $s=-0.908$ の零点に対して，極と零点を逆にした次の関数をフィードフォワード要素として追加する．

$$\frac{1+T_4 s}{1+T_3 s}=\frac{1+(1/16.5)s}{1+(1/0.908)s}=\frac{1+0.0606\,s}{1+1.10\,s} \tag{4}$$

次に，入力1のステップ応答の定常値が0.6となっており，入力値（目標値）と制御量 x との定常偏差が生じている．5.1節に述べた（5.1-5）式の公式を用いて閉ループの伝達関数を求め，u_c を大きさ1のステップ入力として，2.2節に述べた**最終値の定理**から x の定常値 x_{ss} を計算すると次のようになる．

$$x_{ss}=\lim_{s\to 0}\frac{K_1\dfrac{1+T_2 s}{1+T_1 s}\cdot\dfrac{\omega_a^2}{s^2+2\zeta_a\omega_a s+\omega_a^2}K_0\dfrac{\omega_0^2}{s^2+2\zeta_0\omega_0 s+\omega_0^2}}{1+K_1\dfrac{1+T_2 s}{1+T_1 s}\cdot\dfrac{\omega_a^2}{s^2+2\zeta_a\omega_a s+\omega_a^2}K_0\dfrac{\omega_0^2}{s^2+2\zeta_0\omega_0 s+\omega_0^2}}=\frac{K_1K_0}{1+K_1K_0}=0.6 \tag{5}$$

フィードバック制御系のステップ応答の定常値

一巡伝達関数の各要素 F_i に $s=0$ を代入した値 $F(0)_i$ が有限の場合には，**ステップ応答の定常値** x_{ss} は次式で表され，入力値（目標値）と制御量 x_{ss} に**定常偏差が生じる．**

$$x_{ss}=\frac{F(0)_1\times F(0)_2\times\cdots}{1+F(0)_1\times F(0)_2\times\cdots} \tag{6}$$

本演習の場合は，定常値は0.6であるので，その逆数を掛けたものをフィードフォワード（F/F）要素とすればよい．結局，フィードフォワード要素としては（4）式と（5）式の逆数（1/0.6）の追加である．その結果，**図 5.3-2（k）**に示すように，F/F要素追加後の x/u_c の実軸上の極・零点がキャンセルされ，また**図 5.3-2（*l*）**に示すステップ応答のピーク値および定常値が改善して1.0になっていることが確認できる．

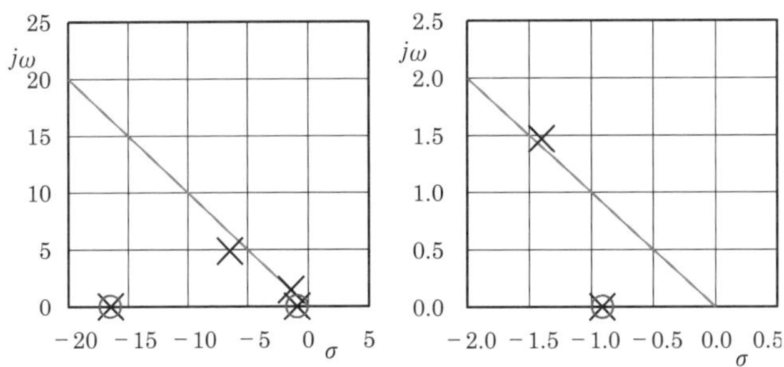

図 **5.3-2(k)**　F/F 要素追加後の x/u_c の極・零点
(EIGE. 演習 5.3-2A.Y190126.DAT)

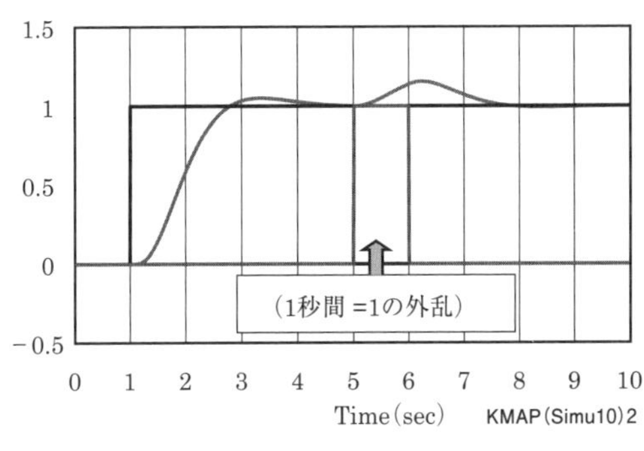

図 **5.3-2(*l*)**　ステップ応答

次に，外乱応答 x / w の特性をみてみよう．**図 5.3-2（m）**は，外乱応答 x / w の極・零点である．制御対象の極以外の極の近くには零点があるため，その極の影響は軽減されるため，x / w の応答は制御対象の極の特性に近いものとなる．

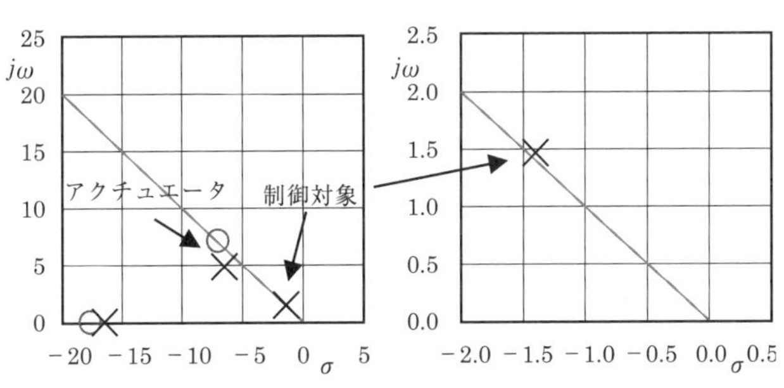

図 **5.3-2(m)**　外乱応答 x/w の極・零点

制御対象の極以外の極と零点が近くにある理由は次のようである．図 **5.3-2 (b)** から次のような関係式を得る．

$$\frac{x}{w}=\frac{K_0\omega_0^2(s^2+2\zeta_a\omega_a s+\omega_a^2)(1+T_1 s)}{(s^2+2\zeta_0\omega_0 s+\omega_0^2)(s^2+2\zeta_a\omega_a s+\omega_a^2)(1+T_1 s)+K_0\omega_0^2\,K_1\omega_a^2(1+T_2 s)} \tag{7}$$

すなわち，(7) 式から x/w の零点は，アクチュエータの極とリードラグの極が零点に変化したものであることがわかる．一方，アクチュエータの極とリードラグの極は，周波数が高いためにフィードバックによって大きくは移動しない．従って，外乱応答 x/w の制御性能は，ほぼ制御対象に近い特性となると考えられる．

図 **5.3-2 (n)** は，外乱応答のボード線図である．低周波数のゲインは－14dB 以下となっている．これは (7) 式において $s\to 0$ とすると得られる．

$$\left(\frac{x}{w}\right)_{s=0}=\frac{K_0\omega_0^2\omega_a^2}{\omega_0^2\omega_a^2+K_0\omega_0^2\,K_1\omega_a^2}=\frac{K_0}{1+K_0K_1}=\frac{0.5}{1+0.5\times 3}=0.2\;=-14(\mathrm{dB}) \tag{8}$$

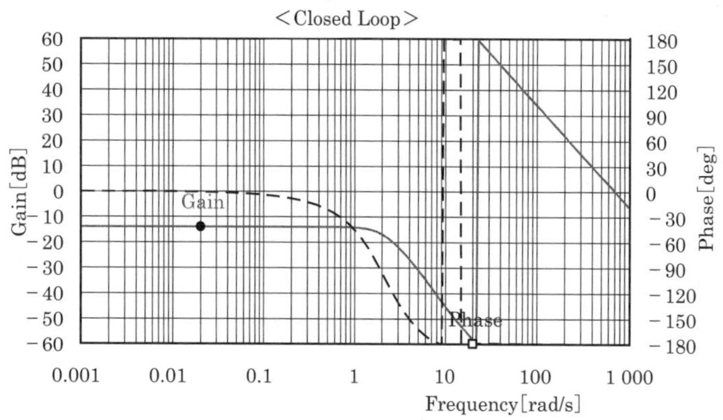

図 **5.3-2(n)**　外乱応答 x/w のボード線図

5.4 （演習）制御対象が状態方程式のフィードバック制御

制御対象が状態方程式の場合，多入出力系のフィードバック制御問題の取り扱いが簡単になる．ここでは，モンテカルロ法によるゲイン最適化設計法を用いて線形フィードバック制御系の設計解析を行う．

演習 5.4-1　2質点ばね振動系の制御

図 5.4-1 (a) は，【演習 4.3-2】で検討した2質点ばね振動系を，振動速度 $\dot{x}_1$ および $\dot{x}_2$ を強制力 $f_1(t)$ にフィードバックすることにより振動を減衰させよ．

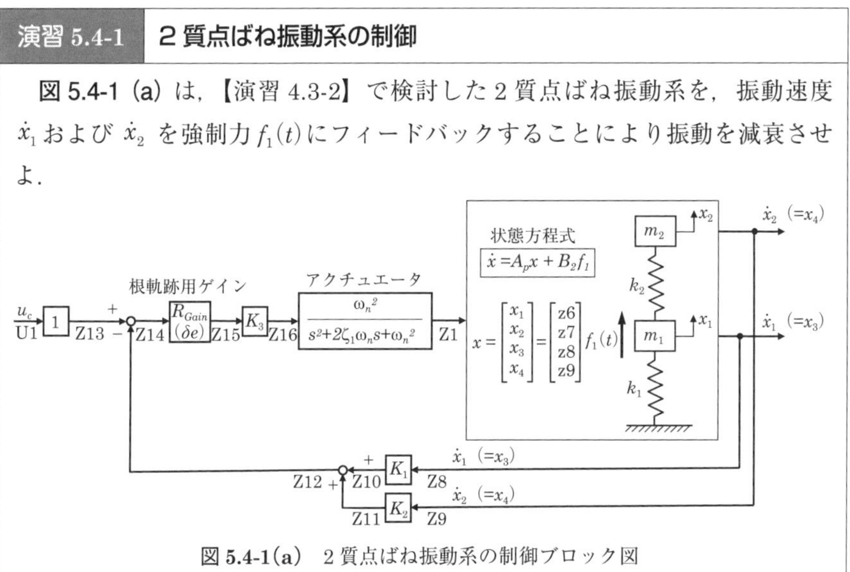

図 5.4-1(a)　2質点ばね振動系の制御ブロック図

【解】　制御対象は【演習 4.3-2】で求めた次の状態方程式で表される．

$$\dot{x} = A_p x + B_2 f_1 \tag{1}$$

ただし，

$$x = \begin{bmatrix} x_1 \\ x_2 \\ x_3 \\ x_4 \end{bmatrix}, \quad A_p = \begin{bmatrix} 0 & 0 & 1 & 0 \\ 0 & 0 & 0 & 1 \\ -\dfrac{k_1 + k_2}{m_1} & \dfrac{k_2}{m_1} & 0 & 0 \\ \dfrac{k_2}{m_2} & -\dfrac{k_2}{m_2} & 0 & 0 \end{bmatrix}, \quad B_2 = \begin{bmatrix} 0 \\ 0 \\ \dfrac{1}{m_1} \\ 0 \end{bmatrix} \tag{2}$$

ここでは【演習 4.3-2】と同じ次のケースを考えてみよう.

$$m_1 = 2\ (\mathrm{kg}),\ m_2 = 8\ (\mathrm{kg}),\ k_1 = 600\ (\mathrm{N/m}),\ k_2 = 1\,200\ (\mathrm{N/m}) \qquad (3)$$

図 5.4-1 (a) の制御系は,制御対象は状態方程式で表されているが,アクチュエータやフィードバック制御則は, 5.3 節で述べた制御対象が伝達関数の場合と同様に, 伝達関数の基本要素を用いて構成する.

> **ゲイン最適化法は，伝達関数と状態方程式が混在で解析**
>
> **制御対象は状態方程式，制御則は伝達関数**とするとわかりやすい制御系となる.
>
> (⇒**古典制御と現代制御の融合**)

さて, (1) 式および (2) 式の状態方程式について, (3) 式のデータを用いて設計する. 5.2 節で述べたゲイン最適化法を用いて, フィードバックゲイン K_1, K_2, K_3 を求める. その結果, 得られたゲイン次のようである.

$$K_1 = 4.62\ (\mathrm{N \cdot s/m}),\ K_2 = 10.96\ (\mathrm{N \cdot s/m}),\ K_3 = 7.29\ (-) \qquad (4)$$

図 5.4-1 (b) は, 得られたゲインによる根軌跡, **図 5.4-1 (c)** は, 極・零点である. 安定化されていることがわかる. **図 5.4-1 (d)** は, 一巡伝達関数のボード線図である. 安定余裕の値は, 下記に示したとおりである.

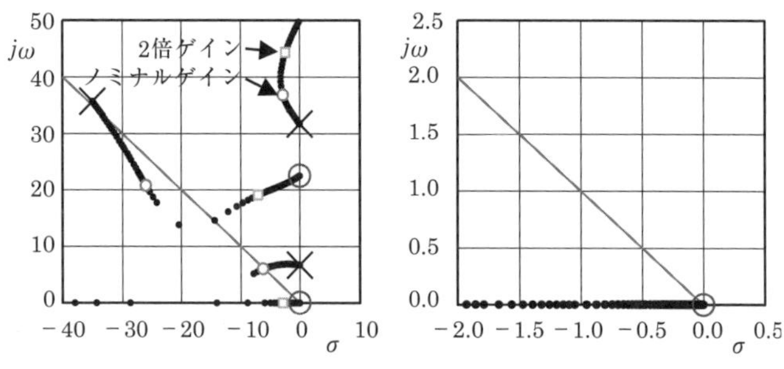

図 5.4-1(b) 根軌跡
(EIGE. 演習 5.4-1.Y190207.DAT)

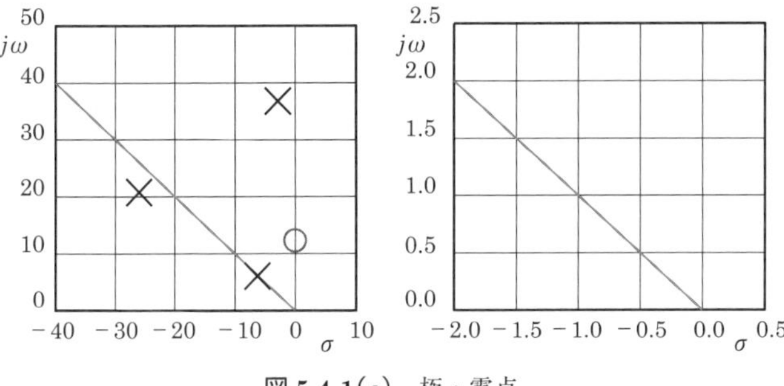

図 **5.4-1(c)** 極・零点

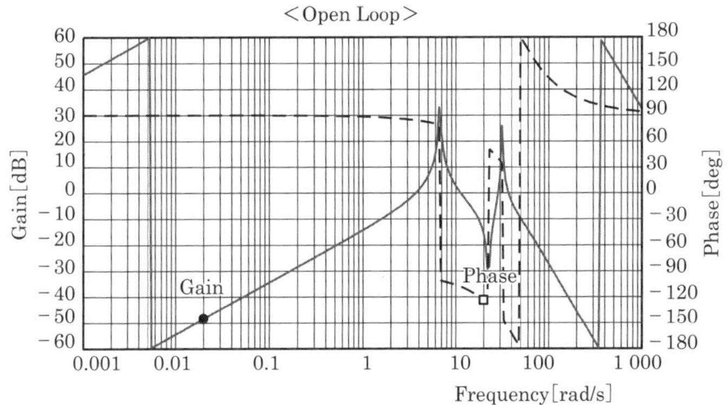

図 **5.4-1(d)** 一巡伝達関数のボード線図
（ゲイン余裕最小値 = 9.71（dB），位相余裕最小値 = 23.7（deg））

図 5.4-1 (e) は，シミュレーション結果である．制御なしの場合は，**図 4.3-2 (d)** に示したように振動が持続するが，ゲイン最適化によるフィードバック制御によって1秒程度で減衰する制御系が得られたことがわかる．

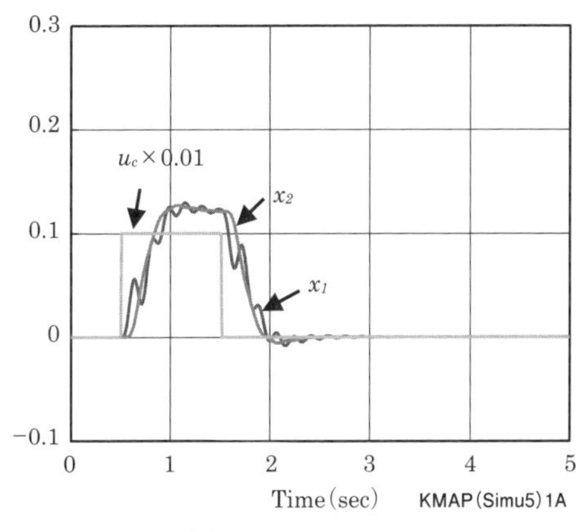

図 **5.4-1 (e)** シミュレーション結果

演習 5.4-2　自動車のサスペンション制御

図 5.4-2（a） は，【演習 4.3-3】で検討した自動車のサスペンションに対して，前輪および後輪の支持部に**スカイフックダンパ**といわれるアクチュエータを取り付けたものである．アクチュエータが前輪および後輪の変位 x_1 および x_2 の速度に比例した力 f_1 および f_2 をだすようにして，車体の振動を減衰させよ．ただし，m_0 は車体の質量，k_1 および k_2 は前ばねおよび後ばねのばね定数，I は重心まわりの慣性モーメント，$w(t)$ は地面の変動である．

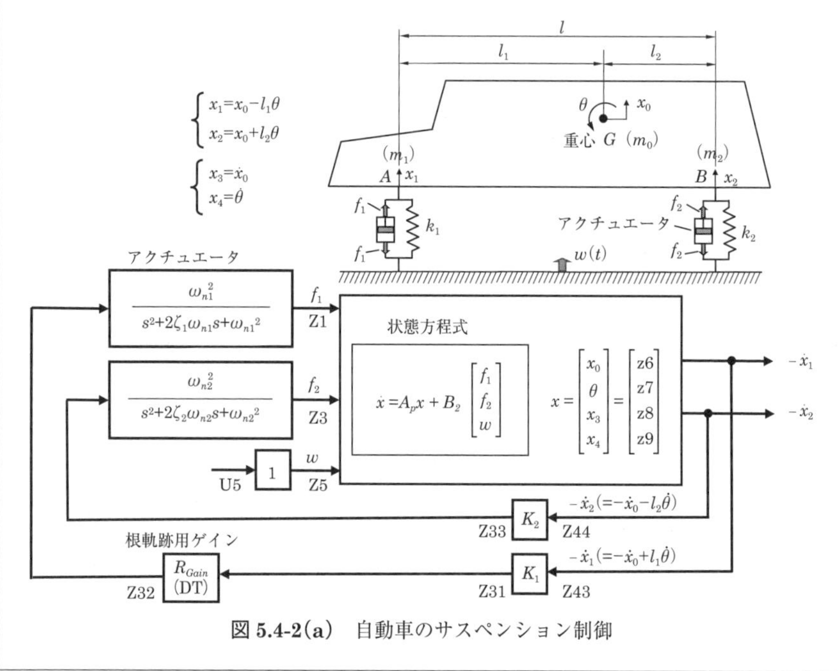

図 5.4-2(a)　自動車のサスペンション制御

【解】　スカイフックダンパとは，仮想的に取り付けられたダンパで，車体の上下変位に比例した力をだすと仮定したものである．実際にはそのようなことはできないのであるが，車体の変位に比例した力をだすような制御系を構成してアクチュエータに指令することで見かけ上実現するものである．具体的には，制御対象は【演習 4.3-3】で求めた運動方程式を次のように修正する．

$$x_1 = x_0 - l_1\theta, \quad x_2 = x_0 + l_2\theta \tag{1}$$

このとき，車体の上下方向の運動方程式は

$$\begin{aligned} m_0\ddot{x}_0 &= -k_1(x_1 - w) - k_2(x_2 - w) + f_1 + f_2 \\ &= -k_1(x_0 - l_1\theta) - k_2(x_0 + l_2\theta) + f_1 + f_2 + (k_1 + k_2)w \end{aligned} \tag{2}$$

また，重心まわりの回転の運動方程式は

$$\begin{aligned} I\ddot{\theta} &= k_1(x_1 - w)l_1 - k_2(x_2 - w)l_2 - l_1 f_1 + l_2 f_2 \\ &= k_1 l_1(x_0 - l_1\theta) - k_2 l_2(x_0 + l_2\theta) - l_1 f_1 + l_2 f_2 - k_1 l_1 w + k_2 l_2 w \end{aligned} \tag{3}$$

となる．(2) 式および (3) 式を整理すると次式を得る．

$$\begin{cases} \ddot{x}_0 = -\dfrac{k_1 + k_2}{m_0}x_0 + \dfrac{k_1 l_1 - k_2 l_2}{m_0}\theta + \dfrac{1}{m_0}f_1 + \dfrac{1}{m_0}f_2 + \dfrac{k_1 + k_2}{m_0}w \\ \ddot{\theta} = \dfrac{k_1 l_1 - k_2 l_2}{I}x_0 - \dfrac{k_1 l_1^2 + k_2 l_2^2}{I}\theta - \dfrac{l_1}{I}f_1 + \dfrac{l_2}{I}f_2 - \dfrac{k_1 l_1 - k_2 l_2}{I}w \end{cases} \tag{4}$$

(4) 式の 2 階の微分方程式を 1 階の微分方程式に変形すると

$$\begin{cases} \dot{x}_0 = x_3 \\ \dot{\theta} \; = x_4 \\ \dot{x}_3 = -\dfrac{k_1 + k_2}{m_0}x_0 + \dfrac{k_1 l_1 - k_2 l_2}{m_0}\theta + \dfrac{1}{m_0}f_1 + \dfrac{1}{m_0}f_2 + \dfrac{k_1 + k_2}{m_0}w \\ \dot{x}_4 = \dfrac{k_1 l_1 - k_2 l_2}{I}x_0 - \dfrac{k_1 l_1^2 + k_2 l_2^2}{I}\theta - \dfrac{l_1}{I}f_1 + \dfrac{l_2}{I}f_2 - \dfrac{k_1 l_1 - k_2 l_2}{I}w \end{cases} \tag{5}$$

この微分方程式を行列で表すと次の状態方程式が得られる．

(A_p 行列)　　　　　　　　　　(B_2 行列)

$$\begin{bmatrix} \dot{x}_0 \\ \dot{\theta} \\ \dot{x}_3 \\ \dot{x}_4 \end{bmatrix} = \begin{bmatrix} 0 & 0 & 1 & 0 \\ 0 & 0 & 0 & 1 \\ -\dfrac{k_1 + k_2}{m_0} & \dfrac{k_1 l_1 - k_2 l_2}{m_0} & 0 & 0 \\ \dfrac{k_1 l_1 - k_2 l_2}{I} & -\dfrac{k_1 l_1^2 + k_2 l_2^2}{I} & 0 & 0 \end{bmatrix} \cdot \begin{bmatrix} x_0 \\ \theta \\ x_3 \\ x_4 \end{bmatrix} + \begin{bmatrix} 0 & 0 & 0 \\ 0 & 0 & 0 \\ \dfrac{1}{m_0} & \dfrac{1}{m_0} & \dfrac{k_1 + k_2}{m_0} \\ -\dfrac{l_1}{I} & \dfrac{l_2}{I} & -\dfrac{k_1 l_1 - k_2 l_2}{I} \end{bmatrix} \cdot \begin{bmatrix} f_1 \\ f_2 \\ w \end{bmatrix} \tag{6}$$

さて，ここでは【演習 4.3-3】と同じデータおよびアクチュエータは次のデータとする．

$$\begin{cases} m_0 = 1\,290 \text{ (kg)}, & I = 1\,900 \text{ (kg·m}^2\text{)}, & k_1 = 58\,900 \text{ (N/m)}, \\ k_2 = 43\,900 \text{ (N/m)}, & l_1 = 1.06 \text{ (m)}, & l_2 = 1.52 \text{ (m)}, \\ \zeta_1 = 0.7 \text{ (−)}, & \omega_{n1} = 30 \text{ (rad/s)}, & \zeta_2 = 0.7 \text{ (−)}, \\ \omega_{n1} = 30 \text{ (rad/s)} \end{cases} \tag{7}$$

（6）式の状態方程式について，（7）式のデータを用いて，ゲイン最適化法を用いて，フィードバックゲイン K_1, K_2 を求める．得られたゲインは次のようであった．

$$K_1 = 6\,322 \text{ (N·s/m)},\ K_2 = 4\,215 \text{ (N·s/m)} \tag{8}$$

図 5.4-2（b）は得られたゲインによる根軌跡，**図 5.4-2（c）**は極・零点である．安定化されていることがわかる．

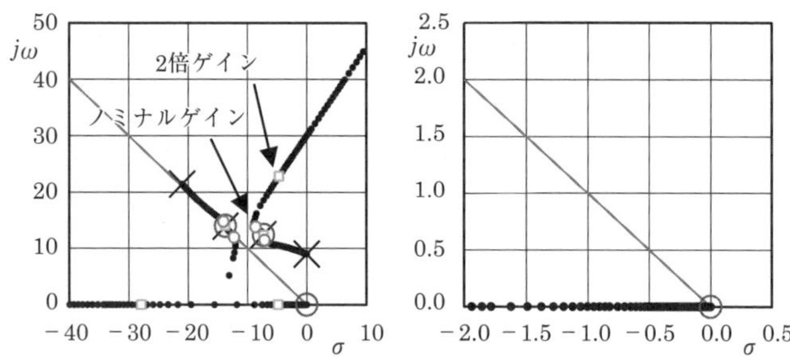

図 **5.4-2(b)**　根軌跡
(EIGE. 演習 5.4-2.Y190209.DAT)

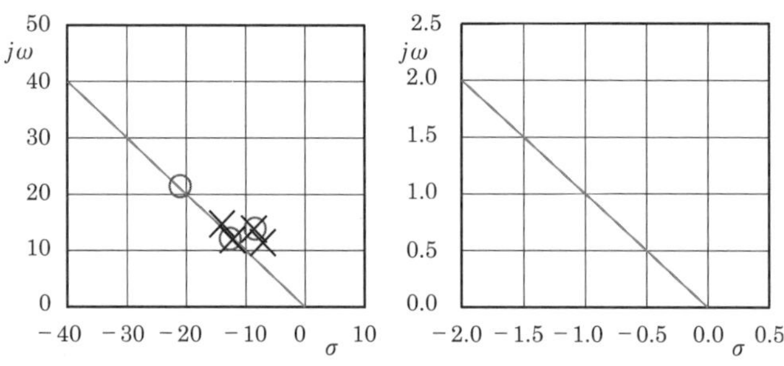

図 **5.4-2(c)**　極・零点

図 5.4-2（d）は，一巡伝達関数のボード線図である．ゲイン余裕の値は，下記のとおりである．

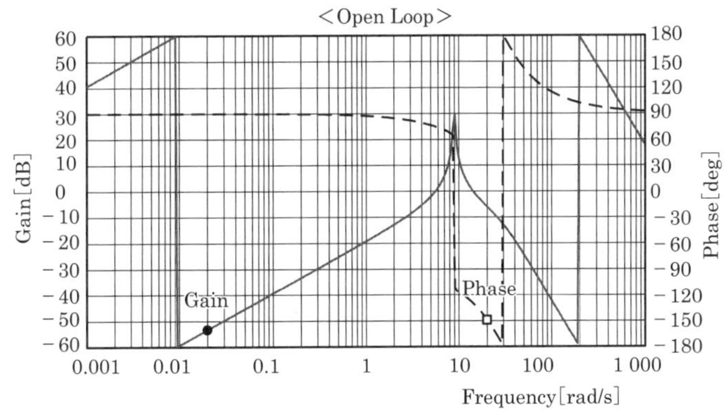

図 5.4-2(d)　ボード線図
（ゲイン余裕最小値 = 12.9（dB），位相余裕最小値 = 50.0（deg））

図 5.4-2 (e) は，シミュレーション結果である．制御なしの場合は，**図 4.3-3 (e)** に示したように振動が持続するが，ゲイン最適化によるフィードバック制御によって 1 秒程度で減衰する制御系が得られたことがわかる．

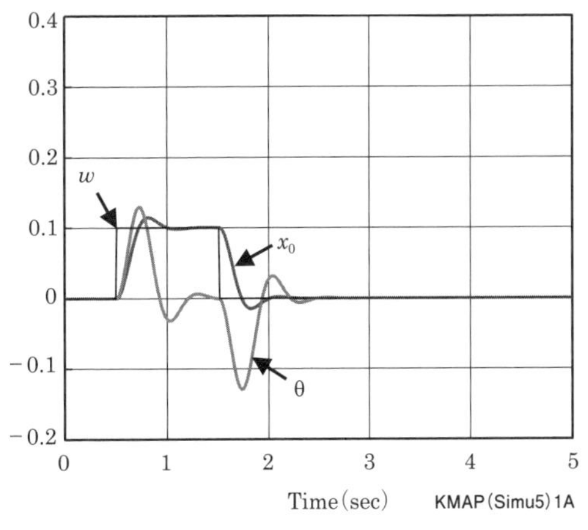

図 5.4-2(e)　シミュレーション結果

演習 5.4-3　振動台車と単振り子の連成問題の制御

図 **5.4-3 (a)** は，【演習 4.3-4】で検討した振動台車と単振り子の連成問題について，質量 M の水平方向の加速度 $\ddot{x}$ と質量 m の振り子の傾きの角速度 $\dot{\theta}$ を水平方向の外力 F にフィードバックすることにより振動を減衰させよ．ただし，質量 M にはばね定数 k のばねが壁に取り付けられている．

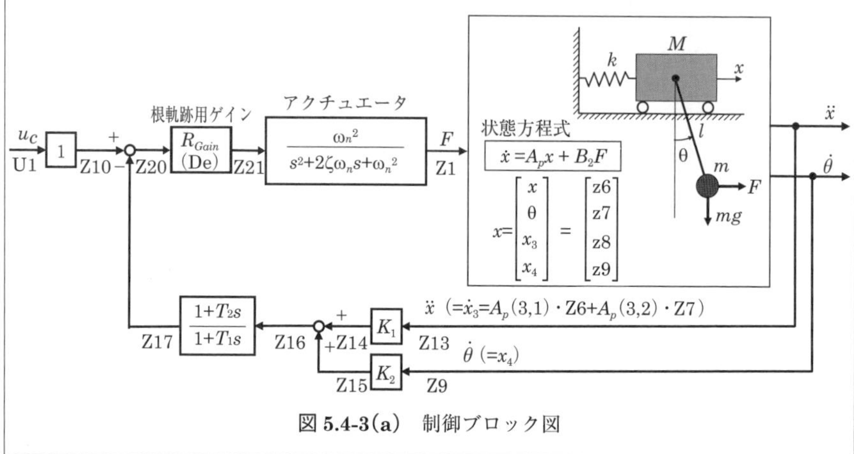

図 **5.4-3(a)**　制御ブロック図

【解】　制御対象は，【演習 4.3-4】で求めた次の状態方程式である．

（A_p 行列）　　（B_2 行列）

$$\begin{bmatrix}\dot{x}\\ \dot{\theta}\\ \dot{x}_3\\ \dot{x}_4\end{bmatrix}=\begin{bmatrix}0 & 0 & 1 & 0\\ 0 & 0 & 0 & 1\\ -\dfrac{k}{M} & \dfrac{mg}{M} & 0 & 0\\ \dfrac{k}{Ml} & -\left(1+\dfrac{m}{M}\right)\dfrac{g}{l} & 0 & 0\end{bmatrix}\cdot\begin{bmatrix}x\\ \theta\\ x_3\\ x_4\end{bmatrix}+\begin{bmatrix}0\\ 0\\ 0\\ \dfrac{1}{ml}\end{bmatrix}\cdot F \tag{1}$$

ここでは【演習 4.3-4】と同じ次のケースを考えてみよう．

$$M=20\ \text{(kg)},\ m=5\ \text{(kg)},\ k=100\ \text{(N/m)},\ l=1\ \text{(m)} \tag{2}$$

以下，2つのケースの制御系について検討する．

(1) 振り子の傾きの角速度 $\dot{\theta}$ のみをフィードバックした場合

まず，**図 5.4-3（a）**のブロック図で，角速度 $\dot{\theta}$ のみをフィードバックした場合を考えてみる．5.2 節で述べたモンテカルロ法によるゲイン最適化設計法を用いて，ゲイン K_2 とリードラグの時定数 T_1，T_2 を求める．その結果，得られたゲインは次のようである．

$$K_2 = 1.441\ (\mathrm{N \cdot s/rad}),\ T_1 = 1.043\ (秒),\ T_2 = 14.90\ (秒) \qquad (3)$$

図 5.4-3（b）は，得られたゲインによる根軌跡，**図 5.4-3（c）**は，極・零点である．安定化されているが，固有角振動数 2（rad/s）の極の減衰比が小さいことがわかる．これは**図 5.4-3（d）**の応答結果からも確認できる．この要因としては，θ / F には極の少し上の方に零点があることによる．根軌跡は極から零点に向かって移動するため，ノミナルゲインのときに減衰比が大きくならないためである．

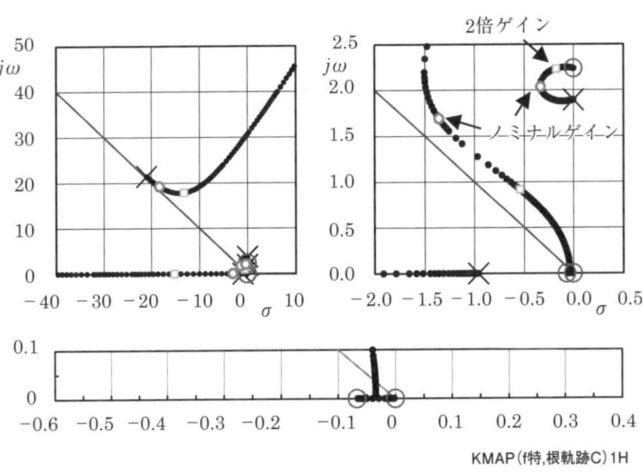

図 **5.4-3(b)** 根軌跡（$\dot{\theta}$ のみ）
(EIGE. 演習 5.4-3.Y190210.DAT)

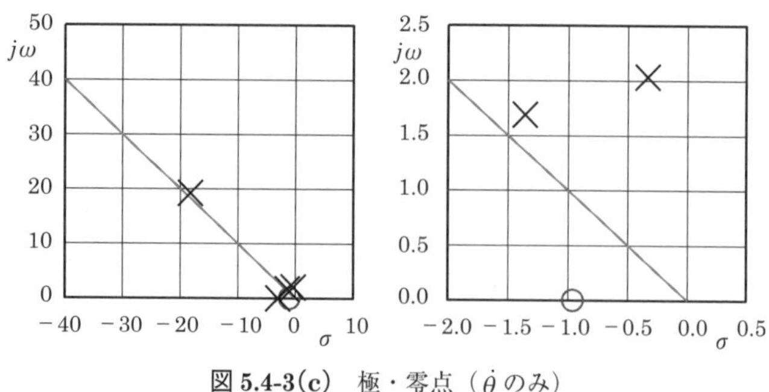

図 **5.4-3(c)**　極・零点（$\dot{\theta}$ のみ）

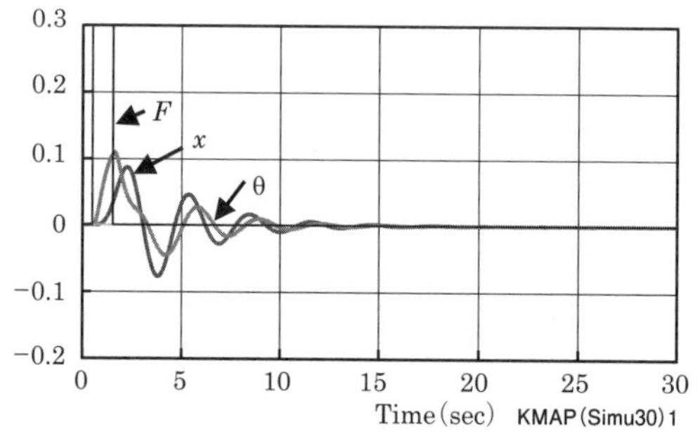

図 **5.4-3(d)**　0.5 ～ 1.5 秒に $F=5$（N）の入力時の応答（$\dot{\theta}$ のみ）

そこで，減衰比をもっと大きくするために，台車の水平方向の加速度も考慮にいれた制御系を次に考える．

(2)　台車の加速度 $\ddot{x}$ と角速度 $\dot{\theta}$ をフィードバックした場合

まず，**図 5.4-3（a）**のブロック図で，ゲイン K_1，K_2 とリードラグの時定数 T_1，T_2 をモンテカルロ法によるゲイン最適化設計法で求める．その結果を次に示す．

$$\begin{cases} K_1 = 4.55 \ (\mathrm{N \cdot s^2/m}), \quad K_2 = 6.99 \ (\mathrm{N \cdot s/rad}), \\ T_1 = 1.923 \ (秒), \qquad T_2 = 12.51 \ (秒) \end{cases} \tag{4}$$

図 5.4-3（e）は，得られたゲインによる根軌跡，**図 5.4-3（f）**は，極・零点である．台車の加速度 $\ddot{x}$ を追加したことにより，十分安定化されていることがわかる．**図 5.4-3（e）**の根軌跡が非常に安定な位置に移動する様子がわかるが，

これは零点が適切な位置に配置されることによる．この零点の位置は，制御則の構成，すなわちどの状態変数をフィードバックするかによって決まるものである．従って結果が思わしくなければ，制御則を再構成する必要がある．

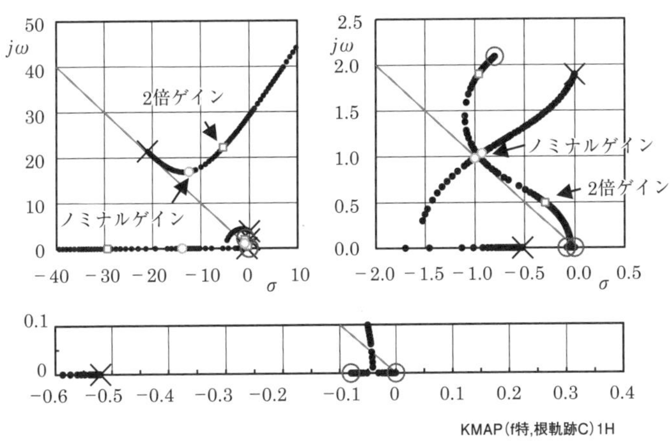

図 **5.4-3(e)**　根軌跡（$\ddot{x}$ と $\dot{\theta}$）
（EIGE. 演習 5.4-3A.Y190210.DAT）

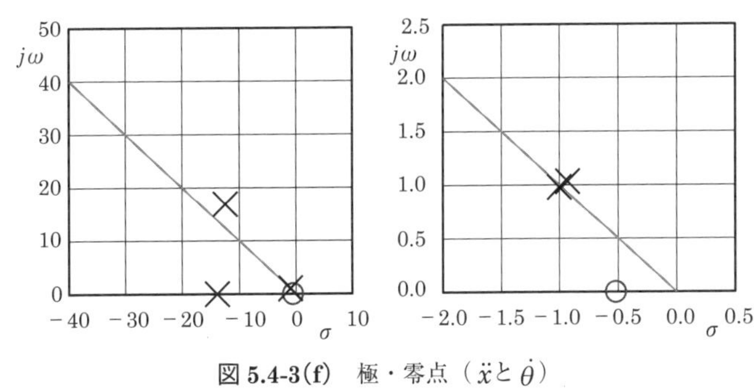

図 **5.4-3(f)**　極・零点（$\ddot{x}$ と $\dot{\theta}$）

図 5.4-3 (g) は，一巡伝達関数のボード線図である．ゲイン余裕の値は，下記に示したとおりである．**図 5.4-3 (h)** は，シミュレーション結果である．**図 5.4-3 (d)** に示した $\dot{\theta}$ のみの場合に比較すると，振動が早く減衰している様子がわかる．

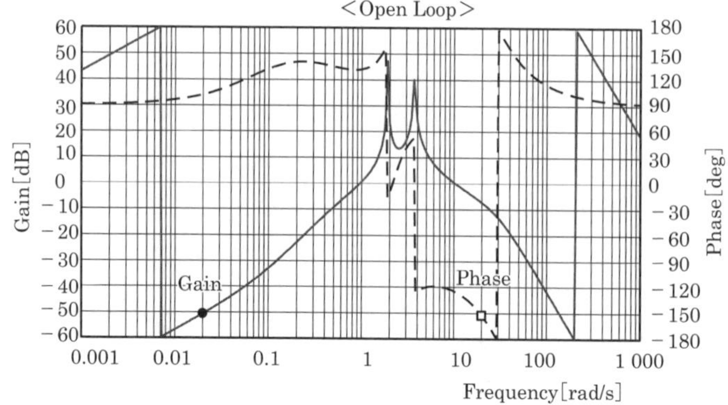

図 **5.4-3(g)**　一巡伝達関数のボード線図（$\ddot{x}$ と $\dot{\theta}$）
（ゲイン余裕最小値 = 12.7（dB），位相余裕最小値 = 48.3（deg））

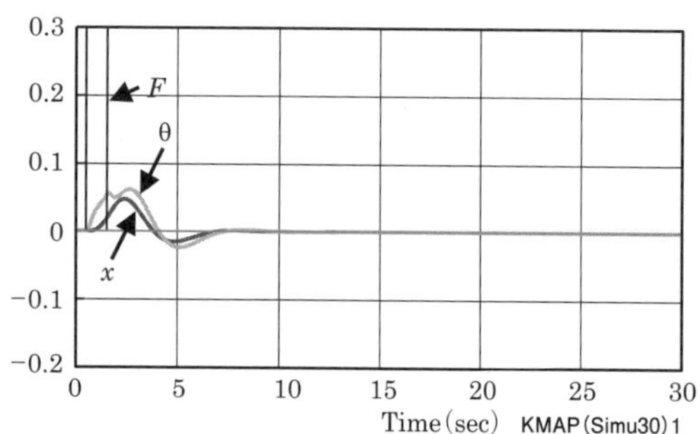

図 **5.4-3(h)**　0.5～1.5秒に F=5（N）の入力時の応答（$\ddot{x}$ と $\dot{\theta}$）

演習 5.4-4　3 質点ばね振動系の制御

図 5.4-4 (a) は，【演習 4.3-6】で検討した 3 質点ばね振動系について，3 質点の変位 x_1，x_2，x_3 および速度 $\dot{x}_1$，$\dot{x}_2$，$\dot{x}_3$ を水平方向の強制力 F にフィードバックすることにより振動を減衰させよ．ただし，M_1，M_2，M_3 は質量，k_1，k_2，k_3 はばね定数，c_1，c_2 はダッシュポットの係数である．

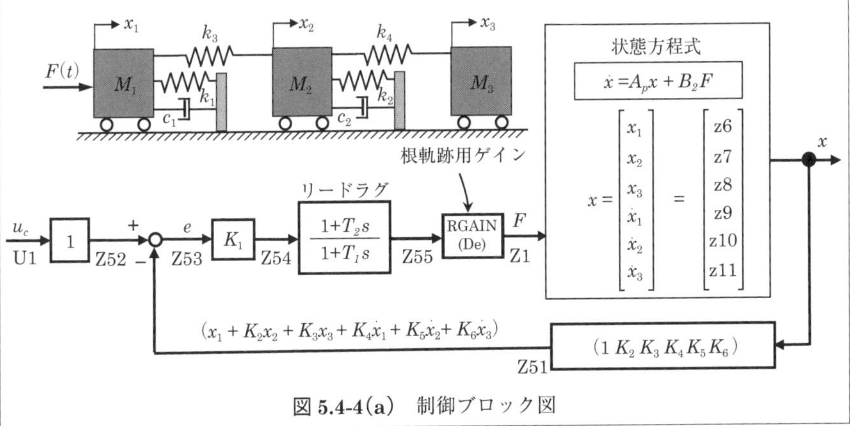

図 **5.4-4(a)**　制御ブロック図

【解】　制御対象は，【演習 4.3-6】で求めた次の状態方程式である．

（A_p 行列）　　　（B_2 行列）

$$\begin{bmatrix} \dot{x}_1 \\ \dot{x}_2 \\ \dot{x}_3 \\ \dot{x}_4 \\ \dot{x}_5 \\ \dot{x}_6 \end{bmatrix} = \begin{bmatrix} 0 & 0 & 0 & 1 & 0 & 0 \\ 0 & 0 & 0 & 0 & 1 & 0 \\ 0 & 0 & 0 & 0 & 0 & 1 \\ a_{41} & a_{42} & 0 & a_{44} & 0 & 0 \\ a_{51} & a_{52} & a_{53} & 0 & a_{55} & 0 \\ 0 & a_{62} & a_{63} & 0 & 0 & 0 \end{bmatrix} \cdot \begin{bmatrix} x_1 \\ x_2 \\ x_3 \\ x_4 \\ x_5 \\ x_6 \end{bmatrix} + \begin{bmatrix} 0 \\ 0 \\ 0 \\ b_{41} \\ 0 \\ 0 \end{bmatrix} F \tag{1}$$

ただし，

$$\begin{cases} a_{41} = -\dfrac{k_1 + k_3}{M_1}, \quad a_{42} = \dfrac{k_3}{M_1}, \quad a_{44} = -\dfrac{c_1}{M_1} \\ a_{51} = \dfrac{k_3}{M_2}, \quad a_{52} = -\dfrac{k_2 + k_3 + k_4}{M_2}, \quad a_{53} = \dfrac{k_4}{M_2}, \quad a_{55} = -\dfrac{c_2}{M_2} \\ a_{62} = \dfrac{k_4}{M_3}, \quad a_{63} = -\dfrac{k_4}{M_3}, \quad b_{41} = \dfrac{1}{M_1} \end{cases} \tag{2}$$

ここでは，【演習 4.3-6】と同じ次のデータを用いる．

$$\begin{cases} M_1=2\ (\text{kg}),\ M_2=8\ (\text{kg}),\ M_3=8\ (\text{kg}) \\ k_1=600\ (\text{N/m}),\ k_2=1\,200\ (\text{N/m}),\ k_3=1\,200\ (\text{N/m}),\ k_4=1\,200\ (\text{N/m}) \\ c_1=50\ (\text{N}\cdot\text{s/m}),\ c_2=50\ (\text{N}\cdot\text{s/m}) \end{cases} \quad (3)$$

図 5.4-4（a）のブロック図の制御系に対して，モンテカルロ法によるゲイン最適化設計法を用いて，ゲイン K_1～K_6 とリードラグの時定数 T_1，T_2 を求める．その結果，得られたゲインは次のようである．

$$\begin{cases} K_1=4.39\ (\text{N/m}),\ K_2=3.03\ (-),\ K_3=4.59\ (-) \\ K_4=3.55\ (-),\quad K_5=2.90\ (-),\ K_6=11.59\ (-) \\ T_1=3.75\ (\text{秒}),\quad T_2=9.60\ (\text{秒}) \end{cases} \quad (4)$$

図 5.4-4（b）は得られたゲインによる根軌跡，**図 5.4-4（c）**は極・零点である．【演習 4.3-6】の**図 4.3-6（h）**に示した3つの極位置ともに安定側に移動していることがわかる．ゲイン最適化法では，このような安定な極位置を簡単に得ることができる．

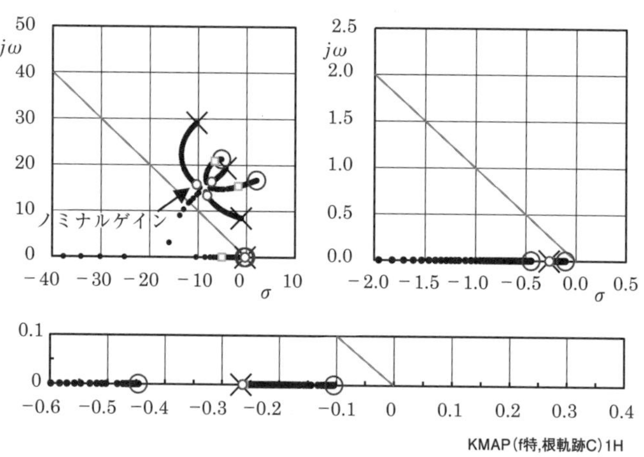

図 5.4-4（b）　根軌跡
（EIGE. 演習 5.4-4E.Y190222.DAT）

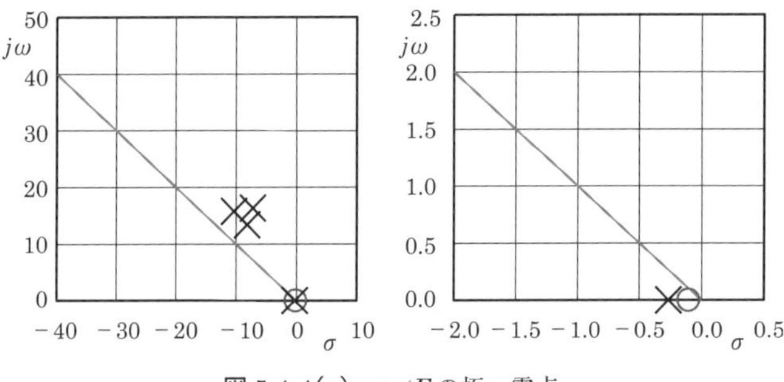

図 5.4-4(c)　x_3/F の極・零点

図 5.4-4（d）は，0.5〜1.5 秒に $F = 100$（N）を入力した場合のシミュレーション結果である．**図 4.3-6（j）**に示した制御なしの場合の応答に比較すると，振動が早く減衰していることがわかる．

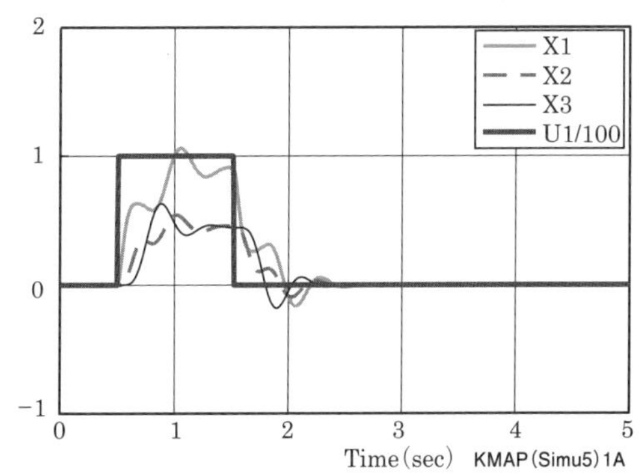

図 5.4-4(d)　0.5〜1.5 秒に $F = 100$（N）の入力時の応答

演習 5.4-5　自動車の横風時のドライバーによる走行制御

図 5.4-5 (a) は，【演習 4.3-10】で検討した自動車の2輪車モデルに外力 F_0 の影響を追加したものである．δ は前輪タイヤの舵角，β は重心の横滑り角，r は重心のヨー角速度，β_1 および β_2 は前輪および後輪タイヤの横滑り角，V，V_1 および V_2 は重心，前輪および後輪の速度である．いま，**図 5.4-5 (b)** のように，横風時にドライバーがハンドル操作によって舵角 δ を動かして，横変位 Y_E を一定に保つ制御を行った場合を検討せよ[A36]．

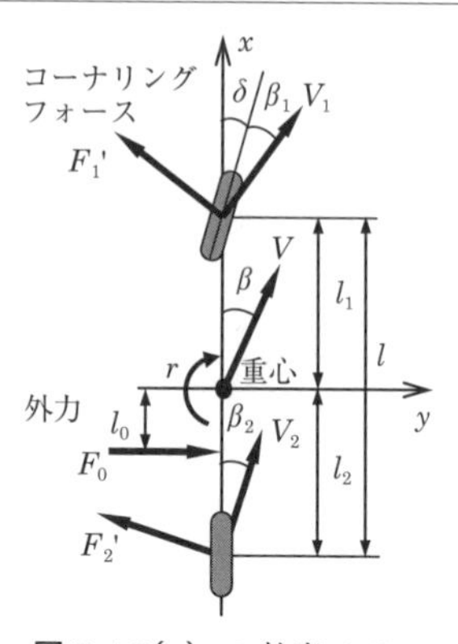

図 5.4-5(a)　2輪車モデル

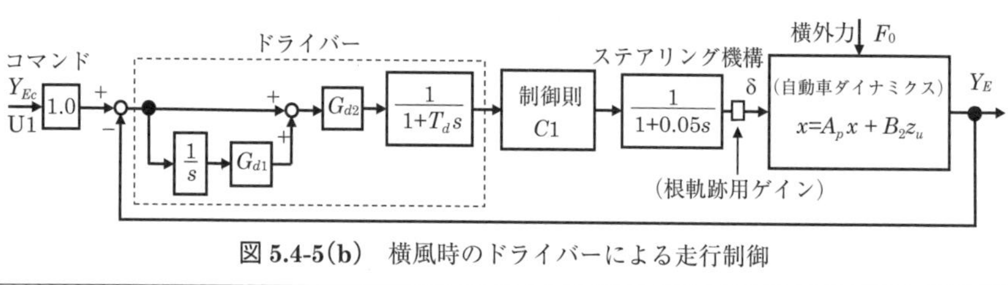

図 5.4-5(b)　横風時のドライバーによる走行制御

【解】【演習 4.3-10】で検討した車両に固定した x，y 座標系による自動車の2輪車モデルの運動方程式に外乱の影響を追加すると，(1) 式の状態方程式が得られる．

（A_p 行列）　　　　　　　　（B_2 行列）

$$\begin{bmatrix} \dot{\beta} \\ \dot{r} \end{bmatrix} = \begin{bmatrix} -\dfrac{K_1+K_2}{mV} & -1-\dfrac{K_1 l_1 - K_2 l_2}{mV^2} \\ -\dfrac{K_1 l_1 - K_2 l_2}{I_z} & -\dfrac{K_1 l_1^2 + K_2 l_2^2}{I_z V} \end{bmatrix} \cdot \begin{bmatrix} \beta \\ r \end{bmatrix} + \begin{bmatrix} \dfrac{K_1}{mV} & \dfrac{1}{mV} \\ \dfrac{K_1 l_1}{I_z} & -\dfrac{l_0}{I_z} \end{bmatrix} \cdot \begin{bmatrix} \delta \\ F_0 \end{bmatrix} \tag{1}$$

自動車の走行軌跡は次のように求める．自動車の運動は車両に固定した x，y 回転座標系で記述されているので，地球上の走行軌跡 X_E，Y_E と x，y との関係は**図 5.4.-5 (c)** のようになる．

図 **5.4-5（c）** から

$$\begin{cases} \dot{\psi} = r \\ \dot{X}_E = V\cos(\psi + \beta) \\ \dot{Y}_E = V\sin(\psi + \beta) \end{cases} \quad (2)$$

図 **5.4-5(c)**　自動車の走行軌跡

ここで，ψ はヨー角である．シミュレーション計算時は (2) 式を用いるが，制御系の線形解析時には，(2) 式を線形化した次式を用いる．

$$Y_E(s) = \frac{V}{s}\left(\frac{r}{s} + \beta\right) \quad (3)$$

ドライバーの数学モデルは，図 **5.4-5 (b)** に示すように，横変位 Y_E とその積分（時定数 G_{d1}）を加えた量に G_{d2} 倍した量を，時定数 T_d の 1 次遅れで操作するとした．データは次と仮定した．

$$G_{d1} = 0.5\ (-),\ G_{d2} = 0.1\ (\mathrm{rad/m}),\ T_d = 0.1\ (秒) \quad (4)$$

さて，自動車のデータは【演習 4.3-10】と同じく次とする [F1)]．

$$\begin{cases} m = 1\,100\ (\mathrm{kg}),\ I_Z = 1\,600\ (\mathrm{kg \cdot m^2}),\ K_1 = 32\,000\ (\mathrm{N/rad}), \\ K_2 = 45\,000\ (\mathrm{N/rad}),\ l_1 = 1.15\ (\mathrm{m}),\ l_2 = 1.35\ (\mathrm{m}), \\ 速度\ V = 100\mathrm{km/h} \end{cases} \quad (5)$$

(1) 式の制御対象の状態方程式を用いて，図 **5.4-5 (b)** の制御系について制御則 C1 がない場合と，制御則 C1 を考慮した場合の 2 ケースをモンテカルロ法によるゲイン最適化設計法で設計した結果を以下に示す．

(1) 制御則 C1 がない場合

図 **5.4-5 (b)** のブロック図内の “制御則 C1” がない場合の根軌跡は，図 **5.4-5 (d)** のようになる．この制御系は不安定である．一巡伝達関数には，ドライバーモデルと横変位 Y_E の (3) 式から原点に 3 つの極を持つため，ドライバーのハンドル操作ゲインを増していくと，直ちに特性根が右半面に移動し不安定となる．図 **5.4-5 (e)** および図 **5.4-5 (f)** のシミュレーション結果からも発散傾向があることがわかる．

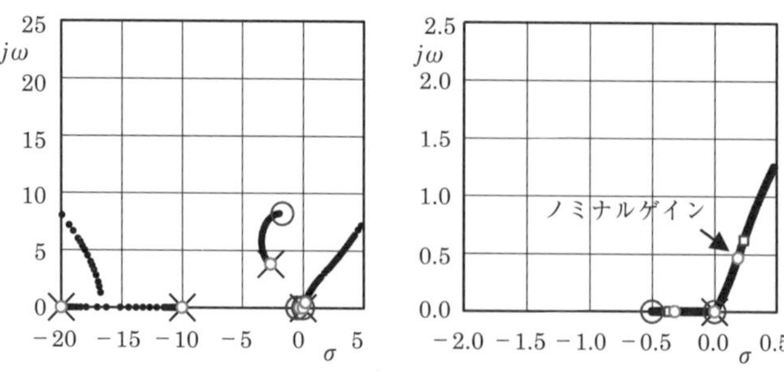

図 **5.4-5(d)**　制御則 C1 がない場合の根軌跡
(EIGE. 演習 5.4-5.Y190224.DAT)

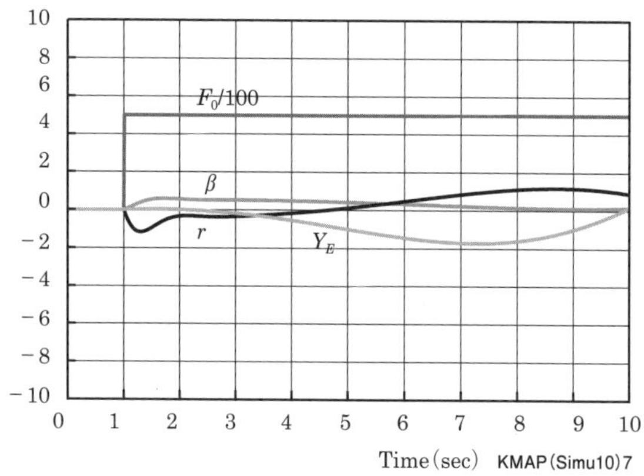

図 **5.4-5(e)**　横風時の走行制御

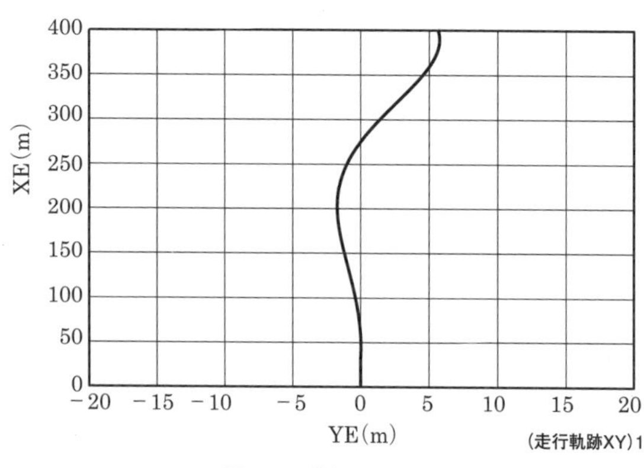

図 **5.4-5(f)**　走行軌跡

(2) 制御則 C1 追加して新規設計した場合

このような制御系の不安定を改善するため，**図 5.4-5（b）**のブロック図内の制御則 C1 を次のようなリードラグフィルタを追加してみる．

$$\frac{1+T_2 s}{1+T_1 s} \tag{6}$$

この時定数 T_1，T_2 をゲイン最適化法によって求めると次のような値が得られた．

$$T_1 = 0.0507\ (\text{秒}),\quad T_2 = 7.04\ (\text{秒}) \tag{7}$$

この場合の根軌跡を**図 5.4-5（g）**に示す．ドライバーゲインが 2 倍となっても安定を保つ制御系が得られていることがわかる．**図 5.4-5（h）**は，制御則 C1 を追加した場合の β/U1 の極・零点である．ノミナルゲインでは非常に安定した位置に極があることがわかる．

図 5.4-5(i)に横風時のドライバー制御のシミュレーション結果を，また**図 5.4-5 (j)**に走行軌跡を示す．制御則 C1 を挿入することで，500(N)相当の横風があってもドライバーのハンドル操作によって横変位を 0 にできていることが確認できる．

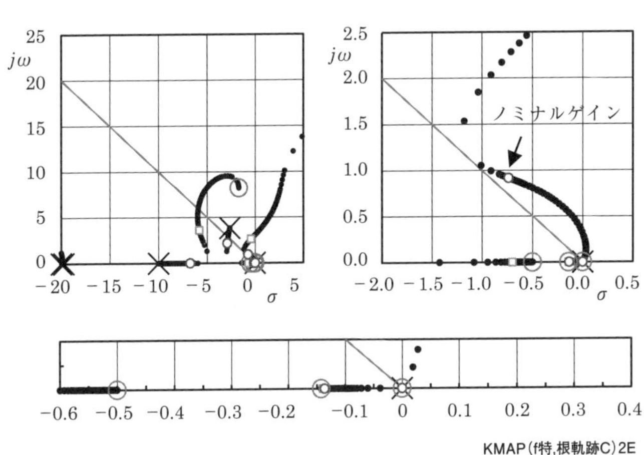

図 5.4-5(g) 制御則 C1 を追加した場合の根軌跡
(EIGE. 演習 5.4-5A.Y190224.DAT)

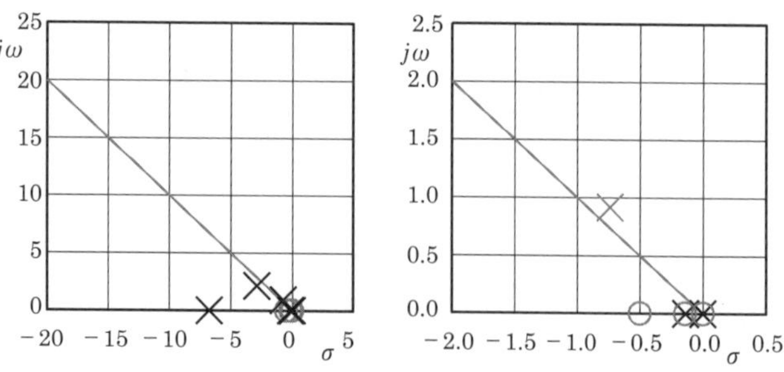

図 5.4-5(h)　制御則 C1 を追加した場合の β/U1 の極・零点

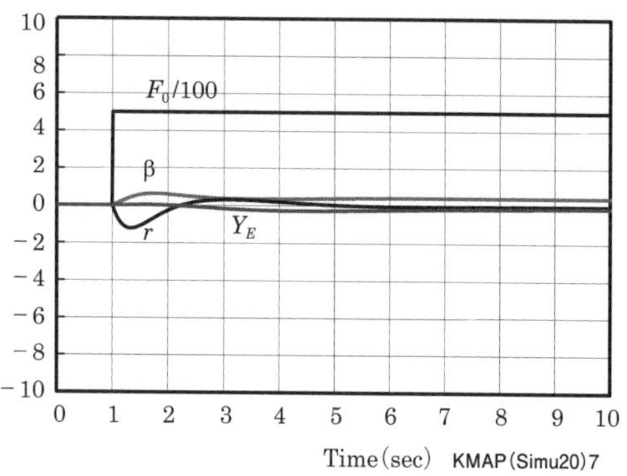

図 5.4-5(i)　横風時の走行制御

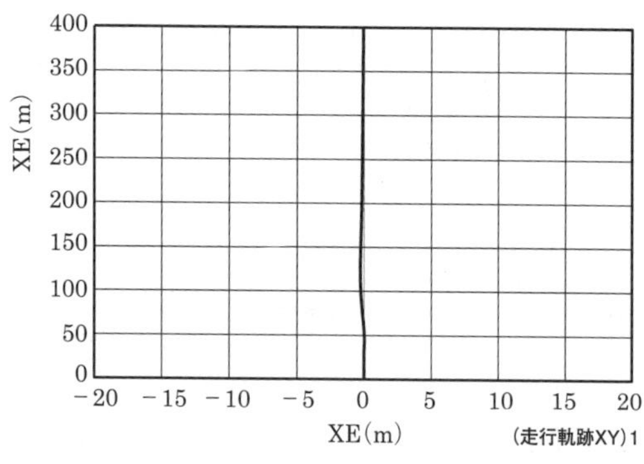

図 5.4-5(j)　走行軌跡

演習 5.4-6 船のオートパイロット制御

【演習 4.3-11】で検討した船の水平面内の運動方程式を用いて，横流れ角 $\beta_G = 5°$ 相当の外乱が入った場合に，針路を保つオートパイロットを設計せよ．なお，オートパイロットのブロック図は図 **5.4-6（c）** とする A36)．

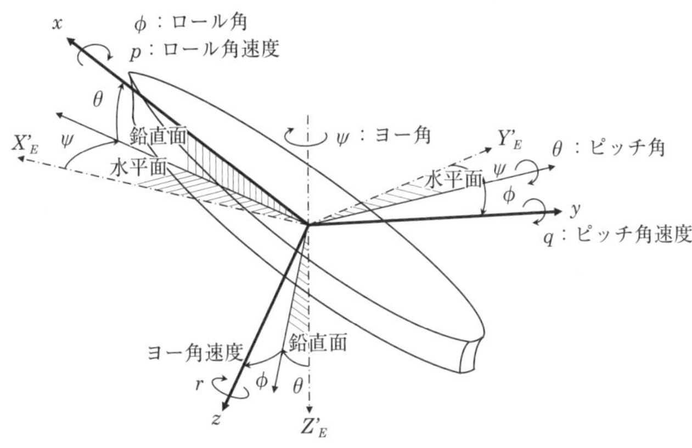

図 **5.4-6(a)**　船の回転運動

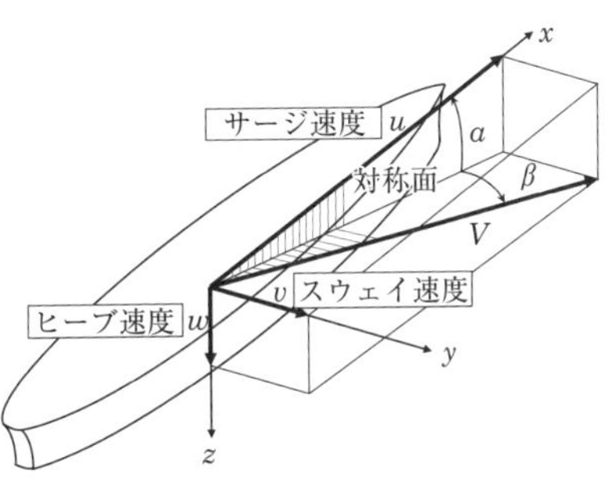

図 **5.4-6(b)**　船の並進運動

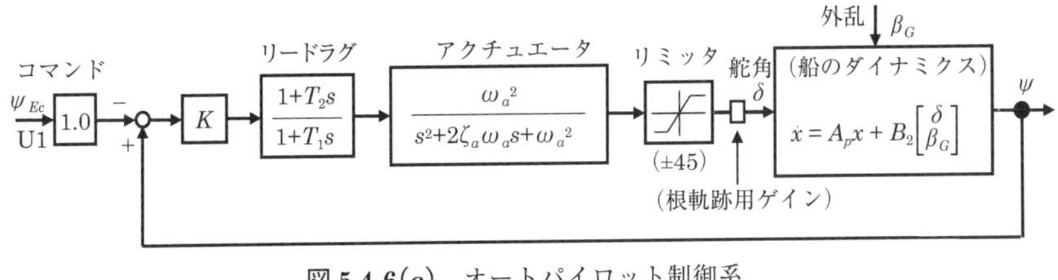

図 **5.4-6(c)**　オートパイロット制御系

【解】【演習 4.3-11】で検討したように，航空機と同様に船体に固定した座標系で考える．x，y，z 軸方向の速度 u，v，w はそれぞれサージ速度，スウェイ速度，ヒーブ速度といい，その合速度は V である．また，β は横流れ角または偏角という．ここでは，水平面内の運動（サージ運動 u，スウェイ運動 v およびヨー運動 r）のみを考える．このとき，【演習 4.3-11】の結果から，船の運動は次の状態方程式で表される．

（A_p 行列）　　　（B_2 行列）

$$\begin{bmatrix}\dot{\beta}\\ \dot{r}\\ \dot{\psi}\end{bmatrix}=\begin{bmatrix}\bar{Y}_\beta & \bar{Y}_r & 0\\ \bar{N}_\beta & \bar{N}_r & 0\\ 0 & 1 & 0\end{bmatrix}\cdot\begin{bmatrix}\beta\\ r\\ \psi\end{bmatrix}+\begin{bmatrix}\bar{Y}_\delta & \bar{Y}_\beta\\ \bar{N}_\delta & \bar{N}_\beta\\ 0 & 0\end{bmatrix}\cdot\begin{bmatrix}\delta\\ \beta_G\end{bmatrix} \tag{1}$$

ただし，

$$\begin{cases}\bar{Y}_\beta=\dfrac{Y_\beta}{(m+m_y)V},\quad \bar{Y}_r=\dfrac{Y_r-(m+m_x)V}{(m+m_y)V},\quad \bar{Y}_\delta=\dfrac{Y_\delta}{(m+m_y)V}\\ \bar{N}_\beta=\dfrac{N_\beta+(m_x-m_y)V^2}{I_z+J_z},\quad \bar{N}_r=\dfrac{N_r}{I_z+J_z},\quad \bar{N}_\delta=\dfrac{N_\delta}{I_z+J_z}\end{cases} \tag{2}$$

である．

さて，【演習 4.3-11】のケースと同じ次のデータを用いる．

$$\begin{cases}\text{重量 } W=30\,000\ (\text{tf})\ (\text{質量 } m=30\times10^6\ (\text{kg}))\text{，長さ } L=170\ (\text{m})\text{，}\\ \text{幅 } B=24\ (\text{m})\text{，水の密度 } p=999\ (\text{kg/m}^3)\text{，速度 } V=5\ (\text{m/s})\end{cases} \tag{3}$$

ここで，舵の舵角リミッタは± 45°，アクチュエータは減衰比 $\zeta_a=0.7$，固有角振動数 $\omega_a=6.28$（rad/s）とする．船の固有安定は負であるから，ヨー角 ψ を単純にフィードバックすると制御系は不安定となる．そこで，安定化するためにリードラグフィルタを追加する．

（1）式の制御対象の状態方程式を用いて，**図 5.4-6（c）**の制御系のゲイン K およびリードラグ時定数 T_1，T_2 をモンテカルロ法によるゲイン最適化設計法で求めた結果は次のようである．

$$K=14.86\ (-)，\quad T_1=0.0983\ (\text{秒})，\quad T_2=14.72\ (\text{秒}) \tag{4}$$

図 5.4-6（d） は根軌跡で，小さい○印はゲイン 1 倍，小さい□印はゲイン 2 倍の場合である．**図 5.4-6（e）** は ψ/U1 の極・零点である．船の固有特性として実軸上 $s=0.046$ にあった不安定極は，フィードバックによって左 45° ラインの安定な振動極に変化していることがわかる．

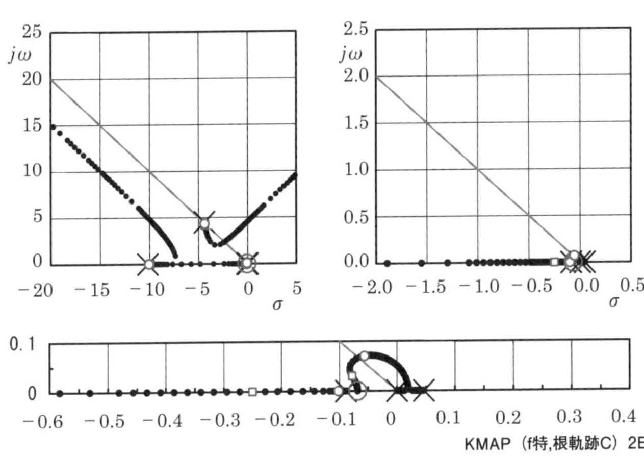

図 5.4-6(d) オートパイロット制御系の根軌跡

（EIGE. 演習 5.4-6.Y190224.DAT）

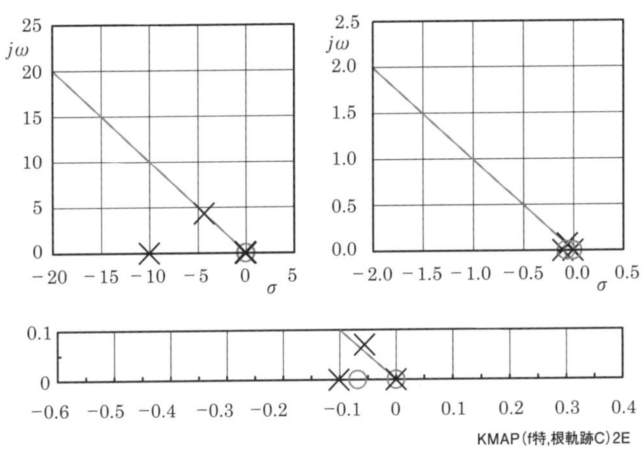

図 5.4-6(e) Ψ/U1 の極・零点

図 5.4-6（f） は，$\beta_G = -5°$ 相当の外乱を4秒間受けた場合のシミュレーション結果である．オートパイロット制御系によりヨー角その他のデータは変化していないことがわかる．**図 5.4-6（g）** は，航行軌跡であるが外乱があっても船の運動方向は変化していないことが確認できる．

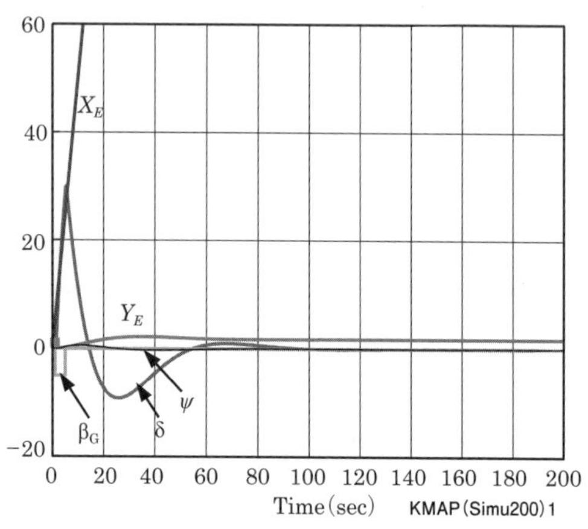

図 **5.4-6(f)**　$\beta_G = -5°$ 外乱応答

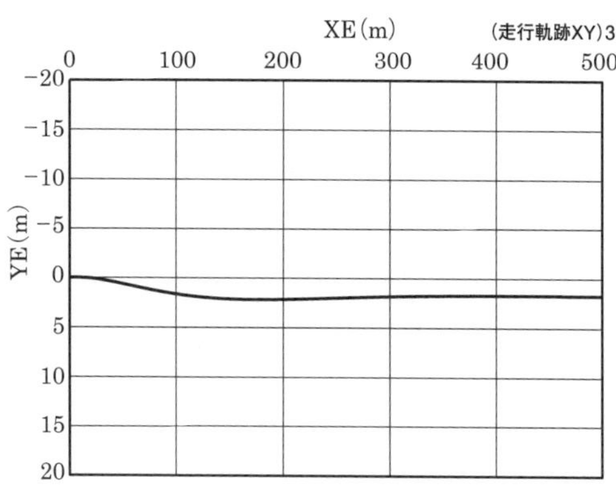

図 **5.4-6(g)**　航行軌跡

付録　解析ツールについて（参考）

近年多くの解析ツールが利用できるようになっているので，本書に述べた方法を参考にユーザーが使いやすいツールを使えばよい．本書の例題等の解析には，筆者が開発した“KMAP（ケーマップ）”という解析ツールを用いた．

KMAP とは“Katayanagi Motion Analysis Program”の略で，当初は航空機の運動解析用に開発されたソフトウェアである．その後逐次バージョンアップする形で，制御系設計ツールとして発展したものである．本書の例題の中に，KMAP で解析した際のインプットデータ（***.DAT）を書き添えているで，KMAP を使う場合には参考にしていただきたい．ただし，KMAP ソフトの購入・取得は本書の責任の範囲外であることと，KMAP を使用したことによる直接的または間接的に生じた障害や損害については一切の責任は負いかねますので，ご注意ください．

参考文献

<A>制御関係

A1）Julius T.Tou（中村嘉平，伊藤正美，松尾　強訳）：現代制御理論，コロナ社，1966.

A2）鈴木　隆：自動制御理論演習，学献社，1969.

A3）坂和愛幸：最適システム制御論，コロナ社，1972.

A4）McRuer, D, Ashkenas, I., Graham, D.: Aircraft Dynamics and Automatic Control, Princeton Univ.Press, 1973.

A5）有本　卓：線形システム理論，産業図書，1974.

A6）岩橋良輔：最適制御理論入門，サイエンス社，1975.

A7）古田勝久，美多　勉：システム制御理論演習，昭晃堂，1978.

A8）高橋安人：システムと制御（第2版，上，下），岩波書店，1978.

A9）伊藤正美：大学講義 自動制御，丸善，1981.

A10）明石　一，今井弘之：詳解 制御工学演習，共立出版，1981.

A11）古田勝久，川路茂保，美多　勉，原　辰次：メカニカルシステム制御，オーム社，1984.

A12）嘉納秀明：現代制御工学―動的システムの解析と制御―，日刊工業新聞社，1984.

A13）加藤寛一郎：最適制御入門 レギュレータとカルマンフィルタ，東京大学出版会，1987.

A14）嘉納秀明：システムの最適理論と最適化，コロナ社，1987.

A15）小林伸明：基礎制御工学，共立出版，1988.

A16）岩井善太，井上　昭，川路茂保：オブザーバ，コロナ社，1988.

A17）前田　肇，杉江俊治：アドバンスト制御のためのシステム制御理論，朝倉書店，1990.

A18）美多　勉：H∞制御，昭晃堂，1994.

A19）細江繁幸，荒木光彦監修：制御系設計―H∞制御とその応用―，朝倉書店，1994.

A20）志水清孝：最適制御の理論と計算法，コロナ社，1994.

A21）J. C. Doyle, B. A. Francis, A. R. Tannenbaum（藤井隆雄監訳）：フィードバックゲイン制御の理論，コロナ社，1996.

A22）内田，中本，千田，江連，今成，渡辺，木田，平田：H ∞制御の実プラントへの応用，計測自動制御学会，1996.

A23）岩崎哲也：LMI と制御，昭晃堂，1997.

A24）Zhou, K. and Doyle, J. C. : Essentials of Robust Control, Pretice-Hall, 1998.

A25）野波健蔵，西村秀和，平田光男：MATLAB による制御系設計，東京電機大学出版局，1998.

A26）木村英紀：H ∞制御，コロナ社，2000.

A27）藤森　篤：ロバスト制御，コロナ社，2001.

A28）森　泰親：演習で学ぶ現代制御理論，森北出版，2003.

A29）嶋田有三：わかる制御工学入門―電気･機械･航空宇宙システムを学ぶ為に―，産業図書，2004.

A30）岡田昌文：システム制御の基礎と応用，数理工学社，2007.

A31）片柳亮二：KMAP による制御工学演習，産業図書，2008.

A32）熊谷英樹，日野満司，村上俊之，桂誠一郎：基礎からの自動制御と実装テクニック，技術評論社，2011.

A33）川田昌克：MATLAB/Simulink による現代制御入門，森北出版，2011.

A34）涌井伸二，橋本誠司，高梨宏之，中村幸紀：現場で役に立つ制御工学の基本，コロナ社，2012.

A35）蛯原義雄：LMI によるシステム制御，森北出版，2012.

A36）片柳亮二：機械システム制御の実際－航空機，ロボット，工作機械，自動車，船および水中ビークル，産業図書，2013.

A37）小原敦美：行列不等式アプローチによる制御系設計，コロナ社，2016.

A38）川田昌克編著他：倒立振子で学ぶ制御工学，森北出版，2017.

A39）江上　正，土谷武士：現代制御工学－基礎から応用へ－，産業図書，2017.

A40）片柳亮二：KMAP ゲイン最適化による多目的制御設計－なぜこんなに簡単に設計できるのか，産業図書，2018.

A41）片柳亮二：簡単に解ける非線形最適制御問題，技報堂出版，2019.

＜B＞力学・振動関係

B1）高橋利衛：振動工学演習（Ⅰ），オーム社，1962.

B2）守屋富次郎，鷲津久一郎：力学概論 改訂版，培風館，1968.

B3）亘理　厚：機械力学改訂版，共立出版，1969.

B4）土手康彦，原島文雄：モーションコントロール，コロナ社，1993.

B5）佐藤秀紀，岡部佐規一，岩田佳雄：機械振動学，工業調査会，1993.

B6）神崎一男：基礎メカトロニクス，共立出版，1994.

B7）小野　忠，矢野澄雄：演習で学ぶ機械力学，森北出版，1994.

B8）佐藤秀紀，岡部佐規一，岩田佳雄：演習 機械振動学，サンエンス社 1996.

B9）山田伸志監修：振動工学入門（改訂版），パワー社，2001.

B10）吉村敏夫，横山　隆，日野順市：基礎振動工学［新訂版］，共立出版，2002.

B11）下郷太郎，田島清灝：振動学，コロナ社，2002.

B12）吉田和夫他 8 名：運動と振動の制御の最前線，共立出版，2007.

B13）野波健蔵：システム動力学と振動制御，コロナ社，2010.

B14）片柳亮二：KMAP による工学解析入門，産業図書，2011.

＜C＞流体力学関係

C1）今井　功：流体力学 前編，裳華房，1973.

C2）吉野章男，菊山功嗣，宮田勝文，山下新太郎：詳解 流体力学，共立出版，1989.

C3）森田泰司：機械計算シリーズ流体力学計算法，東京電機大学出版局，1996.

C4）西海孝夫，一柳隆義：演習で学ぶ「流体の力学」入門 第 2 版，2018.

＜D＞航空機関係

D1）Blakelock, J. H. :Automatic Control of Aircraft and Missiles, Second Edition, John Wiley & Sons, 1991.

D2）井出正城，堀江和宏，片柳亮二，山本真生，橋本和典，佐竹伸正：XF－2 の飛行制御システム設計，日本航空宇宙学会誌，第 48 巻，第 555 号，2000 年 4 月．

D3）Abzug, M. J. and Larrabee, E. E. : Airplane Stability and Control, Second Edition, Cmbridge University Press, 2002.

D4）片柳亮二：航空機の運動解析プログラム KMAP，産業図書，2007.

D5）片柳亮二：航空機の飛行力学と制御，森北出版，2007.

D6）片柳亮二：飛行機設計入門―飛行機はどのように設計するのか，日刊工業新聞社，2009.

D7）片柳亮二：KMAPによる飛行機設計演習，産業図書，2009.

D8）片柳亮二：初学者のためのKMAP入門，産業図書，2012.

D9）片柳亮二：飛行機設計入門2（安定飛行理論）－飛行機を安定に飛ばすコツ，日刊工業新聞社，2012.

D10）片柳亮二：Z接続法ゲイン最適化による飛行制御系設計，日本航空宇宙学会，第51回飛行機シンポジウム，2013年11月.

D11）片柳亮二：Z接続法ゲイン最適化による内部モデル制御を用いたピッチ角制御系，日本航空宇宙学会，第51回飛行機シンポジウム，2013年11月.

D12）片柳亮二：例題で学ぶ航空制御工学，技報堂出版，2014.

D13）片柳亮二：設計法を学ぶ 飛行機の安定性と操縦性，成山堂書店，2015.

D14）片柳亮二：KMAPゲイン最適化による多目的制御設計，産業図書，2018.

<E>船・水中ビークル関係

E1）廣田　實：船舶制御システム工学<増補版>，成山堂書店，1984.

E2）本田啓之輔：操船通論，成山堂書店，1992.

E3）元良誠三監修，小山健夫，藤野正隆，前田久明著：改訂版 船体海洋物の運動学，成山堂書店，1992.

E4）元良誠三：船体運動力学（電子訂正版），（社）日本船舶海洋工学会，2005.

<F>自動車関係

F1）景山克三，景山一郎：自動車力学，理工図書，1984.

F2）カヤバ工業（株）：自動車の操舵系と操安性，山海堂，1996.

F3）安部正人：自動車の運動と制御，東京電機大学出版局，2008.

F4）（社）自動車技術会編：自動車の運動性能向上技術（普及版），朝倉書店，2008.

<G>ロボット関係

G1）美多　勉，大須賀公一：ロボット制御工学入門，コロナ社，1989.

G2）計測自動制御学会編：ロボット制御の実際，コロナ社，1997.

G3）松日楽信人，大明準治：わかりやすいロボットシステム入門，（改訂2版），オーム社，2010.

<H>工作機械関係

H1）松原　厚：精密位置決め・送り系設計のための制御工学，森北出版，2008.

H2）精密位置決め技術事典編集委員会；実用 精密位置決め技術事典，産業サービスセンター，2008.

<J>電気関係

J1）藤井信生：なっとくする電子回路，講談社，1994.

J2）後藤尚久：なっとくする電気数学，講談社，2001.

J3）橋本　尚，橋本　岳：なっとくする電気の法則，講談社，2001.

J4）小峰龍男，見崎正行，河野吉伸：電子回路の「しくみ」と「基本」，技術評論社，2007.

<K>熱力学関係

K1）藤本武助，佐藤　俊：伝熱学概論，共立出版，1956.

K2）谷下市松：工業熱力学（基礎編），裳華房，1960.

K3）一色尚次，北山直方：伝熱工学，森北出版，1971.

K4）平田哲夫，田中　誠，羽田喜昭：例題でわかる伝熱工学，森北出版，2005.

K5）小山敏行：熱力学きほんの「き」，森北出版，2010.

K6）小山敏行：例題で学ぶ 伝熱工学，森北出版，2012.

索　引

【あ行】

圧力ヘッド …… 32
安定性 …… 119
安定性設計基準 …… 116
安定余裕 …… 114
位相 …… 15
位相遅れ …… 119
位相交点 …… 115
位相進み …… 119
位相進み補償 …… 159
位相余裕 …… 115
位置エネルギー …… 74
1 次遅れ形 …… 22, 30
1 質点ばね振動系 …… 27
一巡伝達関数 …… 110
位置ヘッド …… 32
インダクタンス …… 48
インデシャル応答 …… 20
運動エネルギー …… 74
H ∞制御 …… 152
エルロン …… 131
エレベータ舵角 …… 94
エンジン推力 …… 94
オイラーの公式 …… 7
オイラーの方程式 …… 130
オープンループ伝達関数 …… 110
オームの法則 …… 43
オブザーバ …… 129, 140
重み係数 …… 150
折れ線近似 …… 17

【か行】

回転座標形 …… 94
開ループ伝達関数 …… 110
角条件 …… 113
慣性モーメント …… 49
管摩擦係数 …… 36
管路入り口損失係数 …… 36
機体 3 面図 …… 96
機体質量 …… 95
逆起電力 …… 48
逆起電力定数 …… 49
共振周波数 …… 17
共振値 …… 17
極 …… 3, 12
極形式 …… 7
極・零点の次数差 …… 111
極・零点配置 …… 12, 21
極配置法 …… 142
虚数部 …… 7
キルヒホッフの法則 …… 43
空気力 …… 94
クローズドループ伝達関数 …… 110
迎角 …… 94

ゲイン …… 15
ゲイン交点 …… 115
ゲイン交点周波数 …… 119, 160
ゲイン最適化法 …… 148
ゲイン余裕 …… 115
減衰固有角振動数 …… 14
減衰比 …… 14, 28
現代制御理論 …… 57, 128
航空機のラダー制御系 …… 143
抗力 …… 94
抗力係数 …… 95
コーナリングパワー …… 100
コーナリングフォース …… 99
固有角振動数 …… 14, 28, 67
固有値 …… 3
根軌跡 …… 111
根軌跡の漸近線 …… 114
根軌跡用ゲイン …… 153
コンデンサ …… 43

【さ行】

サージ速度 …… 103
サーボアクチュエータ …… 30
最終値の定理 …… 162
最小次元オブザーバ …… 140, 142
最適レギュレータ …… 129
サスペンション …… 69, 168
散逸関数 …… 75
3 質点ばね振動系 …… 82
時間応答 …… 20
時間遅れ …… 135
時間関数 …… 88
システム状態行列 …… 58, 129
実数部 …… 7
時定数 …… 30
周期 …… 14
重根 …… 4
収縮係数 …… 33
周波数応答関数 …… 15
周波数伝達関数 …… 15
周波数特性 …… 15
出力行列 …… 129
主翼面積 …… 94
状態観測器 …… 129
状態変数ベクトル …… 58, 129
状態方程式 …… 57
振動数方程式 …… 67
スウェイ速度 …… 103
数式の消去法 …… 25
スカイフックダンパ …… 168
ステップ応答の定常値 …… 162
制御系の基本構造 …… 21
制御則 …… 149
制御入力行列 …… 129
制御入力ベクトル …… 58, 129
整定時間 …… 20
積分 …… 22
積分型最適制御 …… 137
絶対値 …… 7
絶対値条件 …… 113
零点 …… 12
線形行列不等式 LMI …… 152
線形フィードバック制御系 …… 110
全ヘッド …… 32

前輪タイヤの舵角 …… 99
走行制御 …… 180
速応性 …… 119
速度ヘッド …… 32
損失ヘッド …… 36

【た行】

代数形行列リカッチ方程式 …… 131
立ち上がり時間 …… 20
ダッシュポット …… 3
単位行列 …… 60
単位ステップ応答 …… 20
単振り子 …… 74
遅延時間 …… 20
長周期モード …… 96
直列補償 …… 119
DC サーボモータ …… 48
抵抗 …… 43
定常位置偏差 …… 125
定常位置偏差定数 …… 125
定常加速度偏差 …… 127
定常加速度偏差定数 …… 128
定常性 …… 119
定常速度偏差 …… 126
定常速度偏差定数 …… 127
定常偏差 …… 162
伝達関数 …… 9, 10
伝達関数行列 …… 60
伝達関数の基本要素 …… 22
特性根 …… 3, 12
特性方程式 …… 12
トルク定数 …… 49

【な行】

ナイキスト線図 …… 114
ナイキストの安定判別法 …… 114
2 次遅れ形 …… 22, 28
2 次形式評価関数 …… 129
2 質点ばね振動系 …… 66
ニュートンの運動方程式 …… 27
ニュートンの冷却法則 …… 52
入力行列 …… 58
2 輪車モデル …… 98
熱伝達率 …… 52
熱伝導方程式 …… 52
熱容量 …… 52
熱量 …… 52
粘性減衰 …… 75
粘性流体 …… 36
ノッチフィルタ …… 22, 47

【は行】

ハイパスフィルタ …… 22
パデ近似 …… 135
バンド幅 …… 17, 119
非圧縮性 …… 32
ヒーブ速度 …… 103
飛行機の縦系 …… 94
微小擾乱運動方程式 …… 96
ピッチ角制御 …… 138
ピッチングモーメント …… 95
比熱 …… 52
フィードバック …… 2
フィードバックゲイン …… 109
フィードバック制御 …… 6, 109

フィードフォワード ……………… 161
フィルタ …………………………… 21
付加慣性モーメント ……………… 104
付加質量 …………………………… 104
複素極 ……………………………… 14
複素数 ……………………………… 7
不釣り合い質量 …………………… 79
船の運動 …………………………… 103
船のオートパイロット …………… 185
ブロック図の等価変換 …………… 23
プロパー …………………………… 21
平均空力翼弦 ……………………… 95
閉ループ伝達関数 ………………… 110
ベルヌーイの定理 ………………… 32
偏角 ……………………………… 7, 104
弁損失係数 ………………………… 36
変分法 ……………………………… 130
ボード線図 …………………… 16, 115
ポテンシャルエネルギー ………… 75

【ま行】

見掛慣性モーメント ……………… 104
見掛質量 …………………………… 104
モンテカルロ法 …………………… 148

【や行】

行き過ぎ時間 ……………………… 20
行き過ぎ量 ………………………… 20
揚力 ………………………………… 94
揚力係数 …………………………… 95
ヨー角速度 …………………… 99, 131
横滑り角 ……………………… 99, 131
横流れ外乱 ………………………… 105
横流れ角 …………………………… 103

【ら行】

ラウス数列 ………………………… 13
ラウスの安定判別法 ……………… 13
ラグランジュの方程式 …………… 74
ラグランジュの未定乗数ベクトル … 130
ラダー ……………………………… 131
ラプラス逆変換 …………………… 11
ラプラス変換 ……………………… 7, 8
乱数 ………………………………… 149
リードラグ ………………………… 160
リードラグフィルタ …………… 22, 44
リカッチ方程式 …………………… 131
連続の式 …………………………… 37
ロール角 …………………………… 131
ロール角速度 ……………………… 131

[著者略歴]

片 柳 亮 二 (かたやなぎ・りょうじ)

東京大博士(工学)

1946年　群馬県生まれ

1970年　早稲田大学理工学部機械工学科卒業

1972年　東京大学大学院工学系研究科修士課程(航空工学)修了
同年,三菱重工業(株)名古屋航空機製作所に入社
T-2CCV機,QF-104無人機,F-2機等の飛行制御系開発に従事
同社プロジェクト主幹を経て

2003年　金沢工業大学航空システム工学科教授

2016年～　金沢工業大学客員教授

著　書　『航空機の運動解析プログラムKMAP』産業図書,2007
『航空機の飛行力学と制御』森北出版,2007
『KMAPによる制御工学演習』産業図書,2008
『飛行機設計入門―飛行機はどのように設計するのか』日刊工業新聞社,2009
『KMAPによる飛行機設計演習』産業図書,2009
『KMAPによる工学解析入門』産業図書,2011
『航空機の飛行制御の実際―機械式からフライ・バイ・ワイヤへ』森北出版,2011
『初学者のためのKMAP入門』産業図書,2012
『飛行機設計入門2(安定飛行理論)―飛行機を安定に飛ばすコツ』日刊工業新聞社,2012
『飛行機設計入門3(旅客機の形と性能)―どのような機体が開発されてきたのか』日刊工業新聞社,2012.
『機械システム制御の実際―航空機,ロボット,工作機械,自動車,船および水中ビークル』産業図書,2013
『例題で学ぶ航空制御工学』技報堂出版,2014
『例題で学ぶ航空工学―旅客機,無人飛行機,模型飛行機,人力飛行機,鳥の飛行』成山堂書店,2014
『設計法を学ぶ 飛行機の安定性と操縦性』成山堂書店,2015
『飛行機の翼理論』成山堂書店,2016
『KMAPゲイン最適化による多目的制御設計―なぜこんなに簡単に設計できるのか』産業図書,2018
『簡単に解ける非線形最適制御問題』技報堂出版,2019

コンピュータ時代の実用制御工学　定価はカバーに表示してあります.

2020 年 1 月 10 日　1 版 1 刷発行　ISBN978-4-7655-3270-9 C3053

著　者　片　柳　亮　二
発 行 者　長　滋　彦
発 行 所　技報堂出版株式会社

〒101-0051　東京都千代田区神田神保町1-2-5
電　話　営　業（03）（5217）0885
　　　　編　集（03）（5217）0881
F A X　（03）（5217）0886
振替口座　00140-4-10
http://gihodobooks.jp/

日本書籍出版協会会員
自然科学書協会会員
土木・建築書協会会員

Printed in Japan

装幀　浜田晃一　印刷・製本　愛甲社